中国水利教育协会　组织

全国水利行业"十三五"规划教材（中等职业教育）

水利水电工程施工资料整编

主　编　孙冰竹　聂新华

中国水利水电出版社
www.waterpub.com.cn
·北京·

内 容 提 要

本书是根据教育部办公厅《关于制定中等职业学校专业教学标准的意见》（教职成厅〔2012〕5号）及全国水利职业教育教学指导委员会制定的《中等职业学校水利水电工程施工专业教学标准》编写的。

本书密切结合水利工程施工组织设计与工程监理之间的关系以及完成工程施工管理岗位工作任务应具备的基本知识和基本技能，注重工学结合，力求贴近实际。全书共六章，主要内容包括：水利水电工程资料建设，水利水电工程资料组卷与归档，水利水电工程基建资料，水利水电工程施工资料编制，水利水电工程质量评定资料，水利水电工程监理资料。

本书既可作为中等职业教育水利水电工程施工专业及专业群的教材，也可作为水利工程施工组织设计、工程监理、工程成本管理岗位和资料员的技术培训教材，同时也可供其他建筑企业有关施工技术人员和管理人员参考使用。

图书在版编目（CIP）数据

水利水电工程施工资料整编 / 孙冰竹，聂新华主编
-- 北京：中国水利水电出版社，2018.4（2023.2重印）
全国水利行业"十三五"规划教材. 中等职业教育
ISBN 978-7-5170-5156-5

Ⅰ. ①水… Ⅱ. ①孙… ②聂… Ⅲ. ①水利水电工程
－工程施工－资料－汇编－中等专业学校－教材 Ⅳ.
①TV51

中国版本图书馆CIP数据核字(2018)第082205号

书　　名	全国水利行业"十三五"规划教材（中等职业教育） **水利水电工程施工资料整编** SHUILI SHUIDIAN GONGCHENG SHIGONG ZILIAO ZHENGBIAN
作　　者	主编 孙冰竹 聂新华
出版发行	中国水利水电出版社 （北京市海淀区玉渊潭南路1号D座　100038） 网址：www.waterpub.com.cn E-mail：sales@mwr.gov.cn 电话：(010) 68545888（营销中心）
经　　售	北京科水图书销售有限公司 电话：(010) 68545874、63202643 全国各地新华书店和相关出版物销售网点
排　　版	中国水利水电出版社微机排版中心
印　　刷	天津嘉恒印务有限公司
规　　格	184mm×260mm　16开本　20印张　499千字
版　　次	2018年4月第1版　2023年2月第3次印刷
印　　数	3001—5000册
定　　价	**59.50元**

前　言

为适应国家关于职业教育发展规划的需要，根据教育部《关于进一步深化中等职业教育教学改革的若干意见》和水利工程建设发展的需求，为贯彻、执行水利工程法律法规和规范规定，在中国水利教育协会职业技术教育分会中等职业教育教学研究会的组织指导下，编写了这本适用于水利水电类专业教学的《水利水电工程施工资料整编》。

为推进教学改革，促进教学过程与生产实践密切结合，培养学生专业技能和素养，本着理论与实际相结合的原则，编写时尽可能加入新理论、新技术和新方法。"水利水电工程施工资料整编"这门课需要的专业知识较多，是对前期学习知识的检验和应用，更能够培养学生的综合能力。

通过对本书的学习，学生可以掌握水利水电工程建设的基本程序，了解有关工程施工验收规范、建筑材料的检验方法、水工建筑物的结构和水利工程施工的工艺和流程，具备对建筑材料进行取样和试验的能力，学会资料的收集、整理、归档和工程管理。本书参照水利水电工程施工专业人才培养计划进行编写，书中的内容和配套进行的各方面实践训练直接为培养学生职业能力和职业素养奠定了重要的基础，为培养符合社会需求的高级技术人员提供了支撑。

本书由天津市北辰区农村水利技术推广站孙冰竹和黑龙江省水利学校聂新华任主编，新疆水利水电学校盛岩任副主编，新疆水利水电学校杨昕馨参与编写。本书共分为六章，涉及工程管理的相关理论知识，同时注重对学生组织管理能力、实践操作能力和资料搜集能力的培养。虽然本书为传统体例教材，但在编写中充分考虑了项目教学等授课方式，所以本书编写较为详尽，可根据各学校的具体教学要求进行内容选取。本书在编写过程中，参考、引用了有关专业的培训教材、生产单位的文件资料和相关规范，在此表示衷心的感谢。

由于编者水平有限，书中难免存在不足之处，敬请读者批评指正。

编者

2017 年 1 月

目录

第一章 水利水电工程资料建设

第一节 水利水电工程建设项目概述

一、工程基本建设的内容与组成

水利水电工程基本建设是指通过一定量的投资，经过前期的策划、设计、施工等一系列程序，在一定的资源约束条件下，以形成水利水电工程固定资产为确定目标的活动和行为。如利用国家预算内基建拨款、省（市）各级人民政府的基建拨款、自筹资金、国内外基建信贷以及其他相关专项资金开展进行的、以扩大生产能力或新增工程效益与社会公共效益为目的的新建、改建、扩建、增建工程工作。主要包括以下 3 个方面的内容：

（1）水工建筑物建筑与安装工程。主要包括水利水电工程、水工建筑物、建筑工程和设备安装工程，是工程建设通过勘测、设计、科研、施工等生产性活动创造的建筑产品。

（2）设备工器具购置。主要指工程项目的建设单位为项目建设的需要所采购或自制达到固定资产标准的机电设备、工具、器具等工作。

（3）其他基建工程工作。主要指不属于以上两项基建工作的其他基础性工作，主要包括勘测、测验、设计、科学试验与计算、征地、淹没及迁移赔偿、生产准备等工作。

二、工程基本建设程序

工程基本建设程序是指基本建设项目从决策、设计、施工到竣工验收整个工作过程中各个阶段必须遵循的先后次序。水利工程建设需经规划、设计、施工等阶段及试转和验收等过程。水利水电基本建设因其规模大、费用高、制约因素多等特点，更具复杂性及失事后的严重性。

1. 工程基本建设程序的特点

水利水电工程基本建设程序具有如下特点：

（1）工程建设项目的单一性。水电建设项目有特定的目的和用途，需单独设计和单独建设；即使为相同规模的同类项目，由于工程地点、地区条件和自然条件（如水文、气象等）不同，其设计和施工也具有一定的差异。

（2）工程工期长，耗资较大。水电建设项目施工中需要消耗大量的人力、物力和财力，在工程费用中占有较大的比例，同时，由于工程的复杂和艰巨性，建设周期长，小型工程短则二三年，大型工程长则十几年，例如龙羊峡、李家峡、三峡等工程。

（3）工程建设地点固定，可连续性施工。由于水电建设项目的特殊性，建设地点须经多方案选择和比较，并进行规划、设计和施工等工作。在河道中施工时，需考虑施工导流、截流及水下作业等问题。

（4）工程建设涉及面广，问题复杂。水电建设项目一般作为多目标综合开发利用，工程（如水库、大坝、泄水建筑物等）具有防洪、灌溉、发电、供水、航运等综合效益，涉及面

1

广，问题复杂，需科学组织和编写施工组织设计，并采用现代施工技术和科学的施工管理，优良、高速地完成预期目标。

2. 工程基本建设程序与概预算程序简图

水利水电工程基本建设程序与概预算关系简图如图1-1所示。

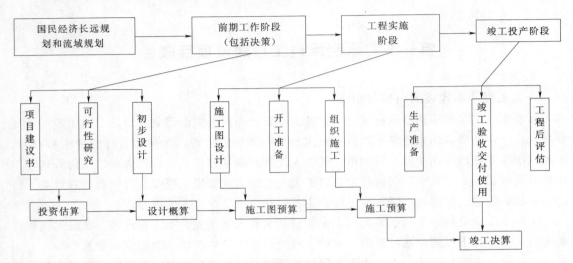

图1-1　水利水电工程基本建设程序与概预算关系简图

3. 工程基本建设程序的阶段

工程基本建设程序是指水利部门为了扩大再生产而进行固定资产的新建、扩建、改建和恢复工程、设备购置以及与之有关的活动。它是一种固定资产投资活动，其结果是形成固定资产，即基本建设项目。包括建筑和安装工程，设备购置、征用土地、勘察设计、筹建机构、培训生产职工、移民安置等。

1995年，水利部《水利工程建设项目管理规定（试行）》（水建〔1995〕128号）文件指出，大中型水利工程建设项目的建设程序一般分为项目建议书、可行性研究报告、初步设计、施工准备（包括招标设计）、建设实施、生产准备、竣工验收、项目后评价8个阶段。应注意的是，建设项目性质不同，建设程序中具体的工作内容也有所不同。水利工程建设程序的内容如下：

（1）流域规划阶段。根据流域的水资源条件和国家长远计划，以及对该地区水利水电建设发展的要求，提出该流域水资源的梯级开发和综合利用的最优方案。对该流域的自然地理、经济状况等进行全面的调查，进行多方案的比较，选定合理梯级开发方案，并推荐近期开发的工程项目。

（2）项目建议书阶段。要求建设某一具体工程项目的建议文件，是投资决策前对拟建工程项目的轮廓设想。各部门、地区、企事业单位根据国民经济和社会发展的长远规划、行业规划、地区规划等要求，经过调查、预测分析后，提出项目建议书。当被批准后，可以进行详细的可行性研究工作，但项目建议书不是项目的最终决策。

项目建议编制完成后，根据建设总规模和限额划分的审批权限报批。

（3）可行性研究报告阶段。项目建议书经过批准后，即进行可行性研究，在进行全面技术经济预测、计算、分析论证和多种方案比较的基础上，对项目在技术上是否可行和经济上是否合理进行科学分析和论证。

可行性研究报告是在可行性的基础上编制的一个重要文件，它确定建设项目的建设原则和建设方案，是编制设计文件的重要依据。报告的主要内容有建设项目的目标与依据、建设规模、建设条件、建设地点、资金来源、综合利用要求、环境评估、建设工期、投资估算、经济评价、工程效益、存在的问题和解决方法等。

（4）设计阶段。初步设计是根据批准的可行性研究报告和必要而准确的设计资料，对设计对象进行系统研究，阐明拟建工程在技术上的可行性和经济上的合理性，规定项目的各项基本技术参数，编制项目的总概算。

（5）施工准备阶段。施工准备的基本任务是为拟建工程的施工建立必要的技术和物质条件，统筹安排施工力量和施工现场。包括项目报建、施工准备、制定年度建设计划以及提交开工报告等工作。

（6）建设实施阶段。是指主体工程的建设实施。项目法人按照批准的建设文件，组织工程建设。参与项目建设的各方，依照项目法人或建设单位与设计、监理、工程承包单位以及材料和设备采购等有关各方签订的合同，行使各方的合同权利，并严格履行各自的合同义务。

要注意的是，建设项目的开工时间，是指项目设计文件中规定的任何一项永久性工程第一次破土动工的时间。

（7）生产准备阶段。生产准备是建设阶段转入生产经营的必要条件。一般应包括如下主要内容：

1）生产组织准备。建立生产经营的管理机构及相应管理制度。

2）及时具体落实产品销售合同协议的签订，提高生产经营效益，为偿还债务和资产的保值增值创造条件。

3）招收和培训人员。配备生产管理人员，并通过多种形式的培训，提高人员素质，使之能满足运营要求。

4）生产技术准备。主要包括技术资料的汇总、运行技术方案的制定、岗位操作规程制定和新技术准备。

5）生产的物资准备。主要是落实投产运营所需要的原材料、协作产品、工器具和其他协作配合条件的准备。

6）正常的生活福利设施准备。

（8）竣工验收阶段。是工程建设过程的最后一环，竣工验收合格的项目即从基本建设转入生产或使用。注意：此阶段仍属于建设期。竣工验收应具备以下条件：

1）工程已按批准的设计和合同规定的内容全部完成。

2）各单位工程能正常运行。

3）历次验收所发现的问题已基本处理完毕。

4）归档资料符合工程档案资料管理的有关规定。

5）工程建设征地补偿及移民安置等问题已基本处理完。

6）工程投资已经全部到位。

7）竣工决算已经完成并通过竣工审计。

（9）后评价阶段。是对项目达到生产能力后的实际效果与预期效果的分析评价，是固定资产投资管理工作的一项重要内容。根据《水利工程建设程序管理暂行规定》（水建〔1998〕16号）文件要求，建设项目竣工投产后，一般经过1～2年生产运营后，要进行一次系统的项目后评价。后评价的主要内容包括：

1）影响评价。主要对项目投产后对各方面的影响进行评价。

2）经济效益评价。即对项目投资、国民经济效益、财务效益、技术进步和规模效益、可行性研究深度等进行评价。

3）过程评价。对项目的立项、设计施工、建设管理、竣工投产、生产运营等全过程进行评价。

4）持续运营评价。对项目持续运营的预期效果进行评价。

项目后评价一般按三个层次组织实施，即项目法人的自我评价、项目行业的评价以及计划部门（或项目投资方）的评价。

资料员只有对施工过程有深刻的了解，才会更好地进行资料整理。因为施工过程过于繁杂，将施工过程进行简化后分为前期阶段、实施阶段和竣工验收阶段三大部分。

前期阶段包括流域规划阶段、项目建议书阶段、可行性研究报告阶段、设计阶段。实施阶段包括施工准备阶段和建设实施阶段。竣工阶段包括生产准备阶段、竣工验收阶段和后评价阶段。

4. 基本建设项目审批

（1）规划及项目建议书阶段审批。规划报告及项目建议书编制一般由政府或开发业主委托有相应资质的设计单位承担，并按国家现行规定权限向主管部门申报审批。

（2）可行性研究阶段审批。可行性研究报告按国家现行规定的审批权限报批。申报项目可行性研究报告，必须同时提出项目法人组建方案及支行机制、资金筹措方案、资金结构及回收资金办法，并依照有关规定附具有管辖权的水行政主管部门或流域机构签署的规划同意书。

（3）初步设计阶段审批。可行性研究报告被批准以后，项目法人应择优与本项目相应资质的设计单位承担勘测设计工作。初步设计文件完成后报批前，一般由项目法人委托有相应资质的工程咨询机构或组织有关专家，对初步设计中的重大问题进行咨询论证。

（4）施工准备阶段和建设实施阶段的审批。施工准备工作开始前，项目法人或其代理机构须依照有关规定，向水行政主管部门办理报建手续，项目报建须交验工程建设项目的有关批准文件。工程项目进行项目报建登记后，方可组织施工准备工作。

（5）竣工验收阶段的审批。在完成竣工报告、竣工决算等必需文件的编制后，项目法人应按照有关规定，向验收主管部门提出申请，根据国家和部颁验收规程组织验收。

三、项目划分

水利水电工程一般划分为若干单位工程，单位工程划分为若干分部工程，分部工程划分为若干单元工程，按三级项目划分并进行质量控制。

（1）单位工程是指能独立发挥作用或具有独立的施工条件的工程，通常是若干分部工程完成后才能运行或发挥一种功能的工程。单位工程通常是一座独立建（构）筑物，特殊情况下也可以是独立建（构）筑物中的一部分或一个构成部分。

（2）分部工程是指组成单位工程的各个部分。分部工程往往是建（构）筑物中的一个结构部位或不能单独发挥一种功能的安装工程。

（3）单元工程是指组成分部工程的、由一个或几个工种施工完成的最小综合体，是日常质量考核的基本单位。可依据设计结构、施工部署或质量考核要求划分为层、块、区、段等来确定。单元工程与国标中的分项工程概念不同，分项工程一般按主要工种工程划分，可以由大工序相同的单元工程组成，如：土方工程、混凝土工程、模板工程、钢结构焊接工程等，完成后不一定形成工程实物量；单元工程则是一个工种或几个工种施工完成的最小综合体，是形成工程实物量或安装就位的工程，是国家或行业制定的有验收标准的项目。水土保持生态工程即小流域综合治理工程，虽有其特殊性，但归根结底仍就是水利工程，其质量评定项目划分应结合其自身特点遵循水利水电工程项目划分的原则进行。

第二节　水利工程资料整编基础知识

随着水管体制改革的全面进行，水利工程内业资料整理工作也正在逐步走向专业化、规范化和市场化，对水利工程管理技术资料的整理提出了更高的要求，水利工程内业资料存在项目多且内容复杂等因素（水利工程资料整理主要就是指水利工程内业资料整理，此两种说法的内含相同）。

一、水利工程内业资料的概念

一个水利水电工程项目涉及的范围广、工作内容多、任务复杂，从项目的立项、可行性研究到工程完工、交付使用，跨越的时间也很长，这期间的每一个阶段，都涉及大量的资料，水利工程内业资料概念是水利工程在前期、实施、竣工验收等各建设阶段过程中形成的，是具有保存价值的文字、图纸、图表、声像等不同形式的历史记录。它是国家档案的重要组成部分，依照档案法规要求，做好水利工程档案工作，是工程参建各方共同的职责和任务，是维护国家利益、保护自己合法权益、提高管理水平和应急能力的需要。

水利工程内业资料主要包括基建资料（A 类）、监理资料（B 类）、施工资料（C 类）和竣工验收资料（D 类）四大类，如图 1-2 所示。

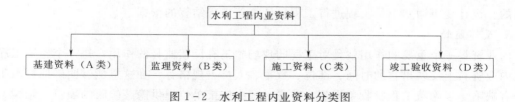

图 1-2　水利工程内业资料分类图

二、水利工程内业资料的作用

1. 实时跟踪

内业资料是在工程的施工过程中产生的，对事故过程来说具有实时跟踪的作用。例如，开工报告表示工程已经准备就绪，具备开工条件，可以适时开工。单元质量评定验收标志着工程的施工进度和质量，竣工报告、验收证明书的上报和审签标志着工程已经顺利圆满完成。

水利工程施工中的每一阶段都有内业资料的记录和收集整理，这样才能有效地了解工程的进展情况和质量控制的水平。如工程在开工前需要进行现场踏勘、校对地形及地质情况，核实工程量、申请施工许可证、申请开工、建造临时设施等过程，对应于内业资料来说，现场踏勘将会产生出来记录、校对核实有可能产生设计变更，施工许可证和开工报告是施工中必备的手续，也是内业资料必不可少的资料之一。

工程在施工中所做的工作更为繁多，因此，产生的内业资料也更多，从土方量的增减、运距的调整到钢筋施工、模板的制作与安装、混凝土施工、金属结构及机电设备的安装和现场验收养护等，每一个步骤都牵涉到相关的记录。其内业资料对应包括：原始地形复测记录、工程量签证单、测量记录、工程验收单、工程质量评定表等一系列记录。其作用主要体现在以下两个方面，一方面这些记录描述了工程的进展情况，另一方面记录了工程施工过程和质量情况。根据这些材料和现场进行对比，可以很好地了解现场施工人员的负责程度，因而可以使施工人员更谨慎地完成施工任务。

工程施工完成后必须进行竣工验收，这也是工程被建设单位所重视的关键一步，从外观评定到内在质量，这些都是接受检验的内容，同时应提交工程相应的内业资料。此期间的资料主要有施工管理报告（包括开工报告、施工方案、图纸会审、设计变更、材料报验资料等）和竣工图，并进行竣工结算、竣工验收是工程施工的最后部分。在经过质量保修期的维护之后，工程最后将进行移交，此时应提交维修报告、移交工程数量清单以及移交报告单，并进行工程最终结算，完成工程的最后部分。根据现行的档案编制规定，内业资料中还必须包括声像资料，即通常所说的照片、录音及录像。这些照片应包括反映开工前的地形地貌、施工中的隐蔽工作、各部分的节点工作以及竣工时和移交时的现场面貌，它们将提供一个直观的施工情况记录，是对内业文字资料的有效补充。

2. 指导作用

所谓的"内业"是相对于工程施工的"外业"而言的，它具有指导作用。如内业资料中的施工组织设计。是具体指导工程项目施工的文件，也是工程编制年、月、周作业计划的基础，还是编制分部工程施工方案的依据。施工组织设计对整个工程项目的施工布置、施工方案、施工质量控制、出现困难问题的处理方案、施工顺序、施工流向、施工方法、劳动组织、技术组织措施、安全生产、文明施工及环境保护等有一个总体规划。技术准备、劳力安排、物资计划、施工机械设备调配、现场施工准备、施工布置都是在施工组织设计的指导下进行的。设计变更通知单是工程进行工程量计算、工程结算的依据。

3. 反馈监督

内业资料一个重要的作用就是对工程的现场施工有反馈监督的作用，每一个施工工序都能从内业资料上反映出它的时间、部位、数量、人员、规格等，在这里能够明确地看出工程是否有缺陷。以隐蔽工程验收单为例，首先必须由施工单位提供隐蔽验收的项目、结构、数量，然后会同建设单位（或监理单位）进行抽样检查，检查的情况和结果记录在隐蔽工程验收单上，施工单位用此可以对自己的施工质量状况和尚未注意到的问题进行纠正，如密实度不够、标高未达到、坡度不合设计要求等。对于项目负责人来说，从中就可以较清楚地知道问题所在，并据此提出解决方法。

4. 信息查询

有了内业资料的跟踪记录，项目负责人不用再凭借零星的材料和自己的记忆，来对整个工程的各个控制节点进行控制，在及时搜集资料的情况下，有关工程的各工序相关细节均记载于内业资料之中，一旦发生意外，可以凭借资料记录追查到其中的原因，也方便了项目负责人对工程的管理。例如混凝土出现裂缝，可以根据施工时的质量控制记录分析原因；工程项目成本出现超支，可以根据资源消耗的统计资料分析原因。

5. 后期评价

工程完工交给建设单位后，建设单位在工程运行和维护等管理过程中，有时会查找最原始的有关该工程的档案，以便采取措施，进行维修、维护和抢险等，例如竣工图、设计变更图纸等，据此可掌握工程的完工后的实际情况，对工程的效益、生产能力等进行评价。

水利水电工程内业资料是工程竣工验收前必须具备的条件。每个建筑工程竣工验收前必须具备两个条件：一是建筑物体本身达到验收条件；二是施工过程中质量技术管理资料达到验收条件，两者缺一不可。

搜集和整理好内业资料是工程建设中的一项重要工作，是工程质量管理的组成部分。水利水电工程建设规模大，涉及专业多，牵涉范围广，质量要求高，地点偏僻，面临着不利地址、地形条件，其施工组织与管理工作有着极大的复杂性，相应的资料也较复杂、繁多、量大，这给其编制与整理工作带来一定的难度。

三、水利工程内业资料的组成与划分

内业资料的基本组成与划分参照水利工程的划分，具体分为单元工程资料、分部工程资料、单位评定资料及相应联合验收资料等。

1. 单位工程资料组成与划分

单位工程资料的组成与划分，在实际施工应用中，因工程项目类型不同而不同，也参照项目的划分，具体如下：

（1）枢纽工程，一般以每座独立的建筑物为一个单位工程，当工程规模较大时，可将一个建筑物中具有独立施工条件的一部分划分为一个单位工程。

（2）堤防工程，按照招标标段或工程结构划分为单位工程，规模较大的交叉联结建筑物及管理设施以每座独立的建筑物为一个单位工程。

（3）引水（渠道）工程，按照招标标段或工程结构划分为单位工程，大、中型（渠道）建筑物每座独立的建筑物为一个单位工程。

（4）除险加固工程，按招标标段或加固内容，并结合工程量划分单位工程。

2. 分部工程资料组成与划分

分部工程资料的组成与划分，在实际施工应用中，也参照项目分部工程的划分，有相应的分布资料，具体如下：

（1）枢纽工程，土建部分按设计的主要组成部分划分，金属结构及启闭机安装工程和机电备安装工程按组合功能划分。

（2）堤防工程，按长度或功能划分。

（3）引水（渠道）工程中河（渠）道按施工部署或长度划分，大、中型建筑物按工程结构主要组成部分划分。

（4）除险加固工程，按加固内容或部位划分。

同一单位工程中，各个分部工程的工程量（或投资）不宜相差太大，每个单位工程中的分部工程数目不宜少于5个。

3. 单元工程资料组成与划分

单元工程资料的组成与划分应参照项目单元工程的划分，有相应的单元资料，具体按

DL/T 5113.1—2005《水利水电基本建设工程单元工程质量等级评定标准》规定进行，标准中未涉及的单元工程可依据工程结构、施工部署或质量考核要求，按层、块、段进行划分。

河（渠）道开挖、填筑及衬砌单元工程划分界限宜设在变形缝或结构缝处，长度一般不大于100m。同一分部工程中各单元工程的工程量（或投资）不宜相差太大。

四、水利工程内业资料的特点

水利工程项目多、工种多、工艺复杂、工程量大、施工工期长，从施工准备开始至竣工验收，凡是与工程有关的活动都需要按规范、规程、标准的规定同步记录下来，形成施工资料。其中有各种试验资料，有开工前的准备资料，还有清基、复测、堤防、大坝等工程项目施工工序质量控制的施工资料和堤防、大坝、水闸等工程项目交工验收的施工资料等。在管理上有建设、监理、设计、施工等各单位的相互协同，涉及面广。其特点如下：

1. 原始性、真实性

施工资料是在施工过程中形成的，它是施工过程中的原始记录，是随着工程进展同步进行整理，使施工资料的具体形成过程与外业施工过程同步进行，保证达到原始、真实、准确、及时、有效的效果。绝对不可对原始资料的一些数据随意进行剔除或更改，更不能在工程完工后填写"回忆录"。所以施工资料应与外业同步，完成的资料应规范、标准，并在工程竣（交）工验收前将施工资料按要求组卷、装订成册。

2. 技术性、专业性

规范、规程、标准、设计文件等是施工资料编制的依据。施工资料的形成应符合国家及地方相应的法律、法规、规范、规程，同时还应符合工程合同与设计文件等规定。在进行施工编制时，每一张表、每一个数据都要按相应的规范、规程、标准中的具体要求认真地检查和填写，保证施工资料的编制质量。

水利工程施工资料，根据施工的对象，也有所差别，但变化不大。

3. 规范性、标准性

施工资料是按照一定的规范形式要求、以表格的标准化形式来填写，内容体现施工的质量要求和检测、检查的内容和部位等。

4. 程序性、明确性

表格内容的填写是按照一定的程序来整理完成的。与施工过程同步，内容的填写不单由资料整理者一人完成，它有时会由多人完成一张表格的填写工作，体现管理责任的明确性。

五、编制要求

水利水电工程内业资料是指水利水电工程建设过程中形成的各种形式的信息记录。在其编制方面主要有如下的要求：

（1）编制的工程资料应能真实反应工程开展实施的实际情况，资料的内容必须真实、准确，与实际情况相符。具有永久和长期保存价值的材料必须全面、系统、完整和准确。

（2）工程资料中应尽量采用和使用原件，由于特定原因不能使用原件的，应在复印件上加盖原件存放单位的公章，并注明原件存放处，同时应有经办人签字及时间予以证明。

（3）应保证工程资料中有关材料字迹清晰，盖章、签字手续齐全，签字必须使用档案规定用笔。计算机打制的工程资料应采用手工签名的方式予以证明。

（4）工程档案的填写和编制应符合档案微缩管理和计算机输入的要求。

（5）工程文件资料应字迹清楚、图样清晰、图表整洁，签字盖章手续完备。签字必须使用档案规定用笔。

（6）工程档案的缩微制品，必须严格按国家缩微标准进行制作，主要技术指标（解像力、密度、海波残留量等）应符合和满足国家标准规定，保证质量，以适应长期安全保管存放的需要。

（7）保存的工程资料照片（含底片）与声像档案，应保证图像清晰，声音清楚，文字说明或内容准确。

（8）工程文件的纸张应采用能长期保存、耐久性强、韧性大的纸张。图纸一般采用蓝晒图，竣工图应是新蓝图。计算机出图必须清晰，不得使用复印件。

（9）施工图的变更、洽商绘图应符合相关技术要求，凡采用施工蓝图改绘竣工图的，必须使用反差明显的蓝图，竣工图图面应保持整洁干净。

（10）所有竣工图均应加盖竣工图章。

（11）竣工图章的基本内容应包括"竣工图"字样、施工单位、编制人、审核人、技术负责人、编制日期、监理单位、现场监理、总监。竣工图章尺寸应符合有关规定（详细见第二章第三节）。竣工图章应使用不易退色的红印泥，盖章应盖在图标栏上方空白处。

六、管理流程

水利工程内业资料的管理流程如图 1-3 所示。

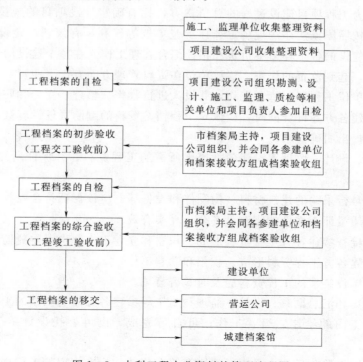

图 1-3　水利工程内业资料的管理流程图

第三节　水利工程资料整编人员的岗位要求与职责

一、工程资料管理职责

1. 通用职责

（1）工程参建各方应该把工程资料的形成和积累纳入工程管理的各个环节中和相关人员的职责范围内。

（2）工程档案资料应该实行分级管理，由建设、勘察、设计、监理、施工等单位的主管（技术）负责人组织各自单位的资料管理的过程工作。在工程建设过程中工程资料的收集，整理和审核工作应由熟悉业务的专业技术人员负责。

（3）工程资料应该随着工程进度同步收集、整理和立卷，并按照有关规定进行移交。

（4）工程各参建单位应该确保各自资料的真实、准确、有效、完整、齐全，字迹清楚，无未了事项。所以表格应按相关规定统一格式。

（5）工程各参建方所提供的文件和资料必须符合国家或地方的法律法规（详见 6. 内业资料整理相关标准）及工程合同等相关要求与规定。

（6）对工程文件、资料进行涂改、伪造、随意抽撤或损毁、丢失的，应按规定给予处罚。情节严重的，还应依法追究法律责任。

2. 建设单位的职责

水利水电工程建设单位也称为水利水电工程业主单位或项目的业主，是工程项目的投资主体，也是建设项目管理的主体。

建设单位作为工程项目建设过程的总负责方，拥有确定建设项目的规模、功能、外观、选用材料设备、按照国家法律法规规定选择承包单位等权利，有权利对建设过程进行检查、控制和验收，在建设的各个环节中负责和担任综合管理工作，在整个建设活动中自始至终处于组织领导地位，起到监督的作用。建设单位在资料管理方面有以下职责：

（1）负责本单位工程资料管理工作，并设人进行收集、整理、立卷和归档工作。

（2）在与参建各方签订合同时，应该对工程档案资料的编制责任、套数、费用、质量和移交期限等内容提出明确要求。

（3）向勘察、设计、监理等参建各方提出所需的工程资料，并保证所提供的资料真实、准确、齐全。

（4）本单位自行采购的建筑材料、构配件和设备等，应该保证符合设计文件和合同的要求，并保证相关质量证明文件的完整、齐全、真实有效。

（5）监督和检查参建各方工程资料形成、积累和立卷工作。也可委托监理单位或其他单位监督和检查参建各方工程资料形成、积累和立卷工作。

（6）对需本单位签字的工程资料应及时签署意见。

（7）及时收集和汇总勘察、设计、监理和施工等参建各方立卷归档的工程资料。

（8）组织竣工图的绘制、组卷工作。可自行完成，也可委托设计单位、施工单位来完成。

（9）在工程竣工验收后 3 个月内，将 1 套符合规范、标准规定的工程档案原件移交给城建档案馆，办理好移交手续。

3. 勘察、设计单位的职责

（1）按照合同和规范的要求及时提供完整的勘察、设计文件。

（2）对需要勘察、设计单位签字的工程资料应签署意见。

（3）在工程竣工验收时，应据实签署本单位对工程质量检查验收的意见。

4. 监理单位的职责

（1）应设熟悉业务的专业技术人员来负责监理的收集、整理、归档等方面的管理工作。

（2）依据合同约定，在工程的勘察、设计阶段，对勘察、设计文件的形成、积累、立卷、归档工作进行监督和检查；在施工阶段，对施工资料的形成、积累、立卷、归档进行监督和检查，使施工资料符合有关规定，并确保其完整、齐全、准确、真实、可靠。

（3）负责对报送的施工资料进行审查、签字。

5. 施工单位的职责

（1）负责施工资料的管理工作，实行技术负责人负责制，逐级建立健全施工资料管理岗位责任制。

（2）总包单位负责汇总各分包单位编制的施工资料，分包单位负责其分包范围内施工资料的收集、整理、汇总，并对其提供资料的真实性、完整性及有效性负责。

（3）接受建设、监理单位对施工资料的监督和检查。

（4）在工程竣工验收前，负责施工资料整理、汇总和立卷。

（5）按照合同的要求和有关规定，负责编制施工资料，自行保存 1 份。其他几份及时移交建设单位。

6. 内业资料整理相关标准

对于水利工程施工，在整个过程中都贯穿着质量体系的认证和国家标准的管控。内业资料管理也有相应的国家标准，主要包括以下几个：

（1）《水利工程建设项目档案管理规定》（水办〔2005〕480 号）。

（2）《水利工程建设项目档案验收管理办法》（水办〔2008〕336 号）。

（3）《水利工程建设项目验收管理规定》（水利部 30 号令）。

（4）《水利水电建设工程验收规程》（SL 223—2008）。

（5）《水利基本建设项目竣工决算审计暂行办法》（水监〔2002〕370 号）。

（6）《建设工程质量管理条例》（2000 年 1 月 30 日，国务院令第 279 号）。

二、水利水电工程资料员的岗位特点与要求

1. 岗位特点

（1）全程参与性。要使得所收集到的水利水电工程项目资料全面、完备，同时要资料员能够清楚地了解和掌握包括基建文件、监理资料、施工资料、竣工验收资料等各类工程项目资料的组成、分项和主要内容，需要资料员从工程项目的规划筹建阶段即参与到项目中来，并随工程项目的开展做好相应的记录，全程参与整个项目的筹建、设计、施工、投产运行等各个环节。

（2）同步管理性。为了保证资料收集的及时性，以及在收集过程中不会由于时间间隔过久而发生资料漏项、缺项等现象和问题，资料员应随着工程项目的开展进行，同步地收集和

保存相关的工程资料。

（3）技术支持性。在做好工程项目资料的收集、整理、整编和归档的基础上，即可利用相关资料随时调阅和了解工程项目各个阶段的开展情况、采用的技术方法、取得的阶段性成果证明材料、批复文件、之前工作中的有关安排、存在的不足、需要在下一步工作中注意的地方和重点、要点等，从而为工程项目的顺利开展和工程质量的保证提供有力的支持和保障。

2. 岗位要求

根据施工资料的特点，对资料员的岗位要求如下：

（1）严肃认真的工作作风。施工资料是一项工程建造过程的真实记录，反映大量的技术信息，要求填写者实事求是、严肃认真、及时准确地填写，不得弄虚作假。否则，会为工程的后期管理工作带来诸多麻烦。

（2）扎实的专业基础知识。水利施工资料的整理不只是文字资料的简单填写，它要求资料整理者应具备相关的专业知识，要熟悉该工程的施工作业过程、质量要求和相关施工规范、质量评定标准和验收规程等，为做好这项工作，必须具备扎实的理论基础。

（3）丰富的经验，吃苦耐劳的精神和善于沟通的能力。施工资料的整理和填写是一项繁琐的工作，它要求资料填写人员必须工作认真、思路清晰、条理分明、耐心细致、能吃苦耐劳，它不是整天在办公室连续不断地埋头填写资料，它要求资料填写人员不断地到施工现场了解施工进展情况、了解施工部位，同时与相关的现场施工员、甲方代表、工地监理等人员沟通，填写表格中的有关的项目，上报一些报表。所以它要求不但要有扎实的理论基础，很强的专业技术水平，还要求资料管理人员具有丰富的施工经验，良好的工作态度，灵活机敏的反应和沟通能力。

三、水利水电工程资料员的权利与职责

（一）资料员的主要权利

1. 跟进参与水利工程项目的权利

为保证资料员对所开展的水利工程项目进展情况的了解，以确定所需收集资料的期限与种类，确保在工程项目开展过程中不会发生重要资料的遗漏、缺失或延误，资料员有权要求参与工程项目开展过程中的各种重要会议，跟进和参加项目的各个环节及向相关部门咨询了解工程项目进展情况。

2. 调取和查阅过往工程资料的权利

对于中途加入对某工程项目的资料管理的情况，为对工程项目有更为全面的了解，以便于下一步各项工作任务的开展，资料员应具有调阅和查看工程项目以往开展过程中的各个文件、资料、档案记录等的权利。

3. 提请协作单位及时提交资料的权利

为协同做好对工程项目进度的控制和管理，应具有提请相关协作单位及时提交有关文件资料和了解彼此工作开展情况和进度的权利。

4. 提请改善和保证资料完好保存与管理条件的权利

在资料室客观条件（包括办公条件、资料保存条件、资料安全保管条件等）受到极大的影响或条件过于恶劣，严重影响正常工作的开展和今后工作的连贯性、统一性和安全性管理

时，资料员应有提请改善资料保存环境及保证资料完好保存和管理的权利。

5. 否定不合格协作资料的权利

对于协作或分包单位的工程技术资料，如其资料内容或质量完全或部分不能达到协作要求和质量要求者，资料员有权拒绝接受有关材料，并提请对方严格按照协作约定或合同条款要求修改、完善提交资料。

6. 定期培训与再教育的权利

由于资料员的工作任务和职责涉及工程建设程序、工程项目管理、合同管理、水利工程施工、监理、文件档案管理、原材料的市场情况与管理、相关法律法规及规范等各个方面和相关知识，因此需对资料员进行定期的培训和再教育，不断更新和调整原有的知识结构，提高个人素质和相关方面的业务知识能力。

7. 申请增加编制重要资料文件的权利

在工程项目的管理过程中，对于原有的资料管理体制下一些重要的、具有关键性的影响的事件、数据和资料，均应具有提请增加编制记录文件和资料或记录表格等的权利。

（二）资料员的职责

1. 通用职责

（1）贯彻和执行上级主管部门关于水利水电工程资料管理的各项规定。

（2）负责所有工程合同、资料图纸、洽商记录、来往函件的及时接收、整理、发放、借出、保存以及工程图纸变更等各项工作。

（3）随工程的开展进行同步收集和整理有关工程项目资料。

（4）对需要变更的文件和设计方案，应对其进行编号登记，及时、有效地传达到工程技术文件使用者手中。

（5）收集和整理工程准备阶段、竣工验收阶段形成的文件，并尽快着手进行立卷归档。

（6）归档文件必须齐全、完整、系统、准确。

（7）归档文件材料必须层次分明，符合其形成规律。

（8）归档文件必须准确地反映生产、科研、基建和经营管理等各项活动的真实内容和历史过程。

（9）严格执行资料工作的要求，加强资料的日常管理和保护工作，定期检查，发现问题及时向分管领导汇报，采取有效措施，保证资料安全。

（10）按照资料保管期限定期鉴定资料。

（11）维护项目工程资料的完善与安全，对违反本制度或不正确使用的行为，拒绝提供使用。

（12）参与本公司工程竣工图的整理和移交。

2. 各阶段的专门职责

（1）施工前期阶段。

1）收集完备工程项目动工建设前的所有包括规划、可行性研究、设计、科研等在内的各阶段的工程资料与文件。

2）熟悉建设项目的有关资料和施工图。

3）协助编制施工组织设计（施工技术方案），并填写施工组织设计（方案）报审表给现场监理机构审批。

4）填报开工报告，填报工程开工报审表，填写开工通知单。

5）协助编制各工种的技术交底资料。

6）协助制定各种规章制度。

（2）施工阶段。

1）收集整理需要进场的工程材料、构配件、成品、半成品和设备的质量保证资料（出厂质量证明书、生产许可证、准用证、交易证），填报工程资料、构配件、设备报审表，由监理工程师进行审批。

2）与工程项目的开工建设同步，做好有关隐蔽工程验收记录及质量验收记录的报审工作。

3）及时整理施工试验记录和测试记录。

4）阶段性的协助整理施工日志。

（3）竣工验收阶段。

1）协助完成工程质量验收资料记录工作。

2）协助完成工程质量控制资料核查记录工作。

3）协助完成工程安全与功能检验资料核查及主要功能抽查资料记录工作。

4）协助完成工程施工技术管理资料记录工作。

第四节　水利工程建设项目电子文件管理

一、电子文件概论

电子文件是指在数字设备及环境中生成，以数码形式存储于磁带、磁盘、光盘等载体，依赖计算机等数字设备阅读、处理，并可在通信网络上传送的文件。形成于办公自动化等业务信息系统中的电子文件称为正式电子文件。为制作纸质正式文件而形成的、与纸质定稿文件内容相同的电子文件称为辅助性电子文件。具有参考和利用价值并作为档案保存的电子文件称为归档电子文件。一份完整的归档电子文件由足以为其职能活动提供凭证的内容、结构与背景信息构成。结构与背景信息决定了归档电子文件的历史价值。

（一）归档电子文件的特性

1. 真实性（authenticity）

真实性指对电子文件的内容、结构和背景信息进行鉴定后，确认其与形成时的原始状况一致。包括三重含义：①电子文件内容与其用意相符；②电子文件的形成和发送与其既定的责任者和发送者相符；③电子文件的创建时间或发送时间与其既定的时间相一致。

2. 完整性（integrity）

完整性指电子文件的内容、结构、背景信息和元数据等无缺损。完整性有三层含义：①电子文件的内容、结构、背景信息没有缺损；②作为记录社会活动真实面貌的、有着内在有机联系的电子文件及其他形式的相关文件数量齐全；③与主文件相关的支持性、辅助性、工具性文件齐全。

3. 有效性（utility）

有效性指电子文件应具备的可查找、可检索、可呈现和可理解性，即电子文件的可靠性与长期可读性，包括信息的可识别性、存储系统的可靠性、载体的完好性和兼容性等。一份有效的电子文件应该能够表明其与形成它的职能活动和履行职能过程的直接关系，这种关系应由背景信息加以保存和表达。

（二）电子文件的迁移（migration）

开展电子文件归档与管理工作，旨在留存信息时代的机构记忆与社会记忆，保护立档单位核心信息资源，保证归档电子文件凭证性，避免政府及社会各界在电子政务与档案信息化建设中的重复投资和资源浪费。立档单位应健全制度、领导分管、明确职责、规范技术与方法四项并重，为电子文件的归档与管理提供政策、制度、技术与人员保障。电子文件归档与管理应以保证其凭证性与长期可读性为主要目的。为保证具有保存价值的电子文件得以及时捕获，保证归档电子文件的真实性、完整性与有效性，应遵循前端控制与全程管理原则。

电子文件易受损、易篡改、非直读、非实体存在、易丢失等特点决定了电子文件管理要求不同于纸质文件，电子文件的捕获、收集、鉴定、归档、整理等各项工作必须迁移。

二、电子文件真实性、完整性与有效性保障

立档单位电子文件管理制度、相关工作人员应备的职业道德是电子文件真实性、完整性与有效性的重要保障，是确保电子文件凭证性的基础。

立档单位应将电子文件管理纳入本机关文件管理体制，明确分管领导，建立相应制度。应根据本机构电子政务建设情况，就电子文件的捕获、归档、分类、鉴定、编目、统计、管理、存储、利用、备份、安全等各方面确定岗位职责与责任人，并在机构内公布。档案管理人员应对电子文件归档与管理工作的各方面负责，具体如下：

（1）应参与制定本单位电子文件归档与管理制度。

（2）应参与本单位电子文件管理系统的设计、实施与维护；尤其是办公自动化系统的设计，档案管理人员应根据电子文件凭证性保障要求，拟定功能需求、元数据方案、安全利用方案并嵌入系统，实现对电子文件的前端控制。

（3）是电子文件归档与管理各工作流程的主要责任人。

（4）应负责维护归档电子文件及其元数据的准确性、可获取性与可靠性。

（5）应负责本单位电子文件管理系统涉及文书处理各流程用户的操作指导与培训。

（6）应加强电子文件管理与计算机应用技术的学习与培训。

三、电子文件的代码标识和格式

（1）电子文件稿本代码：F—正式电子文件；A—辅助性电子文件；M—草稿性电子文件；U—非正式电子文件。

（2）电子文件类别代码：T—文本文件；I—图像文件；G—图形文件；V—视频文件；A—音频文件；O—超媒体链接文件；M—多媒体文件；P—程序文件；D—数据库文件。

（3）归档电子文件存储格式。为规范归档电子文件格式，保证电子文件的长期可读，立档单位应用的办公软件应符合 GB/T 20916—2007《中文办公软件文档格式规范》的要求。归档电子文件格式应符合开放性、标准性、系统兼容性、对计算机软件硬件系统的独立性、长期可读性等要求。一般常用电子数据的存储格式类型见表 1-1。

表 1－1 常用电子数据的存储格式类型

数据类型	推 荐 格 式	标 准 存 储 格 式	现阶段允许格式
文本文件	PDF/A、RTF、XML、TXT	PDF/A、XML、TXT	DOC、WPS、CEB、SEP
图像文件	TIFF、JPEG、GIFB	TIFF、JPEG、SVG	BMP、PDF
数码照片	TIFF、JPEG、JPEG－2000	TIFF、JPEG、JPEG－2000	TIFF、JPEG、JPEG－2000
音频文件	WAV、MP3	WAV、MP3	WMV、RAM/RM、MIDI
视频文件	MPEG－2、MPEG－4、AVI	MPEG－2、MPEG－4、AVI	QuickTime、Real Video
数据库文件	DBF	DBF	XLS、MDB
图形文件	DWF、DXF、SVG	DWF、DXF、SVG	DWF、DXF、SVG

四、电子文件的命名

（1）电子公文、照片档案、音频档案、视频档案等各类电子文件以档号命名，不应以文件题名为其命名。如一份电子文件的电子文件号为"X035－2006－15－Y－002. PDF"，"X035－2006－15－Y－002"为此份电子文件的档号。

（2）档号的编制按 DA/T 13—1994《档号编制规则》进行。

（3）不同稿本电子文件的电子文件号相同，用稿本代码加以区别。

（4）同一份电子文件的不同格式的文件名称相同，用扩展名加以区别。

（5）档号是不同稿本电子文件之间、同一份电子文件的不同格式文件之间以及它们与元数据之间的永久链接。

五、电子文件的登记

电子文件登记工作在电子文件管理系统中自动或半自动进行。档案管理人员可根据工作需要输出纸质电子文件登记目录。GB/T 18894—2002《电子文件归档与管理规范》规定的电子文件格式、软硬件环境等信息由结构信息元数据描述，由电子文件管理系统根据信息技术人员或档案管理人员预录入的信息进行自动赋值与批处理，无需手工登记。

归档鉴定分技术鉴定与内容鉴定。有无感染病毒鉴定必须在逻辑归档后及时进行，内容鉴定以及技术鉴定的其他内容可定期进行，但鉴定延迟时间不得超过 1 个日历月（1 个日历月是指 A 月 B 日到 A＋1 月 B－1 日）。内容鉴定应在电子文件管理系统中进行，根据鉴定结果为密级、保管期限、安全分类等相关元数据赋值。归档鉴定在电子文件管理系统中进行，以原始电子文件的复制件作为鉴定的文本。

1. 技术鉴定

（1）查杀病毒。档案管理人员应在鉴定之前升级杀毒软件病毒特征库，再对电子文件进行查杀病毒操作。对已感染病毒的电子文件先选择隔离处理方式，待病毒查找完成后再作进一步的杀毒处置。当病毒无法清除只能作删除处理，并且在临时存储器或制作电子文件的计算机中重新收集失败时，应在系统中进行登记，以便后续采用纸质文件数字化补齐内容与元数据。

（2）可读性鉴定。档案管理人员应检查电子文件是否可以被文字处理等办公软件正常打开，如果出现非正常情况，应及时采取重新收集措施，从临时存储器或制作电子文件的计算机中获取。当重新收集失败时，应在系统中进行登记，以便后续采用纸质文件数字化补齐内容与元数据。

（3）使用系统专用鉴定功能对电子文件进行真实性、完整性检查，检查可在档案管理人员确定元数据著录完毕后进行。

2. 内容鉴定

电子文件内容鉴定主要包括归档、确定密级与安全类别、划定保管期限。

（1）根据电子文件管理系统预先嵌入的值域，为应归档电子文件的归档标识、密级、安全分类、保管期限元数据赋值。

（2）辅助性电子文件的鉴定结果，可协助档案管理人员完成纸质文件的归档与整理。

（3）在进行内容鉴定的同时，可借助系统提供的功能进行元数据著录，如全宗内分类代码与名称、附件、人物、文种、文件集合等。

六、归档电子文件的整理

归档电子文件的整理分为内容信息整理和物理归档与存储介质的整理。内容信息整理即电子文件元数据著录。

1. 内容信息整理

内容信息整理是电子文件管理的重要内容，是电子文件真实性、完整性与有效性的重要保障。

（1）归档电子文件的著录，依据相关门类档案著录规则以及 GB/T 18894—2002《电子文件归档与管理规范》的要求进行。

（2）正式电子文件元数据著录始于其创建过程，应在鉴定、整理阶段检查著录的完整性，需要时应做补充著录。

（3）辅助性电子文件的著录始于被收集时，应确保必备元数据项著录的完整性。

（4）为保证归档电子文件的凭证性，应著录相关背景元数据，从而准确描述电子文件的来源、职能背景、文件关联等信息，保持电子文件与其他文件、责任者、信息系统之间的历史联系。

（5）采用非通用软件、模板、算法等形成的电子文件，必须著录格式元数据，对专用存取软件、模板、算法的名称、版本、存储位置等信息进行详细描述。

（6）档案管理人员完成电子文件内容信息整理后，应借助系统专用鉴定功能，对著录完毕的归档电子文件进行真实性、完整性与有效性检查。检查合格的电子文件，为其电子文件物理归档标识元数据赋予归档标识"PFiling"，并填写《归档电子文件登记表》（表1-2）。

表1-2　　　　　　　　　　归档电子文件登记表

档号	题名	责任者	文件形成时间	文件编号	稿本代码	电子文件类别代码	保管期限	登记时间

2. 物理归档与存储介质的整理

（1）物理归档。

1）为保证归档电子文件的凭证性与安全存储，赋予归档标识的归档电子文件应及时进行物理归档，物理归档应在逻辑归档完成后的 3 个月内进行。

2）各立档单位应向同级国家档案馆定期移交归档电子文件及其元数据。

3）归档电子文件的原始文件向同级国家档案馆移交，立档单位留存归档电子文件的复制件用于查阅。辅助性电子文件也按此规定执行，但在纸质文件归档、整理完毕后，如果元数据被更新或修改，应向同级国家档案馆重新移交元数据集。并填写《归档电子文件交换文据表》（表 1-3）和《归档电子文件迁移登记表》（表 1-4）。

表 1-3　　　　　　　　　　　　　归档电子文件交换文据表

移交单位名称			
接收单位名称			
电子文件所属年度		归档电子文件类别代码	
归档电子文件格式		移交总件数	
档号范围			
真实性检测		完整性检测	
有效性检测		无病毒检测	
移交单位说明			
接收单位意见			
交接时间			
移交单位签章			
接收单位签章			

表 1-4　　　　　　　　　　　　　归档电子文件迁移登记表

迁移类型	
迁移描述	
迁移档号范围	
迁移时间	
迁移责任人	
迁移审核人	
备注	1. 迁移类型有：介质更新、硬件平台迁移、操作系统迁移、数据库平台迁移、中间件平台迁移、应用软件迁移、格式迁移等。 2. 迁移描述应说明迁移前后存储介质、软硬件平台、格式的名称、型号、版本等信息；说明迁移过程相关信息，如成功无偏差，或存在的偏差及纠正情况等。

4）物理归档可采用在线或离线方式进行。

（2）存储介质的整理。

1）本规范推荐的归档电子文件脱机存储与备份介质为 CD－R、DVD＋R、DVD－R。

2）归档电子文件及其元数据的脱机光盘存储、光盘编号规则、光盘数据结构、光盘介质的管理应严格按照 GB/T 18894—2002《电子文件归档与管理规范》执行。

3）立档单位根据归档电子文件积累数量的实际情况适时进行光盘备份，文本类归档电子文件可一年制作一张光盘。

4）立档单位应为归档电子文件存储光盘提供或配置符合保管要求的场所、装具。

第二章 水利水电工程资料组卷与归档

案卷：由互有联系的若干文件组成的档案保管单位。

立卷：按照一定的原则和方法，将有保存价值的文件分门别类的整理成案卷，亦称组卷。

归档：文件形成单位完成其工作任务后，将形成的文件整理立卷后，按规定移交档案管理机构。

第一节 工程文件的组卷

一、立卷的原则和方法

（1）立卷应遵循工程文件的自然形成规律，保持卷内文件的有机联系，便于档案的保管和利用。

（2）一个建设工程由多个单位工程组成时，工程文件应按单位工程组卷。

（3）立卷可采用如下方法：

1）工程文件可按建设程序划分为工程准备阶段的文件、监理文件、施工文件、竣工图、竣工验收文件五部分。

2）工程准备阶段文件可按建设程序、专业、形成单位等组卷。

3）监理文件可按单位工程、分部工程、专业、阶段等组卷。

4）施工文件可按单位工程、分部工程、专业、阶段等组卷。

5）竣工图可按单位工程、专业等组卷。

6）竣工验收文件可按单位工程、专业等组卷。

（4）立卷过程中宜遵循下列要求：

1）案卷不宜过厚，一般不超过 40mm。

2）案卷内不应有重份文件，不同载体的文件一般应分别组卷。

二、卷内文件的排列

（1）文字材料按事项专业顺序排列，同一事项的请示与批复、同一文件的印本与定稿、主件与附件不能分开，并按批复在前请示在后、印本在前定稿在后、主件在前附件在后的顺序排列。

（2）图纸按专业排列，同专业图纸按图号顺序排列。

（3）既有文字材料又有图纸的案卷文字材料排前图纸排后。

三、案卷的编目

（1）编制卷内文件页号应符合下列规定：

1）卷内文件均按有书写内容的页面编号，每卷单独编号，页号从 1 开始。

2）页号编写位置：单面书写的文件在右下角，双面书写的文件正面在右下角、背面在左下角，折叠后的图纸一律在右下角。

3）成套图纸或印刷成册的科技文件材料自成一卷的原目录可代替卷内目录，不必重新编写页码。

4）案卷封面卷内目录、卷内备考表不编写页号。

（2）卷内目录的编制应符合下列规定：

1）卷内目录式样宜符合如图 2-1 所示的卷内目录式样的要求。

单位：mm
比例 1：2

图 2-1 卷内目录式样

2）序号：以一份文件为单位用阿拉伯数字从 1 依次标注。

3）责任者：填写文件的直接形成单位和个人，有多个责任者时选择两个主要责任者，其余用等代替。

　　4）文件编号：填写工程文件原有的文号或图号。

　　5）文件题名：填写文件标题的全称。

　　6）日期：填写文件形成的日期。

　　7）页次：填写文件在卷内所排的起始页号，最后一份文件填写起止页号。

　　8）卷内目录排列在卷内文件首页之前。

　　（3）卷内备考表的编制应符合下列规定：

　　1）卷内备考表的式样宜符合如图2-2所示的卷内备考表式样的要求。

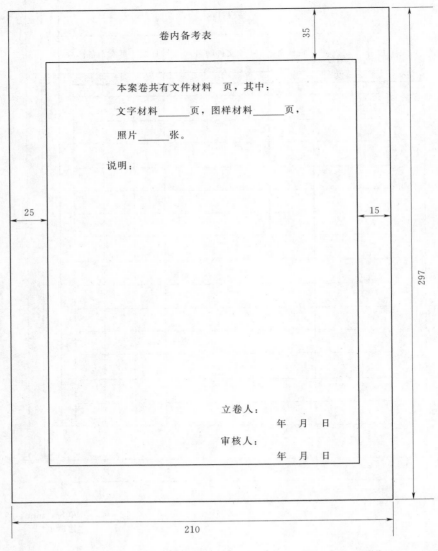

图2-2　卷内备考表式样

2）卷内备考表主要标明卷内文件的总页数、各类文件页数（照片张数）以及立卷单位对案卷情况的说明。

3）卷内备考表排列在卷内文件的尾页之后。

（4）案卷封面的编制应符合下列规定：

1）案卷封面印刷在卷盒、卷夹的正表面，也可采用内封面形式，案卷封面的式样宜符合如图2-3所示的案卷封面式样的要求。

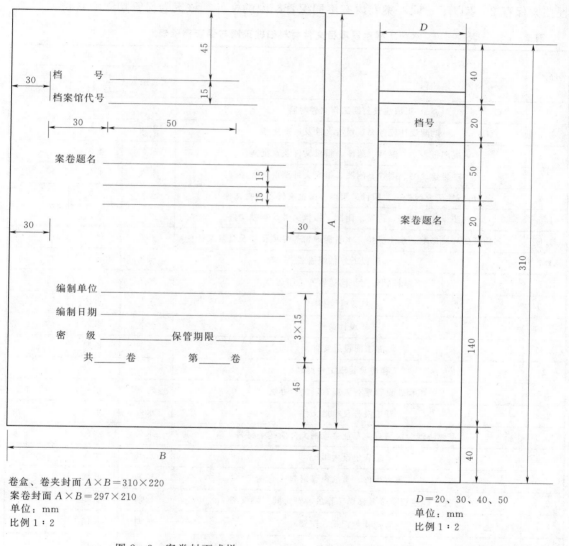

卷盒、卷夹封面 $A×B＝310×220$
案卷封面 $A×B＝297×210$
单位：mm
比例1：2

图2-3 案卷封面式样

$D＝20、30、40、50$
单位：mm
比例1：2

图2-4 案卷脊背式样

2）案卷封面的内容应包括：档号、档案馆代号、案卷题名、编制单位、起止日期、密级、保管期限、共几卷第几卷。

3）档号应由分类号项目号和案卷号组成，档号由档案保管单位填写。

4）档案馆代号应填写国家给定的本档案馆的编号，档案馆代号由档案馆填写。

5）案卷题名应简明准确地揭示卷内文件的内容案卷题名应包括工程名称专业名称卷内文件的内容。

6）编制单位应填写案卷内文件的形成单位或主要责任者。

7）起止日期应填写案卷内全部文件形成的起止日期。

8）保管期限分为永久、长期、短期三种期限，各类文件的保管期限见表2-1。永久是指工程档案需永久保存，长期是指工程档案的保存期限等于该工程的使用寿命，短期是指工程档案保存20年以下，同一案卷内有不同保管期限的文件，该案卷保管期限应从长。

表2-1　　　　　　　　水利工程建设项目文件材料归档范围与保管期限表

序号	归档文件	保管期限		
		项目法人	运行管理单位	流域机构档案馆
1	**工程建设前期工作文件材料**			
1.1	勘测设计任务书、报批文件及审批文件	永久	永久	
1.2	规划报告书、附件、附图、报批文件及审批文件	永久	永久	
1.3	项目建议书、附件、附图、报批文件及审批文件	永久	永久	
1.4	可行性研究报告书、附件、附图、报批文件及审批文件	永久	永久	
1.5	初步设计报告书、附件、附图、报批文件及审批文件	永久	永久	
1.6	各阶段的环境影响、水土保持、水资源评价等专项报告及批复文件	永久	永久	
1.7	各阶段的评估报告	永久	永久	
1.8	各阶段的鉴定、实验等专题报告	永久	永久	
1.9	招标设计文件	永久	永久	
1.10	技术设计文件	永久	永久	
1.11	施工图设计文件	长期	长期	
2	**工程建设管理文件材料**			
2.1	工程建设管理有关规章制度、办法	永久	永久	
2.2	开工报告及审批文件	永久	永久	
2.3	重要协调会议与有关专业会议的文件及相关材料	永久	永久	
2.4	工程建设大事记	永久	永久	永久
2.5	重大事件、事故声像材料	长期	长期	
2.6	有关工程建设管理及移民工作的各种合同、协议书	长期	长期	
2.7	合同谈判记录、纪要	长期	长期	
2.8	合同变更文件	长期	长期	
2.9	索赔与反索赔材料	长期		
2.10	工程建设管理涉及的有关法律事务往来文件	长期	长期	
2.11	移民征地申请、批准文件及红线图（包括土地使用证）、行政区域图、坐标图	永久	永久	
2.12	移民拆迁规划、安置、补偿及实施方案和相关的批准文件	永久	永久	
2.13	各种专业会议记录	长期	*长期	

续表

序号	归 档 文 件	保管期限		
		项目法人	运行管理单位	流域机构档案馆
2.14	专业会议纪要	永久	*永久	*永久
2.15	有关领导的重要批示	永久	永久	
2.16	有关工程建设计划、实施计划和调整计划	长期		
2.17	重大设计变更及审批文件	永久	永久	永久
2.18	有关质量及安全生产事故处理文件材料	长期	长期	
2.19	有关招标技术设计、施工图设计及其审查文件材料	长期	长期	
2.20	有关投资、进度、质量、安全、合同等控制文件材料	长期		
2.21	招标文件、招标修改文件、招标补遗及答疑文件	长期		
2.22	投标书、资质资料、履约类保函、委托授权书和投标澄清文件、修正文件	永久		
2.23	开标、评标会议文件及中标通知书	长期		
2.24	环保、档案、防疫、消防、人防、水土保持等专项验收的请示、批复文件	永久	永久	
2.25	工程建设不同阶段产生的有关工程启用、移交的各种文件材料	永久	永久	*永久
2.26	出国考察报告及外国技术人员提供的有关文件材料	永久		
2.27	项目法人在工程建设管理方面与有关单位（含外商）的重要来往函电	永久		
3	**施工文件材料**			
3.1	工程技术要求、技术交底、图纸会审纪要	长期	长期	
3.2	施工计划、技术、工艺、安全措施等施工组织设计报批及审核文件	长期	长期	
3.3	建筑原材料出厂证明、质量鉴定、复验单及试验报告	长期	长期	
3.4	设备材料、零部件的出厂证明（合格证）、材料代用核定审批手续、技术核定单、业务联系单、备忘录等		长期	
3.5	设计变更通知、工程更改洽商单等	永久	永久	永久
3.6	施工定位（水准点、导线点、基准点、控制点等）测量、复核记录	永久	永久	
3.7	施工放样记录及有关材料	永久	永久	
3.8	地质勘探和土（岩）试验报告	永久	长期	
3.9	基础处理、基础工程施工、桩基工程、地基验槽记录	永久	永久	
3.10	设备及管线焊接试验记录、报告，施工检验、探伤记录	永久	长期	
3.11	工程或设备与设施强度、密闭性试验记录、报告	长期	长期	
3.12	隐蔽工程验收记录	永久	长期	
3.13	记载工程或设备变化状态（测试、沉降、位移、变形等）的各种监测记录	永久	长期	
3.14	各类设备、电气、仪表的施工安装记录，质量检查、检验、评定材料	长期	长期	
3.15	网络、系统、管线等设备、设施的试运行、调试、测试、试验记录与报告	长期	长期	
3.16	管线清洗、试压、通水、通气、消毒等记录、报告	长期	长期	
3.17	管线标高、位置、坡度测量记录	长期	长期	
3.18	绝缘、接地电阻等性能测试、校核记录	永久	长期	

续表

序号	归 档 文 件	保管期限		
		项目法人	运行管理单位	流域机构档案馆
3.19	材料、设备明细表及检验、交接记录	长期	长期	
3.20	电器装置操作、联动实验记录	短期	长期	
3.21	工程质量检查自评材料	永久	长期	
3.22	施工技术总结，施工预、决算	长期	长期	
3.23	事故及缺陷处理报告等相关材料	长期	长期	
3.24	各阶段检查、验收报告和结论及相关文件材料	永久	永久	*永久
3.25	设备及管线施工中间交工验收记录及相关材料	永久	长期	
3.26	竣工图（含工程基础地质素描图）	永久	永久	永久
3.27	反映工程建设原貌及建设过程中重要阶段或事件的声像材料	永久	永久	永久
3.28	施工大事记	长期	长期	
3.29	施工记录及施工日记		长期	
4	**监理文件材料**			
4.1	监理合同协议，监理大纲，监理规划、细则、采购方案、监造计划及批复文件	长期		
4.2	设备材料审核文件	长期		
4.3	施工进度、延长工期、索赔及付款报审材料	长期		
4.4	开（停、复、返）工令、许可证等	长期		
4.5	监理通知，协调会审纪要，监理工程师指令、指示，来往信函	长期		
4.6	工程材料监理检查、复检、实验记录、报告	长期		
4.7	监理日志、监理周（月、季、年）报、备忘录	长期		
4.8	各项控制、测量成果及复核文件	长期		
4.9	质量检测、抽查记录	长期		
4.10	施工质量检查分析评估、工程质量事故、施工安全事故等报告	长期	长期	
4.11	工程进度计划实施的分析、统计文件	长期		
4.12	变更价格审查、支付审批、索赔处理文件	长期		
4.13	单元工程检查及开工（开仓）签证，工程分部分项质量认证、评估	长期		
4.14	主要材料及工程投资计划、完成报表	长期		
4.15	设备采购市场调查、考察报告	长期		
4.16	设备制造的检验计划和检验要求、检验记录及试验、分包单位资格报审表	长期		
4.17	原材料、零配件等的质量证明文件和检验报告	长期		
4.18	会议纪要	长期	长期	
4.19	监理工程师通知单、监理工作联系单	长期		
4.20	有关设备质量事故处理及索赔文件	长期		
4.21	设备验收、交接文件，支付证书和设备制造结算审核文件	长期	长期	

续表

序号	归档文件	保管期限		
		项目法人	运行管理单位	流域机构档案馆
4.22	设备采购、监造工作总结	长期	长期	
4.23	监理工作声像材料	长期	长期	
4.24	其他有关的重要来往文件	长期	长期	
5	**工艺、设备材料（含国外引进设备材料）文件材料**			
5.1	工艺说明、规程、路线、试验、技术总结		长期	
5.2	产品检验、包装、工装图、检测记录		长期	
5.3	采购工作中有关询价、报价、招投标、考察、购买合同等文件材料	长期		
5.4	设备、材料报关（商检、海关）、商业发票等材料	永久		
5.5	设备、材料检验、安装手册、操作使用说明书等随机文件		长期	
5.6	设备、材料出厂质量合格证明、装箱单、工具单、备品备件单等		短期	
5.7	设备、材料开箱检验记录及索赔文件等材料	永久		
5.8	设备、材料的防腐、保护措施等文件材料		短期	
5.9	设备图纸、使用说明书、零部件目录		长期	
5.10	设备测试、验收记录		长期	
5.11	设备安装调试记录、测定数据、性能鉴定		长期	
6	**科研项目文件材料**			
6.1	开题报告、任务书、批准书	永久		
6.2	协议书、委托书、合同	永久		
6.3	研究方案、计划、调查研究报告	永久		
6.4	试验记录、图表、照片	永久		
6.5	实验分析、计算、整理数据	永久		
6.6	实验装置及特殊设备图纸、工艺技术规范说明书	永久		
6.7	实验装置操作规程、安全措施、事故分析	长期		
6.8	阶段报告、科研报告、技术鉴定	永久		
6.9	成果申报、鉴定、审批及推广应用材料	永久		
6.10	考察报告	永久		
7	**生产技术准备、试生产文件材料**			
7.1	技术准备计划		长期	
7.2	试生产管理、技术责任制等规定		长期	
7.3	开停车方案		长期	
7.4	设备试车、验收、运转、维护记录		长期	
7.5	安全操作规程、事故分析报告		长期	
7.6	运行记录		长期	
7.7	技术培训材料		长期	

序号	归 档 文 件	保管期限		
		项目法人	运行管理单位	流域机构档案馆
7.8	产品技术参数、性能、图纸		长期	
7.9	工业卫生、劳动保护材料、环保、消防运行检测记录		长期	
8	**财务、器材管理文件材料**			
8.1	财务计划、投资、执行及统计文件	长期		
8.2	工程概算、预算、决算、审计文件及标底、合同价等说明材料	永久		
8.3	主要器材、消耗材料的清单和使用情况记录	长期		
8.4	交付使用的固定资产、流动资产、无形资产、递延资产清册	永久	永久	
9	**竣工验收文件材料**			
9.1	工程验收申请报告及批复	永久	永久	永久
9.2	工程建设管理工作报告	永久	永久	永久
9.3	工程设计总结（设计工作报告）	永久	永久	永久
9.4	工程施工总结（施工管理工作报告）	永久	永久	永久
9.5	工程监理工作报告	永久	永久	永久
9.6	工程运行管理工作报告	永久	永久	永久
9.7	工程质量监督工作报告（含工程质量检测报告）	永久	永久	永久
9.8	工程建设声像材料	永久	永久	永久
9.9	工程审计文件、材料、决算报告	永久	永久	永久
9.10	环境保护、水土保持、消防、人防、档案等专项验收意见	永久	永久	永久
9.11	工程竣工验收鉴定书及验收委员签字表	永久	永久	永久
9.12	竣工验收会议其他重要文件材料及记载验收会议主要情况的声像材料	永久	永久	永久
9.13	项目评优报奖申报材料、批准文件及证书	永久	永久	永久

注　保管期限中有 * 的类项，表示相关单位只保存与本单位有关或较重要的相关文件材料。

9）密级分为绝密、机密、秘密三种，同一案卷内有不同密级的文件应以高密级为本卷密级。

（5）卷内目录、卷内备考表、案卷内封面应采用 70g 以上白色书写纸，制作幅面统一采用 A4 幅面。

（6）案卷装订。

1）案卷可采用装订与不装订两种形式，文字材料必须装订，既有文字材料又有图纸的案卷应装订，装订应采用线绳三孔左侧装订法，要整齐牢固便于保管和利用。

2）装订时必须剔除金属物。

（7）卷盒、卷夹、案卷脊背

1）案卷装具一般采用卷盒和卷夹两种形式。

a. 卷盒的外表尺寸为 310mm×220mm，厚度分别为 20mm、30mm、40mm、50mm。

b. 卷夹的外表尺寸为 310mm×220mm，厚度一般为 20mm 和 30mm。

c. 卷盒、卷夹应采用无酸纸制作。

2）案卷脊背。案卷脊背的内容包括档号和案卷题名，式样宜符合如图 2-4 所示的案卷脊背式样。

第二节 工程文件的归档

（1）水利工程档案的保管期限分为永久、长期、短期三种。长期档案的实际保存期限，不得短于工程的实际寿命。

（2）《水利工程建设项目文件材料归档范围和保管期限表》（表 2－1）是对项目法人等相关单位应保存档案的原则规定。项目法人可结合实际，补充制定更加具体的工程档案归档范围及符合工程建设实际的工程档案分类方案。

（3）水利工程档案的归档工作，一般是由产生文件材料的单位或部门负责。总包单位对各分包单位提交的归档材料负有汇总责任。各参建单位技术负责人应对其提供档案的内容及质量负责；监理工程师对施工单位提交的归档材料应履行审核签字手续，监理单位应向项目法人提交对工程档案内容与整编质量情况的专题审核报告。

（4）水利工程文件材料的收集、整理应符合 GB/T 11182—2008《科学技术档案案卷构成的一般要求》。归档文件材料的内容与形式均应满足档案整理规范要求。即内容应完整、准确、系统；形式应字迹清楚、图样清晰、图表整洁、竣工图及声像材料须标注的内容清楚、签字（章）手续完备，归档图纸应按 GB/T 10609.3—2009《技术制图复制图的折叠方法》要求统一折叠。

（5）竣工图是水利工程档案的重要组成部分，必须做到完整、准确、清晰、系统、修改规范、签字手续完备。项目法人应负责编制项目总平面图和综合管线竣工图。施工单位应以单位工程或专业为单位编制竣工图。竣工图须由编制单位在图标上方空白处逐张加盖竣工图章，有关单位和责任人应严格履行签字手续。每套竣工图应附编制说明、鉴定意见及目录。施工单位应按以下要求编制竣工图：

1）按施工图施工没有变动的，须在施工图上加盖并签署竣工图章。

2）一般性的图纸变更及符合更改或划改要求的，可在原施工图上更改，在说明栏内注明变更依据，加盖并签署竣工图章。

3）凡涉及结构形式、工艺、平面布置等重大改变或图面变更超过 1/3 的，应重新绘制竣工图（可不再加盖竣工图章）。重绘图应按原图编号，并在说明栏内注明变更依据，在图标栏内注明竣工阶段和绘制竣工图的时间、单位、责任人。监理单位应在图标上方加盖并签署竣工图确认章。

（6）水利工程建设声像档案是纸制载体档案的必要补充。参建单位应指定专人，负责各自产生的照片、胶片、录音、录像等声像材料的收集、整理、归档工作，归档的声像材料均应标注事由、时间、地点、人物、作者等内容。工程建设重要阶段、重大事件、事故，必须要有完整的声像材料归档。

电子文件的整理、归档，参照 GB/T 18894—2002《电子文件归档与管理规范》执行。

（7）项目法人可根据实际需要，确定不同文件材料的归档份数，但应满足以下要求：

1）项目法人与运行管理单位应各保存 1 套较完整的工程档案材料（当二者为一个单位时，应异地保存 1 套）。

2）工程涉及多家运行管理单位时，各运行管理单位则只保存与其管理范围有关的工程档案材料。

3）当有关文件材料需由若干单位保存时，原件应由项目产权单位保存，其他单位保存复制件。

4）流域控制性水利枢纽工程或大江、大河、大湖的重要堤防工程，项目法人应负责向流域机构档案馆移交1套完整的工程竣工图及工程竣工验收等相关文件材料。

（8）工程档案的归档与移交必须编制档案目录。档案目录应为案卷级，并须填写工程档案交接单。交接双方应认真核对目录与实物，并由经手人签字、加盖单位公章确认。

（9）工程档案的归档时间，可由项目法人根据实际情况确定。可分阶段在单位工程或单项工程完工后向项目法人归档，也可在主体工程全部完工后向项目法人归档。整个项目的归档工作和项目法人向有关单位的档案移交工作，应在工程竣工验收后3个月内完成。

第三节　归档文件的质量要求

归档的工程文件应为原件。工程文件的内容及其深度必须符合国家有关工程勘察、设计、施工、监理等方面的技术规范、标准和规程。工程文件的内容必须真实准确与工程实际相符合。工程文件应采用耐久性强的书写材料，如碳素墨水、蓝黑墨水，不得使用易褪色的书写材料，如：红色墨水、纯蓝墨水、圆珠笔、复写纸、铅笔等。应字迹清楚、图样清晰、图表整洁、签字盖章手续完备。

工程文件中文字材料幅面尺寸规格宜为A4幅面（297mm×210mm）。图纸宜采用国家标准图幅。工程文件的纸张应采用能够长期保存的韧力大、耐久性强的纸张。图纸一般采用蓝晒图，竣工图应是新蓝图。计算机出图必须清晰，不得使用计算机出图的复印件。

所有竣工图均应加盖竣工图章。应符合如下规定：

（1）竣工图章的基本内容应包括："竣工图"字样、施工单位、编制人、审核人、技术负责人、编制日期、监理单位、现场监理、总监。

（2）竣工图章示例如图2-5所示。

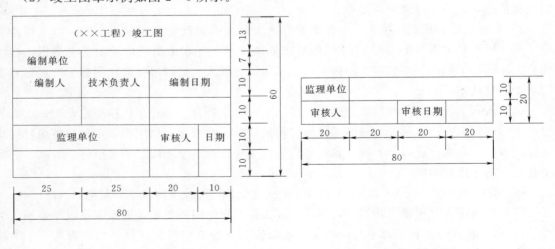

(a) 竣工图章　　　　　　　　　　　　　　(b) 竣工图确认章

注　竣工图章中（××工程）应在图章制作时，直接填写上工程项目的全称；竣工图章与确认章中的编制单位与监理单位均可在图章制作时，直接填写清楚。

图2-5　竣工图章示例（比例1:1，单位mm）

（3）竣工图章应使用不易褪色的红印泥，应盖在图标栏上方空白处。

利用施工图改绘竣工图，必须标明变更修改依据；凡施工图结构、工艺、平面布置等有重大改变，或变更部分超过图面 1/3 的，应当重新绘制竣工图。不同幅面的工程图纸应按 GB/T 10609.3—2009《技术制图复制图的折叠方法》统一折叠成 A4 幅面（297mm × 210mm），图标栏露在外面。

第四节 工程档案的验收

水利工程档案验收是水利工程竣工验收的重要内容，应提前或与工程竣工验收同步进行。凡档案内容与质量达不到要求的水利工程，不得通过档案验收；未通过档案验收或档案验收不合格的，不得进行或通过工程的竣工验收。根据水利部《水利工程建设项目档案验收管理办法》（水办〔2008〕366 号）规定档案验收依据《水利工程建设项目档案验收评分标准》（表 2-2，以下简称《评分标准》）对项目档案管理及档案质量进行量化赋分，满分为 100 分。验收结果分为 3 个等级：总分达到或超过 90 分的，为优良；达到 70～89.9 分的，为合格；达不到 70 分或"应归档文件材料质量与移交归档"项达不到 60 分的，均为不合格。大中型以上和国家重点水利工程建设项目，应按要求进行档案验收。档案验收不合格的，不得进行项目竣工验收。水利重大信息化建设项目及其他水利工程（含改建、扩建、除险加固等建设项目）档案验收可参照《评分标准》进行档案验收。

表 2-2　　　　　　　　　水利工程建设项目档案验收评分标准

序号	验收项目	验收内容	验收备查材料	评分标准	标准分值	自检得分	验收赋分
1	档案工作保障体系（20分）	项目法人认真履行对工程档案负总责的职责，在管理机构、人员配备、制度建设、明确职责、经费保障和设备设施配备等方面，为项目档案工作的开展创造了较好的条件，保障了项目档案工作的顺利进行		详见以下各小项内容	20分		
1.1	组织保障（4分）	（1）明确有档案工作的分管领导	有关文件或岗位职责	达不到要求的不得分	1分		
		（2）明确有档案工作机构或部门、并配有一定数量的专职档案管理人员	机构设置文件及部门、人员岗位职责和培训证明	未明确档案工作机构或部门的，酌扣 0.3～0.5 分；无专职档案管理人员，扣 2 分；档案专职人员至少有 1 名具有大专以上学历，并获得上级业务部门组织的档案专业技术培训证书，达不到要求的，酌扣 0.5～1 分	2分		
		（3）建立了由项目法人负责、各参建单位组成的档案管理网络，并明确了相关责任人	网络图表和落实相关人员责任制的文件或依据	达不到要求的酌扣 0.5～1 分	1分		

续表

序号	验收项目	验收内容	验收备查材料	评分标准	标准分值	自检得分	验收赋分
1.2	制度保障（5分）	（1）按"集中统一管理"的原则，建立了较完善的工程档案管理制度或办法，明确规定了各责任单位的职责与任务，并有相应的控制措施	项目法人制定的相关制度、办法	1. 未建立制度的，不得分； 2. 制度要求有重大缺、漏项的，酌扣0.5～1分	2分		
		（2）制定了项目文件材料的归档范围和保管期限表	归档范围与保管期限表	1. 无此制度的不得分； 2. 归档范围已涵盖工程项目建设管理过程中的各类应归档文件材料，且保管期限划分准确，有明显缺陷或不足的，酌扣0.2～0.7分	1分		
		（3）制定了较实用的档案分类方案和整编细则等用于档案整编的相关制度或工作规范	相关文件	1. 无相关制度的不得分； 2. 制度达不到要求或有明显缺陷的，酌扣0.2～0.7分	1分		
		（4）制定了档案接收、保管、利用、安全及统计等内部工作制度	相关制度、办法	1. 无相关制度的不得分； 2. 档案内部管理制度不全或有明显缺、漏项的，酌扣0.2～0.7分	1分		
1.3	经费保障（2分）	项目法人已将档案工作所需的各项业务经费，列入工程总概算或年度经费预算，并能满足档案工作的需要	有关凭证性材料	1. 虽未列有专项经费，却能较好地解决档案业务工作所需经费，可酌扣0.2～0.5分； 2. 因经费原因已影响到档案工作的正常开展，或已造成一定后果的，酌扣0.5～2分	2分		
1.4	设备设施保障（2分）	（1）有符合安全保管条件的专用档案库房	实地检查	1. 无档案专用库房的不得分； 2. 存在一定差距的，酌扣0.2～0.8分	1分		
		（2）办公与库房的设备设施及档案装具能满足工作需要		1. 办公与档案保管条件存在明显差距的不得分； 2. 存在一定差距的，酌扣0.2～0.8分	1分		

续表

序号	验收项目	验收内容	验收备查材料	评分标准	标准分值	自检得分	验收赋分
1.5	各项管理制度或措施的贯彻落实与实施情况（7分）	（1）签订有关合同协议时，同时提出归档要求	相关合同协议	1. 不符合要求不得分； 2. 存在一定问题酌扣 0.2～0.7 分	1分		
		（2）检查工程进度、质量时，同时检查工程档案资料的收集、整理情况	检查工作文件或记录	1. 不符合要求的不得分； 2. 存在一定差距的，酌扣 0.2～0.7 分	1分		
		（3）项目成果评审、鉴定或项目阶段与完工验收，同时检查或验收相关档案	验收文件	1. 不符合要求的不得分； 2. 有一定差距的，酌扣 0.2～0.7 分	1分		
		（4）法人对设计、施工、监理等参建单位的档案收集、整理工作进行监督指导	有关证明材料	1. 不符合要求的不得分； 2. 存在一定差距的，酌扣 0.2～0.7 分	1分		
		（5）档案部门或档案人员对本单位各业务部门或所属分支机构的档案收集、整理、归档工作进行监督指导	有关证明材料	1. 不符合要求的不得分； 2. 存在一定差距的，酌扣 0.2～0.7 分	1分		
		（6）纳入工程质量管理程序	相关制度和记录	1. 不符合要求的不得分； 2. 存在一定差距的，酌扣 0.2～0.7 分	1分		
		（7）按期上报建设项目档案管理登记表	登记表	1. 不符合要求的不得分； 2. 存在一定差距的，酌扣 0.2～0.7 分	1分		
2	应归档文件材料质量与移交归档（70）	应归档文件材料的内容已达到完整、准确、系统；形式已满足字迹清楚、图样清晰、图表整洁、标注清楚、图纸折叠规范、签字手续完备；归档手续、时间与档案移交符合要求		详见以下各小项内容	70分		
2.1	文件材料完整性（24分）	（1）建设前期工作文件材料（含设计及招、投标等文件材料）	归档范围与归档目录和档案实体	按《水利基本建设项目档案管理规定》（水办〔2005〕480号）所附的"水利工程建设项目文件材料归档范围与保管期限表"的内容进行检查［水利信息化项目参照国家档案局和国家发改委印发的《国家电子政务工程建设项目文件归档范围和保管期限表》（档发〔2008〕3号）。存在缺项的，所缺项不得分；各项内存在不完整现	2分		
		（2）建设管理文件材料（含移民管理工作相关材料）			4分		
		（3）施工文件材料			5分		
		（4）监理文件材料			2分		
		（5）工艺、设备文件材料			1分		
		（6）科研项目文件材料			1分		
		（7）生产技术准备、试生产文件材料			1分		

序号	验收项目	验收内容	验收备查材料	评分标准	标准分值	自检得分	验收赋分
2.1	文件材料完整性（24分）	（8）财务、器材管理文件材料	归档范围与归档目录和档案实体	象的，每发现一处，酌扣0.2～0.5分；重要阶段、重大事件和事故，必须要有完整的声像材料，无声像材料的，相关项不得分；重要声像材料不齐全的，酌扣0.5～1分	1分		
		（9）验收文件材料（含阶段、专项、竣工）			2分		
		（10）项目法人按规定完成项目总平面图与综合管线竣工图的编制工作			1分		
		（11）声像材料			2分		
		（12）监理单位对施工单位提交的工程档案内容与质量提交专题审核报告	相关材料	1. 无专题审核报告不得分； 2. 内容不全的，酌扣0.2～0.5分	1分		
		（13）电子文件材料	电子文件数据与相关文件材料	1. 无电子文件材料归档的，不得分； 2. 缺少重要电子文件材料的，酌扣0.2～0.5分	1分		
2.2	文件材料的准确性（32分）	（1）反映同一问题的不同文件材料的内容应一致	已归档文件材料	如发现存在不一致现象的，每发现一处，酌扣0.2～0.5分	3分		
		（2）竣工图编制规范，能清晰、准确地反映工程建设的实际。竣工图图章签字手续完备；监理单位按规定履行了审核手续	检查竣工图	1. 竣工图如有模糊不清、不准确（应改未改或改动不完整），未标注变更说明、审核签字手续不全等现象，每发现一处，酌扣0.2～0.4分； 2. 如发生结构形式、工艺、平面布置等重大变化，未重新绘制竣工图或有较大变化未能如实反映的，每项酌扣0.5～1分	8分		
		（3）归档材料应字迹清晰，图表整洁，审核签字手续完备，书写材料符合规范要求	检查卷内已归档的文件材料	归档材料存在字迹不清、破损、污渍、缺少审核签字等不能准确反映其具体内容的，每发现一处，扣0.2分	4分		
		（4）声像与电子等非纸质文件材料应逐张、逐盒（盘）标注事由、时间、地点、人物、作者等内容	检查实体档案整编情况	归档材料存在标注不符合要求的，酌扣0.3～2分	4分		
		（5）案卷题名简明、准确；案卷目录编制规范，著录内容翔实	检查案卷标题与案卷目录的编制情况	1. 无案卷目录的，不得分； 2. 案卷目录编制存在一定问题的，酌扣0.2～2分	4分		

续表

序号	验收项目	验收内容	验收备查材料	评分标准	标准分值	自检得分	验收赋分
2.2	文件材料的准确性（32分）	（6）卷内目录著录清楚、准确；页码编写准确、规范	检查卷内目录	1. 案卷内无卷内目录的，不得分； 2. 卷内目录编制存在一定问题，酌扣0.2～2分	4分		
		（7）备考表填写规范；案卷中需说明的内容均在案卷备考表中清楚注释，并履行了签字手续	检查备考表	1. 案卷内无备考表的，不得分； 2. 备考表中存在一定问题的，酌扣0.2～0.5分	1分		
		（8）图纸折叠符合要求，对不符合要求的归档材料采取了必要的修复、复制等补救措施	检查案卷文件材料	有不符合要求的，每发现一处，酌扣0.2分	2分		
		（9）案卷装订牢固、整齐、美观，装订线不压内容；单分文件归档时，应在每份文件首页右上方加盖、填写档号章；案卷中均是图纸的可不装订，但应逐张填写档号章	检查案卷	案卷装订存在一定问题，或未装订文件缺少档号章的，每发现一处，酌扣0.2分	2分		
2.3	文件材料的系统性（10分）	（1）分类科学。依据项目档案分类方案，归类准确，每类文件材料的脉络清晰，各类文件材料之间的关系明确	分类方案与案卷分类情况	1. 无档案分类方案的，不得分； 2. 分类方案存在一定问题的，酌扣0.5～1分	3分		
		（2）组卷合理。遵循文件材料的形成规律，保持文件之间的有机联系，组成的案卷能反映相应的主题，且薄厚适中、便于保管和利用；设计变更文件材料，应按单位工程或分部工程或专业单独组成一卷或数卷	检查案卷组织情况	1. 未按要求进行组卷的，不得分； 2. 存在一定问题的，酌扣0.5～2分	4分		
		（3）排列有序。相同内容或关系密切的文件按重要程度或时间循序排列在相关案卷中；反映同一主题或专题的案卷相对集中排列	检查案卷与卷内文件的排列情况	1. 案卷无序排列的，不得分； 2. 排列中存在不规范现象的，酌扣0.2～2分	3分		

序号	验收项目	验收内容	验收备查材料	评分标准	标准分值	自检得分	验收赋分
2.4	归档与移交（4分）	（1）归档。项目法人各职能部门和相关工程技术人员能按要求将其经办的应归档的文件材料进行整理、归档	各类档案归档情况目录	1. 法人各职能部门按年度或阶段归档情况； 2. 如有延误或未归档现象的，酌扣0.2～0.6分	1分		
		（2）移交。各参建单位按单位工程或单项工程已向项目法人移交了相关工程档案，并认真履行了交接手续	移交目录	1. 项目法人尚未接收各参建单位移交档案的，不得分； 2. 存在档案移交不全或缺少移交手续的，酌扣0.5～2分	3分		
3	档案接收后的管理（10分）	档案管理工作有序，并开展了档案数字化工作，且取得一定成效；为工程建设与管理工作提供了较好的服务		详见以下各小项内容	10分		
3.1	档案保管、统计（2分）	（1）档案柜架标识清楚、排列整齐、间距合理；馆（室）藏档案种类、数量清楚，并按期报送有关档案年报	实地检查库房及档案台账、交接单、报表等	1. 无档案柜架标识或档案数量统计台账和年报的，不得分； 2. 在档案柜架摆放、标识或档案统计等方面存在一定问题的，酌扣0.2～0.6分	1分		
		（2）定期对档案保管状况进行检查，落实库房防火、防盗、防光、防水、防潮、防虫、防尘、防高温等措施，确保档案安全	检查工作记录和库房观测记录	1. 未落实库房安全管理措施或存在明显安全隐患的，不得分； 2. 库房管理存在一定问题的，酌扣0.2～0.6分	1分		
3.2	档案利用（3分）	（1）有2种以上检索工具	检索工具	1. 无检索工具的不得分； 2. 达不到要求的，扣0.5分	1分		
		（2）开展多种形式的档案利用工作，且取得一定效果	提供利用情况及利用效果反馈记录	未开展档案利用工作或无利用效果登记的，酌扣0.5～1分	1分		
		（3）积极开展档案编研工作。编有工程项目简介、工程建设大事记、科研成果简介或汇编、有关专题介绍和主要基础资料汇编等档案编研成果	编研成果	1. 无编研成果的不得分； 2. 编研成果数量不足或质量不高的，酌扣0.2～0.8分； 3. 有3项以上编研成果，且均发挥重要作用的，可得满分	1分		

序号	验收项目	验收内容	验收备查材料	评分标准	标准分值	自检得分	验收赋分
3.3	档案信息化（5分）	（1）已开展档案信息化工作，且与本单位信息化工作同步开展	档案信息化开展情况	1. 未开展档案信息化工作的不得分； 2. 虽已开展，但距单位信息化同步开展有一定差距的，可酌扣0.4～0.8分	1分		
		（2）配有档案管理软件，建有档案案卷级目录、文件级目录数据库，开展了档案全文数字化工作，并已在档案统计、提供利用等工作中发挥重要作用	软件使用及数据库运行情况	1. 配备档案管理软件的，可得0.5分； 2. 通过软件已对案卷目录、文件目录和全文等数据进行有效管理的，可得1.5分； 3. 如存在一定差距，可酌扣0.2～1分； 4. 未配备档案管理软件的，不得分	2分		
		（3）对归档的电子文件材料，进行了有效的管理	电子文件材料的管理	电子文件与纸质文件材料的对应关系清楚、查找方便，有差距的可酌情加0.2～1分	1分		
		（4）与单位局域网联通，能提供网络服务，并具有网络数据库的安全防范措施	网上运行安全防范措施	1. 无网络服务不得分； 2. 有相应的防护措施，且未发生过任何安全事故的，可得满分；否则，酌扣0.5～1分	1分		
评定等级：				合计得分或赋分分数：			

注　1. 国家重点建设项目在考核赋分时，应从严掌握，但各项扣分总数，最多不超过该项的标准分值。

　　2. 序号2部分"应归档文件材料质量与移交归档工作"必须达到60分，否则为不合格。

一、验收申请

申请档案验收应具备的条件：

（1）项目主体工程、辅助工程和公用设施，已按批准的设计文件要求建成，各项指标已达到设计能力并满足一定运行条件。

（2）项目法人与各参建单位已基本完成应归档文件材料的收集、整理、归档与移交工作。

（3）监理单位对本单位和主要施工单位提交的工程档案的整理情况与内在质量进行了审核，认为已达到验收标准，并提交了专项审核报告。

（4）项目法人基本实现了对项目档案的集中统一管理，且按要求完成了自检工作，并达到《评分标准》规定的合格以上分数。

项目法人在确认已达到以上规定的条件后，应在早于工程计划竣工验收的3个月前，按以下原则，向项目竣工验收主持单位提出档案验收申请：主持单位是水利部的，应按归口管理关系通过流域机构或省级水行政主管部门申请；主持单位是流域机构的，直属项目可直接申请，地方项目应经省级水行政主管部门申请；主持单位是省级水行政主管部门的，可直接申请。

档案验收申请应包括项目法人开展档案自检工作的情况说明、自检得分数、自检结论等内容，并将项目法人的档案自检工作报告和监理单位专项审核报告附后。档案自检工作报告的主要内容：工程概况，工程档案管理情况，文件材料收集、整理、归档与保管情况，竣工图编制与整理情况，档案自检工作的组织情况，对自检或以往阶段验收发现问题的整改情况，按《评分标准》自检得分与扣分情况，目前仍存在的问题，对工程档案完整、准确、系统性的自我评价等内容。

专项审核报告的主要内容：监理单位履行审核责任的组织情况，对监理和施工单位提交的项目档案审核、把关情况，审核档案的范围、数量，审核中发现的主要问题与整改情况，对档案内容与整理质量的综合评价，目前仍存在的问题，审核结果等内容。

二、验收组织

档案验收由项目竣工验收主持单位的档案业务主管部门负责组织。档案验收的组织单位应对申请验收单位报送的材料进行认真审核，并根据项目建设规模及档案收集、整理的实际情况，决定先进行预验收或直接进行验收。对预验收合格或直接进行验收的项目，应在收到验收申请后的 40 个工作日内组织验收。

对需进行预验收的项目，可由档案验收组织单位组织，也可由其委托流域机构或地方水行政主管部门组织（应有正式委托函）。被委托单位应在受委托的 20 个工作日内，按要求组织预验收，并将预验收意见上报验收委托单位，同时抄送申请验收单位。档案验收的组织单位应会同国家或地方档案行政管理部门成立档案验收组进行验收。验收组成员，一般应包括档案验收组织单位的档案部门，国家或地方档案行政管理部门、有关流域机构和地方水行政主管部门的代表及有关专家。

档案验收应形成验收意见。验收意见须经验收组 2/3 以上成员同意，并履行签字手续，注明单位、职务、专业技术职称。验收成员对验收意见有异议的，可在验收意见中注明个人意见并签字确认。验收意见应由档案验收组织单位印发给申请验收单位，并报国家或省级档案行政管理部门备案。

三、验收程序

档案验收通过召开验收会议的方式进行。验收会议由验收组组长主持，验收组成员及项目法人、各参建单位和运行管理等单位的代表参加。

1. 档案验收会议主要议程

（1）验收组组长宣布验收会议文件及验收组组成人员名单。

（2）项目法人汇报工程概况和档案管理与自检情况。

（3）监理单位汇报工程档案审核情况。

（4）已进行预验收的，由预验收组织单位汇报预验收意见及有关情况。

（5）验收组对汇报有关情况提出质询，并察看工程建设现场。

（6）验收组检查工程档案管理情况，并按比例抽查已归档文件材料。

（7）验收组结合检查情况按验收标准逐项赋分，并进行综合评议，讨论、形成档案验收意见。

（8）验收组与项目法人交换意见，通报验收情况。

（9）验收组组长宣读验收意见。

2. 档案验收意见的内容

（1）前言（验收会议的依据、时间、地点及验收组组成情况，工程概况，验收工作的步骤、方法与内容简述）。

（2）档案工作基本情况：工程档案工作管理体制与管理状况。

（3）文件材料的收集、整理质量，竣工图的编制质量与整理情况，已归档文件材料的种类与数量。

（4）工程档案的完整、准确、系统性评价。

（5）存在问题及整改要求。

（6）得分情况及验收结论。

（7）附件：档案验收组成员签字表。

对档案验收意见中提出的问题和整改要求，验收组织单位应加强对落实情况的检查、督促；项目法人应在工程竣工验收前，完成相关整改工作，并在提出竣工验收申请时，将整改情况一并报送竣工验收主持单位。对未通过档案验收（含预验收）的，项目法人应在完成相关整改工作后，按要求重新申请验收。

第三章 水利水电工程基建资料

第一节 基建文件的内容与管理

水利水电工程各基建部门应积极配合档案管理部门，认真履行监督、检查和指导职责，共同做好本系统和单位的工程档案整理工作。基建文件的编写也要符合水利水电工程资料的编制要求，保证资料的完整、准确和系统性，符合验收部门的要求。

一、基建资料内容

水利水电工程基建文件主要包括：可行性研究、任务书；设计基础材料；设计文件；工程管理文件、涉外文件及科研项目资料等，具体内容见表3-1。

表3-1　　　　　　　　　　　　　水利水电工程基建文件的内容

序号	文 件 类 型	基建文件的具体内容	备 注
1	可行性研究、任务书	1. 项目建议书及批复； 2. 可行性研究报告及批复； 3. 项目评估； 4. 环境预测、调查报告； 5. 计划任务书及批复	
2	设计基础材料	1. 工程地质、水文地质、地质图； 2. 勘察设计、勘察报告、勘察记录； 3. 化验、试验报告； 4. 重要岩、土样及有关说明； 5. 地形、地貌、控制点、建筑物、构筑物及重要设备安装测量定位、观测记录； 6. 水文、气象、地震等其他设计基础材料	
3	设计文件	1. 初步设计、技术设计、施工图设计； 2. 技术秘密材料、专利文件； 3. 设计计算书； 4. 关键技术试验； 5. 总体规划设计； 6. 设计评价、坚定审批材料	
4	工程管理文件	1. 征用土地的批准文件及红线图（包括土地使用证）； 2. 移民规划、安置等方面的文件材料及移民拆迁补偿协议书； 3. 承发包合同及协议书（包括设计、施工、监理）； 4. 招标、投标及有关租赁文件； 5. 施工执照、开工令（通知或许可证）； 6. 环保、消防、卫生等文件材料； 7. 水、暖、电、煤气供应及通信等协议书； 8. 重要的协调会与有关专业会议文件	

续表

序号	文件类型	基建文件的具体内容	备注
5	商务文件	1. 年度财务计划； 2. 工程概算、预算、决算； 3. 固定资产清单及交接凭证； 4. 主要消耗材料与器材移交清单	
6	工程开工文件	1. 年度施工任务批准文件； 2. 修改工程施工图纸通知书； 3. 水利工程规划许可证、附件及附图； 4. 固定资产投资许可证； 5. 水利工程施工许可或开工审批手续； 6. 工程质量监督注册登记表	
7	科研项目	1. 开题报告、任务书、批准书； 2. 协议书、委托书、合同书； 3. 研究方案、计划、调查研究报告； 4. 实验记录、图表、照片； 5. 实验分析、计算与整理的数据； 6. 实验装置及特殊设备的图纸与工艺技术规范说明书； 7. 实验装备操作规程、安全措施与事故分析报告； 8. 阶段报告、科研报告、技术鉴定材料； 9. 成果申报、鉴定、审批及推广应用材料； 10. 考察报告	
8	涉外文件	1. 询价、报价、投标文件； 2. 合同、合同附件； 3. 谈判协议、议定书； 4. 谈判记录； 5. 外商提交或出国考察收集的有关材料； 6. 出国考察报告； 7. 国外各设计阶段文件； 8. 各设计阶段审查议定书； 9. 技术问题来往函电； 10. 国外设备材料及设计联络，国外引进的设备图纸、说明，国外设备储存、运输； 11. 开箱检验记录、商检及索赔； 12. 国外设备、材料的防腐、保护措施； 13. 外国技术人员现场提供的有关文件材料； 14. 国外有关的技术标准	

二、基建文件管理流程

基建文件管理流程如图 3－1 所示。

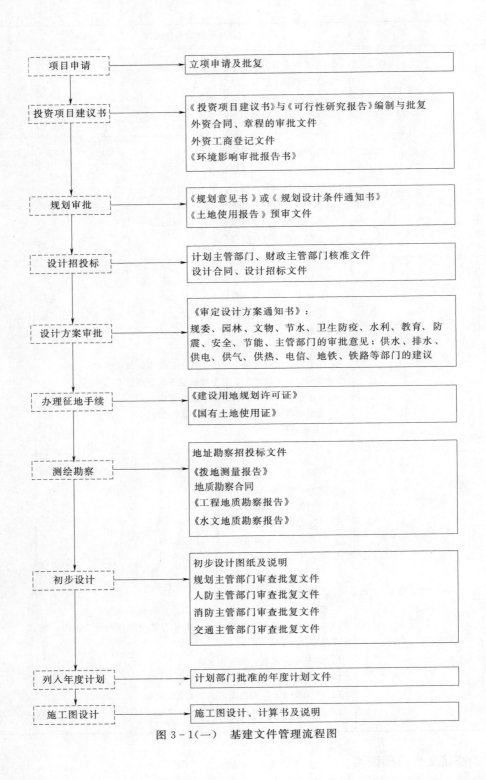

图 3-1(一) 基建文件管理流程图

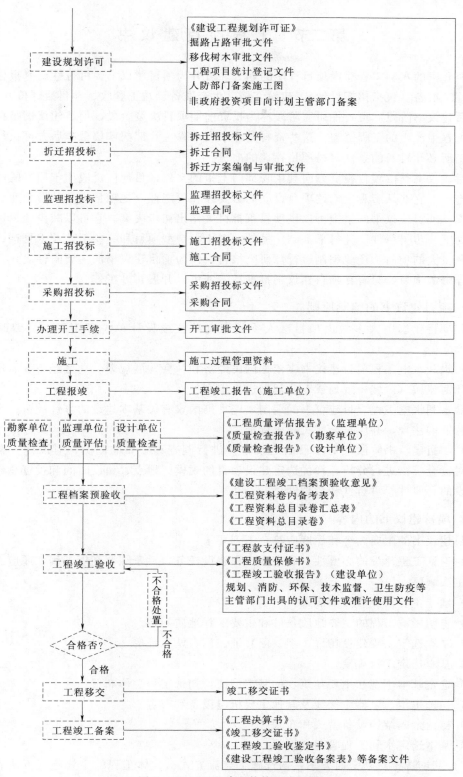

图 3-1(二) 基建文件管理流程图

第二节　工 程 项 目 建 议 书

　　按照我国的水利工程建设项目程序的划分，可分为项目建议书、可行性研究报告、初步设计、施工准备（包括招标设计）、建设实施、生产准备、竣工验收、项目后评价八个阶段。其中项目建议书阶段和可行性研究阶段称为投资前期项目决策阶段，项目建议书是在项目开工前的过程中产生的工程资料，这些资料是经水利工程主管部门审核批准后方可执行，这是工程开工所必须具备的条件，是项目存在的前提。

　　项目建议书是由项目投资方向其主管部门上报的文件，目前广泛应用于项目的国家立项审批工作中。它要从宏观上论述项目设立的必要性和可能性，把项目投资的设想变为概略的投资建议。项目建议书的呈报可以供项目审批机关作出初步决策。它可以减少项目选择的盲目性，为下一步可行性研究打下基础。另外，对于大中型项目和一些工艺技术复杂、涉及面广、协调量大的项目，还要编制可行性研究报告，作为项目建议书的主要附件之一，同时涉及利用外资的项目，只有在项目建议书批准后，才可以开展对外工作。

一、项目建议书的编制原则

　　工程项目建议书大多数由项目法人委托咨询单位或设计单位负责编制。编制的原则如下：

　　（1）水利水电工程项目建议书应依据国民经济和社会发展规划、地区经济发展规划、经批准的江河流域（区域）规划或专业规划进行编制。

　　（2）水利水电工程项目建议书的编制，应贯彻国家有关基本建设的方针政策、水利行业及相关行业的法规，并应符合有关技术标准。

　　（3）项目建议书阶段应对项目的建设条件进行调查和必要的勘测，对设计方案进行比选，并对资金筹措进行分析，择优选定建设项目的规模、地点、建设时间和投资总额，论证项目建设的必要性、可行性和合理性。

二、项目建议书的内容

　　项目建议书的主要内容和深度应符合下列要求：

　　（1）论证工程建设的必要性，确定本工程建设任务，对于综合利用工程，还应确定各项任务的主次顺序。

　　（2）确定主要水文参数和成果。

　　（3）查明影响工程的主要地质条件和主要工程地质问题。

　　（4）基本选定工程建设场址、坝（闸）址、厂（站）址等。

　　（5）基本选定工程规模。

　　（6）选定基本坝型和主要建筑物的基本型式，初选工程总体布置。

　　（7）初选机组、电器主接线及其他主要机电设备和布置。

　　（8）初选金属结构设备型式和布置。

　　（9）基本选定水利工程管理方案。

　　（10）基本选定对外交通方案，初选施工导流方式、主体工程的主要施工方法和施工总布置，提出控制性工期和分期实施意见。

（11）基本确定水库淹没、工程占地的范围、主要淹没实物指标，提出移民安置、专项设施迁建的初步规划和投资。

（12）初步评价工程建设对环境的影响。

（13）初步确定水土流失防治范围和水土流失量，初选水土流失防治方案，估算水土保持投资。

（14）提出主要工程量和建材需要量，估算工程投资。

（15）明确工程效益，分析主要经济评价指标，评价工程的经济合理性和财务可行性。

（16）提出综合评价和结论。

三、项目建议书的审核

1. 审核依据

对于主管河道及出海、河口水域滩涂开发利用的工程建设方案，水利工程主管部门进行审核时，应依据《中华人民共和国水法》《中华人民共和国防洪法》以及河口滩涂管理条例等相关法律、法规和地方性管理条例。审核时应先进行技术评审，合格后交主管领导审核批准。

在本行政区域内主要河道及其出海口河道管理范围内，修建跨河、穿河、穿堤或临河的水利工程时，必须提交工程建设方案，经水利工程主管部门审核批准。若水利工程设施涉及或影响的范围较大，也应提交上一级主管部门审核批准。

审批提交的工程建设方案时，应依据《中华人民共和国水法》《中华人民共和国河道管理条例》以及本地区相关行政法规和规章等进行，审核合格后，方可作为工程建设的依据。

2. 审批条件

（1）符合流域综合规划，并与土地利用总体规划、海域开发利用总体规划、城市总体规划和航道整治规划相协调。

（2）符合河口滩涂开发利用规划；河口滩涂高程较稳定，且处于淤涨拓宽状态。

（3）符合防洪标准和相关技术规范要求。

（4）符合河道行洪纳潮、生态环境、河势稳定、防汛工程设施安全等的要求。

3. 提交的申请材料

（1）经有审批权的环保部门审查同意的河口滩涂开发利用环境影响评价报告。

（2）建设项目所在地县级以上水行政主管部门的初审意见。

（3）河口滩涂开发利用项目所涉及的防洪措施。

（4）河口滩涂开发利用项目对河口变化、行洪纳潮、堤防安全、河口水质的影响以及拟采取的措施。

（5）开发利用河口滩涂的用途、范围和开发期限。

第三节　可行性研究报告

工程项目建议书主管部门批准后，建设单位即可组织进行该项目的可行性研究工作。

一、可行性研究的依据

项目法人对项目进行可行性研究时，其主要依据如下：

（1）国家有关的发展规划、计划文件。

（2）项目主管部门对项目建设要求请示的批复。

（3）项目建议书及其审批文件，双方签订的可行性研究合作协议。

（4）拟建地区的环境现状资料、自然、社会、经济等方面的有关资料。

（5）试验、试制报告、主要工艺和设备的技术资料。

（6）项目法人与有关方面达成的协议；国家或地区颁布的与项目建设有关的法规、标准、规范和定额。

（7）其他有关资料。

二、可行性研究报告的内容

水利水电工程项目可行性研究报告应按表 3-2 的内容和结构进行编写。

表 3-2　　　　　　　　　　　　项目可行性研究报告的内容

序号	项　　目	编　写　内　容	备　注
1	总论	1. 项目提出的背景与概况； 2. 可行性研究报告编制的依据； 3. 项目建设条件； 4. 问题与建议	
2	资源条件评价	1. 资源可利用量； 2. 资源品质情况； 3. 资源赋存条件； 4. 资源开发价值	
3	建设规模	1. 项目建设规模的构成； 2. 建设规模的比选及推荐采用的建设规模	
4	场址选择	1. 场址现状及建设条件描述； 2. 场址比选及推荐的厂址方案	
5	技术设备工程方案	1. 技术方案选择； 2. 主要设备方案选择； 3. 工程方案选择	
6	总图运输与公用辅助工程	1. 总图布置方案； 2. 场（厂）内外运输方案； 3. 公用工程与辅助工程方案	
7	原材料、燃料供应	主要原材料供应方案选择、燃料供应方案选择	
	节能措施	节能措施及能耗指标分析	
	节水措施	节水措施及水耗指标分析	
8	环境影响评价	1. 环境条件调查； 2. 影响环境因素分析； 3. 环境保护措施	
9	劳动安全卫生与消防	1. 危险因素和危害程序分析； 2. 安全防范措施； 3. 卫生保健措施； 4. 消防设施	
10	组织机构与人力资源配置	1. 组织机构调协及其适应性分析； 2. 人力资源配置及员工培训	

续表

序号	项　目	编 写 内 容	备　注
11	项目实施进度	1. 建设工期； 2. 实施进度安排	
12	投资估算	1. 投资估算范围与依据； 2. 建设投资估算； 3. 流动资金估算； 4. 总投资额及分年投资计划	
13	融资方案	1. 融资组织形式选择； 2. 资本金筹措； 3. 债务资金筹措； 4. 融资方案分析	
14	财务评价	1. 财务评价基础数据与参数选取； 2. 销售收入与成本费用估算； 3. 编制财务评价报表； 4. 盈利及偿债能力分析； 5. 不确定性分析； 6. 财务评价结论	
15	国民经济评价	1. 影子价格及评价参数的选取； 2. 效益费用范围调整； 3. 编制国民经济评价报表； 4. 计算国民经济评价指标； 5. 国民经济评价结论	
16	社会评价	1. 项目对社会影响分析； 2. 项目与所在地互适性分析； 3. 社会风险分析； 4. 社会评价结论	
17	风险分析	1. 项目主要风险； 2. 风险程序分析； 3. 防范与降低风险对策	
18	研究结论与建议	1. 推荐方案总体描述； 2. 推荐方案的优缺点描述； 3. 主要对比方案； 4. 结论与建议	

三、工程建设方案审批

1. 审核依据

省级水行政主管部门对建设单位提交的项目建议书进行审核时，不得违背《中华人民共和国水法》（2002 年第九届全国人大常委会第二十九次会议修正通过）、《中华人民共和国防洪法》（1997 年第八届全国人大常委会第二十七次会议通过）、SL 617—2013《水利水电工程项目建议书编制规程》、SL 618—2013《水利水电工程可行性研究报告编制规程》、SL 619—2013《水利水电工程初步设计报告编制规程》等相关法律规程，同时还须符合国家产业结构的调整方向和范围。

2. 需要提供的申请材料

（1）上报设计资料和文件清单总目录。

（2）地级以上市市水利局和计划局初审文件。

（3）自筹资金或资本金筹集的有效文件。

（4）设计单位资质证明文件复印件。

（5）可行性研究报告。

（6）工程地质报告。

（7）工程水文水利分析计算专题报告。

（8）工程设计图纸。

（9）工程投资估算书（含软盘）。

（10）水土保持方案报告书（表）（专项）。

（11）移民安置和淹没处理专题可行性研究报告（新建及扩建大、中型工程和征地移民安置投资大于 200 万的除险加固工程）。

（12）水情自动测报、自动化监测与控制系统、三防指挥系统等专项可行性研究报告（如有本项投资）。

（13）工程招标方式、组织形式及招标范围表。

（14）工程用地预审手续、补偿标准依据文件。

（15）工程管理单位定编批文及工程管理、养护维修经费落实依据；政府批准或承诺的水价改革方案文件；工程管理体制改革方案。

（16）项目法人组建的有效文件。

（17）工程量计算书和市局审核表。

（18）主要机电设备的定价依据（如厂家报价函等）。

（19）当地建委颁布的近期建筑材料信息价格。

（20）勘测设计合同复印件。

（21）具有城镇工业和生活供水及改善水质任务项目的水质检测报告。

（22）具有通航任务项目航道主管部门的批复意见。

（23）跨行政区或对其他行政区、部门有影响项目的有关协调文件。

（24）具有城镇工业和生活供水任务项目的供水协议书。

（25）涉及军事设施项目的军事主管部门的书面意见。

（26）涉及取水项目的取水许可预申请文件。

（27）水库（闸）工程安全鉴定或核查意见。

第四节　水利工程开工审批

已完成工程初步设计审批的、具备主体工程开工条件的应按相关规定执行开工审批手续。开工审批政策法规依据为《国务院对确需保留的行政审批项目设定行政许可的决定》（国务院令第 412 号）第 173 项《关于加强水利工程建设项目开工管理工作的通知》（水利部水建管〔2006〕144 号）。

一、开工水利工程申办条件

（1）项目法人（或项目建设责任主体）已经设立，项目组织管理机构和规章制度健全，项目法定代表人和管理机构成员已经到位。

（2）初步设计已经批准，项目法人与项目设计单位已签订供图协议，且施工详图设计可以满足主体工程 3 个月施工需要。

（3）建设资金筹措方案已经确定，工程已列入国家或地方水利建设投资年度计划，年度建设资金已落实。

（4）主体工程的监理、施工单位已经确定，工程监理、施工合同已经签订，能够满足主体工程开工需要。

（5）质量与安全监督单位已经确定，并已办理了质量与安全监督手续。

（6）现场施工准备和征地移民等工作能够满足主体工程开工需要。

（7）建设需要的主要设备和材料已落实来源，能够满足主体工程施工需要。

二、需要提交的材料

（1）开工申请报告及开工申请一式三份。

（2）项目法人组建请示及批准文件。

（3）可行性研究报告、初步设计批准文件。

（4）年度投资计划下达文件及建设资金落实、到位情况（证明材料）。

（5）质量、安全监督书。

（6）施工图供图协议。

（7）施工单位和监理到位的中标投标文件副本、中标通知书、已签订的工程监理合同和施工合同。

（8）征地审批手续。

（9）其他证明材料。

三、开工审批流程处理流程

由水利厅负责开工审批的水利建设项目，主体工程开工前，项目法人应按以下程序履行开工审批：

（1）申请人（项目业主）持《水利工程建设项目开工报告审批表》及有关材料，报项目所在县（市）水行政主管部门；县（市）水行政主管部门应在决定受理之日的规定期限内完成审查、签署审查意见，并报所在地（市）水行政主管部门。

（2）市水行政主管部门收到县（市）水行政主管部门审查的水利工程开工报告审批表及有关材料后，应在规定期限内完成审查、签署意见，并报省水行政主管部门。

（3）省水利厅行政审批窗口对符合法定条件，材料齐全的水利工程开工报告及有关材料正式受理后，发给申请人受理凭证，同时移交厅基本建设处或相关处室审查办理。厅基本建设处或相关处室应在规定期限内决定批准或者不予批准；对不具备开工条件的，将开工报告退还项目法人，并告知不予批准的原因和需补充的材料，待具备开工条件后，重新申请办理。

第四章 水利水电工程施工资料编制

水利水电工程施工资料、档案是工程施工工作和工程管理工作的重要部分，它真实地反映了整个施工过程的历史，它是工程验收与工程管理运行的重要技术文献资料，也是衡量施工质量的重要依据。根据施工材料的用途和性质，一般情况下将其分为质量保证资料、质量检测与等级评定资料、施工技术资料、施工图纸等。合理科学的施工资料能够进一步提高水利工程施工的工效率，真实地反映出工程的施工质量，为工程的验收工作奠定良好的基础。

第一节 施工资料基本的填表规定

工程用表是检验与评定工程资料的基础材料，也是工程维修和事故处理的重要参考，因此对表格填写作如下规定：

（1）单元（工序）工程完工后，应及时（指应在检查、检验结果全部出来之日完成评定）评定其质量等级，并按现场检验结果，如实填写。现场检验应遵守随机取样原则。

随机取样：指简单随机取样，先进行外观检查，没发现明显不合格处，即有规律地按一定规则进行取样。如地基开挖时，检测点应等间距地布置，量取有关质量特征值。

（2）填表应使用钢笔，蓝色或黑色墨水填写，不得使用圆珠笔、铅笔填写（国家规定可以用钢笔、毛笔，不用毛笔是因为在工地现场用毛笔不方便）。

（3）文字应按国务院颁布的简化汉字（或繁体字）书写，字迹应工整、清晰。

（4）数字用阿拉伯数字（1、2、3、…、9、0）。单位使用国家法定计量单位，并以规定的符号表示，如 MPa、m、m^3、t、…（不能随便用大小写，如 30M 不是 30 米，质量单位不能用 T）。

（5）合格率用百分数表示，小数点后保留 1 位。如恰为整数，则小数点后以"0"表示，例 95.0%。

（6）改错：将错误用斜线划掉，再在其右上方填写正确文字（或数字），禁止使用改正液、贴纸重写、橡皮擦、刀片刮或用墨水涂黑等方法。

（7）表头填写。

1）单位工程、分部工程名称，按项目划分确定名称填写。

2）单元工程名称、部位：填写该单元工程名称（中文名称或编号）、部位可用桩号、高程等表示。

3）施工单位：填写与项目法人（建设单位）签订承包合同的施工单位全称。

4）单元工程量：填写本单元主要工程量（工程量指设计工程量，不是施工完成量，设计工程量＝施工图纸量＋变更工程量）。

5）检验（评定）日期：年应填写 4 位数，月应填写实际月份（1～12 月），日应填写实际日期（1～31日）。

（8）质量标准中，凡有"符合设计要求"者，应注明设计具体要求（若内容较多，可附页说明）；凡有"符合规范要求"者，应标出所执行的规范名称及编号（如质量标准是符合设计要求，在检验记录中应填写检验具体结果；如质量标准是符合规范要求，在检验记录中应填写满足规范的主要质量指标值，数据保留位数应符合水利行业有关试验规程及施工规范规定）。

（9）检验记录：文字记录应真实、准确、简练。数字记录应准确、可靠，小数点后保留位数应符合有关规定。

（10）设计值按施工图填写。实测值填写实际检测数据，而不是偏差值。当实测数据多时，可填写实测组数、实测值范围（最小值～最大值）、合格数，但实测值应作表格附件备查（三检表则全部如实填写）。

（11）工程用表中列出的某些项目，如实际工程无该项内容，应在相应检验栏内用斜线"/"表示（没有的内容一定要用"/"，否则说明该表内容没有检查或检测完，不能进行评定）。

（12）工程用表从表头至评定意见栏均由施工单位经"三检"合格后填写，"质量等级"栏由复核质量的监理工程师填写。监理工程师复核质量等级时，如对施工单位填写的质量检验资料有不同意见，可写入"质量等级"栏内或另附页说明，并在质量等级栏内填写出正确的等级。

（13）单元（工序）工程表尾填写。

1）施工单位由负责终验的人员签字。如果该工程由分包单位施工，则单元（工序）工程表尾由分包施工单位的终验人员填写分包单位全称，并签字。重要隐蔽工程、关键部位的单元工程，当分包单位自检合格后，总包单位应参加联合小组核定其质量等级。

2）建设、监理单位，实行了监理制的工程，由负责该项目的监理人员复核质量等级并签字，未实行监理制的工程，由建设单位专职质检人员签字。

3）表尾所有签字人员，必须持有《工程质量检查员证》，由本人按照身份证上的姓名签字和填写证号，不得使用化名，也不得由其他人代为签名，签名时应填写填表日期。

（14）表尾填写：××单位是指具有法人资格单位的现场派出机构，若须加盖公章，则加盖该单位的现场派出机构的公章。如××承担××工程项目，在该工程项目中，成立有"工程项目经理部"，则该工程的评定表只需盖该工程项目经理部公章（即"××工程项目经理部"），不用盖××公章。

注：建议施工单位购买《水利水电工程施工质量评定表填表说明与示例》并参照填表说明与示例进行填表。

第二节 承包人资料用表

承包人用表目录见表 4－1（详表见第六章第一节）。

表 4－1　　　　　　　　　　　　　　承 包 人 用 表 目 录

序号	表 格 名 称	表 格 类 型	表 格 编 号		
1	施工技术方案申报表	CB01	承包 [ ] 技案	号	
2	施工进度计划申报表	CB02	承包 [ ] 进度	号	
3	施工图用图计划报告	CB03	承包 [ ] 图计	号	
4	资金流计划申报表	CB04	承包 [ ] 资金	号	
5	施工分包申报表	CB05	承包 [ ] 分包	号	
6	现场组织机构及主要人员报审表	CB06	承包 [ ] 机人	号	
7	材料/构配件进场报验单	CB07	承包 [ ] 材验	号	
8	施工设备进场报验单	CB08	承包 [ ] 设备	号	
9	工程预付款申报表	CB09	承包 [ ] 工预付	号	
10	工程材料预付款报审表	CB10	承包 [ ] 材预付	号	
11	施工放样报验单	CB11	承包 [ ] 放样	号	
12	联合测量通知单	CB12	承包 [ ] 联测	号	
13	施工测量成果报验单	CB13	承包 [ ] 测量	号	
14	合同项目开工申请表	CB14	承包 [ ] 合开工	号	
15	分部工程开工申请表	CB15	承包 [ ] 分开工	号	
16	设备采购计划申报表	CB16	承包 [ ] 设采	号	
17	混凝土浇筑开仓报审表	CB17	承包 [ ] 开仓	号	
18	单元工程施工质量报验单	CB18	承包 [ ] 质报	号	
19	施工质量缺陷处理措施报审表	CB19	承包 [ ] 缺陷	号	
20	事故报告单	CB20	承包 [ ] 事故	号	
21	暂停施工申请	CB21	承包 [ ] 暂停	号	
22	复工申请表	CB22	承包 [ ] 复工	号	
23	变更申请报告	CB23	承包 [ ] 变更	号	
24	施工进度计划调整申报表	CB24	承包 [ ] 进调	号	
25	延长工期申报表	CB25	承包 [ ] 延期	号	
26	变更项目价格申报表	CB26	承包 [ ] 变价	号	
27	索赔意向通知	CB27	承包 [ ] 赔通	号	
28	索赔申请报告	CB28	承包 [ ] 赔报	号	
29	工程计量报验单	CB29	承包 [ ] 计量	号	
30	计日工工程量签证单	CB30	承包 [ ] 计日证	号	
31	工程价款月支付申请书	CB31	承包 [ ] 月付	号	
32	工程价款月支付汇总表	CB31 附表 1	承包 [ ] 月总	号	
33	已完工程量汇总表	CB31 附表 2	承包 [ ] 量总	号	
34	合同单价项目月支付明细表	CB31 附表 3	承包 [ ] 单价	号	
35	合同合价项目月支付明细表	CB31 附表 4	承包 [ ] 合价	号	
36	合同新增项目月支付明细表	CB31 附表 5	承包 [ ] 新增	号	

序号	表 格 名 称	表 格 类 型	表 格 编 号
37	计日工项目月支付明细表	CB31 附表 6	承包〔　〕计日付　　号
38	计日工工程量月汇总表	CB31 附表 7	承包〔　〕计日总　　号
39	索赔项目价款月支付汇总表	CB31 附表 8	承包〔　〕赔总　　号
40	施工月报表	CB32	承包〔　〕月报　　号
41	材料使用情况月报表	CB32 附表 1	承包〔　〕材料月　　号
42	主要施工机械设备情况月报表	CB32 附表 2	承包〔　〕设备月　　号
43	现场施工人员情况月报表	CB32 附表 3	承包〔　〕人员月　　号
44	施工质量检验月汇总表	CB32 附表 4	承包〔　〕质检月　　号
45	工程事故月报表	CB32 附表 5	承包〔　〕事故月　　号
46	完成工程量月汇总表	CB32 附表 6	承包〔　〕量总月　　号
47	施工实际进度月报表	CB32 附表 7	承包〔　〕进度月　　号
48	验收申请报告	CB33	承包〔　〕验报　　号
49	报告单	CB34	承包〔　〕报告　　号
50	回复单	CB35	承包〔　〕回复　　号
51	完工/最终付款申请表	CB36	承包〔　〕付申　　号

第三节　开　工　资　料

　　建设项目或单项（位）工程开工的依据，包括建设项目开工报告和单项（位）工程开工报告。承包人开工前应按合同规定向监理工程师提交开工报告，主要内容应包括：施工机构的建立、质检体系、安全体系的建立和劳力安排，材料、机械及检测仪器设备进场情况，水电供应，临时设施的修建，施工方案的准备情况等。虽有以上规定，但并不妨碍监理工程师根据实际情况及时下达开工令。

　　主要整理的开工资料有：

　　（1）在开工前按照要求，填报开工申请单（表 4-2），申请开工。

表 4-2　　　　　　　　　　　　　　　单位工程开工申请表

工程名称：　　　　　　　　合同编号：　　　　　　　　施工单位：

致监理工程师： 　　根据合同约定，我方已完成了开工前的各项准备工作，开工条件业已具备，计划于　年　月　日开工，请审批。 　　　　　　　　　　　　　　　　　　　　施工单位负责人（签字）： 　　　　　　　　　　　　　　　　　　　　　　　年　月　日		
施工单位申报记录	申请开工单位工程名称或编码	
	桩号	
	计划施工时段	自　年月　日至　年月　日
	此项工程负责人姓名	

附件目录	□施工单位资质证书 □项目经理委托书 □施工技术方案报审表 □质量保证体系报审表 □进场主要人员报验单 □进场机械设备报验单	□进场试验设备检验单 □项目划分方案报审表 □工程施工班组分工情况报审表 □土方工程施工工段划分方案报审表 □断面复测报验表 □施工放样报验单
监理工程师意见： 监理工程师（签字）		日期：　　年　　月　　日
总（副总）监理工程师意见： 总（副总）监理工程师（签字）		日期：　　年　　月　　日

说明：本表由施工单位填报，一式二份，经监理单位审批后，监理单位、施工单位各一份。

（2）随同上报的资料主要有人员报验、机械设备报验、施工技术方案、施工进度计划、质量保证体系（表4-3）和安全保证体系等各种资料及附表，交监理机构和业主审批后才可开工。

表4-3　　　　　　　　　　　　　质量保证体系报审表

（承包〔　　〕机人　　号）

合同名称：　　　　　　　　　　　　　　　合同编号：

致监理工程师： 　　现报上××工程的质量保证体系及附件，请予以审定。 　　　　　　　　　　　　　　施工单位负责人（签字）： 　　　　　　　　　　　　　　日期：　　年　　月　　日
监理工程师意见： 　　审查结论：□同意　　□修改后再报　　□不同意 　　　　　　　　　　　　　　监理工程师（签字）： 　　　　　　　　　　　　　　日期：　　年　　月　　日
总（副总）监理工程师意见： 　　审查结论：□同意　　□修改后再报　　□不同意 　　　　　　　　　　　　　　总（副总）监理工程师（签字）： 　　　　　　　　　　　　　　日期：　　年　　月　　日
备注：

说明：本表由施工单位填报，一式二份，经监理单位审批后，监理单位、施工单位各一份。

1. 现场组织机构及主要人员报审

现场组织机构及主要人员报审表见表4-4。

表 4-4 现场组织机构及主要人员报审表

（承包 ［　　］机人　　号）

合同名称：　　　　　　　　　　　合同编号：

致：（监理机构）
现提交第_____次现场机构及主要人员报审表，请贵方审核。 　　附件：1. 组织机构图 　　　　　2. 部门职责及主要人员数量及分工 　　　　　3. 人员清单及其资格或岗位证书   　　　　　　　　　　　　　　　　　　　　承包人：（全称及盖章） 　　　　　　　　　　　　　　　　　　　　项目经理：（签名） 　　　　　　　　　　　　　　　　　　　　日期：　年　月　日
审核意见：   　　　　　　　　　　　　　　　　　　　　监理机构：（全称及盖章） 　　　　　　　　　　　　　　　　　　　　监理工程师：（签名） 　　　　　　　　　　　　　　　　　　　　日期：　年　月　日

说明：本表由施工单位填报，一式二份，经监理单位审批后，监理单位、施工单位各一份。

2. 材料/构配件进场报验

材料/构配件进场报验单见表 4-5。

表 4-5 材料/构配件进场报验单

（承包 ［　　］材检　　号）

合同名称：　　　　　　　　　　　合同编号：

致：（监理机构）
我方于_____年___月___日进场的工程材料/构配件如下表。拟用于下述部位： 　　1. _____；2. _____；3. _____。 　　经自检，符合技术规范和合同要求，请贵方审核，并准予进场使用。

序号	材料/构配件名称	材料/构配件来源产地	材料/构配件规格	用途	本批材料/构配件数量	承包人试验			
						试样来源	取样地点、日期	试验日期、操作人	试验结果

附件：1. 出厂合格证

　　　2. 检验报告

　　　3. 质量保证书

　　　　　　　　　　　　　　　　　　　　　　　承包人：（全称及盖章）

　　　　　　　　　　　　　　　　　　　　　　　项目经理：（签名）

　　　　　　　　　　　　　　　　　　　　　　　日期：　年　月　日

核验意见：	
	监理机构：（全称及盖章） 监理工程师：（签名） 日期： 年 月 日

说明：本表由施工单位填报，一式二份，经监理单位审批后，监理单位、施工单位各一份。

3．施工设备进场报验

施工设备进场报验单见表4-6。

表4-6　　　　　　　　　　　施工设备进场报验单

（承包［　　］设备　　号）

合同名称：　　　　　　　　　　　　合同编号：

致：（监理机构）

　　我方于＿＿＿年＿＿月＿＿日进场的施工设备如下表。拟用于下述部位：

1．＿＿＿＿＿；2．＿＿＿＿＿；3．＿＿＿＿＿。

经自检，符合技术规范和合同要求，请贵方审核，并准予进场使用。

序号	设备名称	规格型号	数量	进场日期	计划	完好情况	拟用工程项目	设备权属	生产能力	备注
1										
2										
3										
4										
5										
6										

附件：	
	承包人：（全称及盖章） 项目经理：（签名） 日期： 年 月 日
审核意见：	
	监理机构：（全称及盖章） 监理工程师：（签名） 日期： 年 月 日

说明：本表由施工单位填报，一式二份，经监理单位审批后，监理单位、施工单位各一份。

4．工程测量放样

工程测量放样包括施工放样和施工测量两部分，施工放样报验单见表4-7，施工测量成果报验单见表4-8。

测量的作用：①找坐标点，确定主要建筑物的位置；②复核原始地形。

表4-7

施 工 放 样 报 验 单

（承包〔 〕放样 号）

合同名称：   合同编号：

致：（监理机构）
根据施工合同要求，我们已完成的施工放样工作，请贵方核验。 　　附件：测量放样资料

序 号 或 位 置	工 程 或 部 位 名 称	放 样 内 容	备　　注

自检结果：
承包人：（全称及盖章） 　　　　　　　　　　　　　　　　　　　　技术负责人：（签名） 　　　　　　　　　　　　　　　　　　　　项目经理：（签名） 　　　　　　　　　　　　　　　　　　　　日期：　年　月　日

核验意见：
监理机构：（全称及盖章） 　　　　　　　　　　　　　　　　　　　　监理工程师：（签名） 　　　　　　　　　　　　　　　　　　　　日期：　年　月　日

说明：本表由施工单位填报，一式二份，经监理单位审批后，监理单位、施工单位各一份。

表4-8

施 工 测 量 成 果 报 验 单

（承包〔 〕测量 号）

合同名称：   合同编号：

致：（监理机构）			
我方测量成果经审查合格，特此申报，请贵方核验。			
单位工程名称及编号		分部工程名称及编号	
单元工程名称及编号		施测部位	
施测内容			
施测单位		施测单位负责人：（签名） 日期：　年　月　日	
施测说明			
承包人复查记录： 　　　　　　　　　　　　　　　　　　　复检人：（签名） 　　　　　　　　　　　　　　　　　　　日期：　年　月　日			

续表

附件：1. ＿＿＿＿＿ 　　　2. ＿＿＿＿＿ 　　　3. ＿＿＿＿＿	承包人：（全称及盖章） 项目经理：（签名） 日期：　年　月　日
核验意见：	监理机构：（全称及盖章） 监理工程师：（签名） 日期：　年　月　日

说明：1. 本表由施工单位填报，一式二份，经监理单位审批后，监理单位、施工单位各一份。

　　　2. 测量断面与设计断面桩号一致。

　　　3. 每张断面图施工及监理单位人员均应签字确认。

5. 施工组织设计报审

施工技术方案申报表见表 4-9。

表 4-9 　　　　　　　　　　**施工技术方案申报表**

（承包 ［　　　］技案　　　号）

合同名称：　　　　　　　　　　　合同编号：

致：（监理机构） 我方今提交＿＿＿＿＿＿＿工程（名称及编码）的： □施工组织设计 □施工措施计划 □施工工法 请贵方审批。	
	承包人：（全称及盖章） 项目经理：（签名） 日期：　年　月　日
审核意见：	监理机构：（全称及盖章） 监理工程师：（签名） 日期：　年　月　日

说明：本表一式＿＿＿＿＿份，由承包人填写。监理机构审签后，随同审核意见，承包人、监理机构、发包人各一份。

第四节　水利工程施工记录

水利施工过程是整个工程至关重要的一部分，为了保证工程的质量和施工的安全，对施工过程资料的整理和搜集工作是必要的，一般施工过程资料包括以下内容：

（1）设计变更、洽商记录。

（2）工程测量、放线记录。

（3）预检、自检、互检、交接检记录。

（4）建（构）筑物沉降观测测量记录。

（5）新材料、新技术、新工艺施工记录。

（6）隐蔽工程验收记录。

（7）施工日志。

（8）混凝土开盘报告。

（9）混凝土施工记录。

（10）混凝土配合比计量抽查记录。

（11）工程质量事故报告单。

（12）工程质量事故及事故原因调查、处理记录。

（13）工程质量整改通知书。

（14）工程局部暂停施工通知书。

（15）工程质量整改情况报告及复工申请。

（16）工程复工通知书。

以上为施工过程需要整理的资料内容大纲，表4-10为水利施工中使用的具体内容。

表4-10 水利工程施工记录详表

序号	项目	工 作 记 录 内 容
1	隐蔽工程检查记录	1. 地基基础、主体工程 （1）土方工程：基槽、房心回填前检查基底清理、基底标高情况。 （2）支护工程：检查锚杆、土钉的品种、规格、数量、位置、插入长度、钻孔直径、深度和角度等。 （3）桩基工程：检查钢筋笼规格、尺寸、沉渣厚度、清孔情况。 （4）地下防水：检查混凝土变形缝、施工缝、后浇带、穿墙套管、埋设件等设置的形式和构造；人防出口止水做法；防水层基层、防水材料规格、厚度、铺设方式、阴阳角处理、搭接密封处理等。 （5）结构工程：检查由于绑扎的钢筋品种、规格、数量、位置、锚固和接头位置、搭接长度、保护层厚度和除锈、除污情况、钢筋代用变更及胡子筋处理等。检查钢筋连接型式、连接种类、接头位置、数量及焊条、焊剂、焊口形式、焊缝长度、厚度及表明清渣和连接质量等。 （6）预应力工程：检查预留孔道的规格、数量、位置、形状、端部预埋垫板；预应力筋下料长度、切断方法、竖向位置偏差、固定、护套的完整性；锚具、夹具、连接点组装等。 （7）钢结构工程：检查地脚螺栓规格、位置、埋设方法、紧固等。 （8）外墙内、外保温构造节点做法。 2. 建筑装饰装修工程 （1）地面工程：检查各基层（垫层、找平层、隔离层、防水层、填充层、地龙骨）材料品种、规格、铺设厚度、方式、坡度、标高、表面情况、密封处理、黏结情况等。 （2）抹灰工程：具有加强措施的抹灰应检查其加强构造的材料规格、铺设、固定、搭接等。 （3）门窗工程：检查预埋件和锚固件、螺栓等的规格、数量、位置、间距、埋设方式、与框的连接方式、防腐处理、缝隙的嵌填、密封材料的黏结等。 （4）吊顶工程：检查吊顶龙骨及吊件材质、规格、间距、连接方式、固定方式、表面防火、防腐处理、外观情况、接缝和边缝情况、填充和吸声材料的品种、规格、铺设、固定情况等。 （5）轻质隔墙工程：检查预埋件、连接件、拉接筋的规格位置、数量、连接方式、与周边墙体及顶棚的连接、龙骨连接、间距、防火、防腐处理、填充材料设置等。

序号	项目	工作记录内容
1	隐蔽工程检查记录	（6）饰面板（砖）工程：检查预埋件、后置埋件、连接件规格、位置、数量、连接方式、防腐处理等。有防水构造的部位应检查找平层、防水层的构造，做法同地面。 （7）幕墙工程：检查构件之间以及构件与主体结构的连接节点的安装及防腐处理；幕墙四周、幕墙与主体结构之间间隙节点的处理、封口的安装；幕墙伸缩缝、沉降缝、防震缝及墙面转角节点的安装、幕墙防雷接地节点的安装等。 （8）细部工程：检查预埋件、后置埋件和连接件规格、位置、数量、连接方式、防腐处理等。 3. 建筑屋面工程 检查基层、找平层、保温层、防水层、隔离层材料品种、规格、厚度、铺设方式、搭接宽度、接缝处理、黏结情况；附加层、天沟、檐沟、泛水和变形缝细部做法、隔离层设置、密封处理部位等
2	预检记录	（1）模板：几何尺寸、轴线、标高、预埋件及预留孔位置、模板牢固性、接缝严密性、起拱情况、清扫口留置、模内清理、脱模剂涂刷、止水要求等；节点做法、放样检查。 （2）设备基础和预制构件安装：检查设备基础位置、混凝土强度、标高、几何尺寸、预留孔、预埋件等。 （3）地上混凝土结构施工缝：检查留置方法、位置、接茬处理等。 （4）管道预留孔洞：检查预留孔洞的尺寸、位置、标高等。 （5）管道预埋套管（预埋件）：检查预埋套管（预埋件）的规格、型式、尺寸、位置、标高等
3	施工检查记录	按规范要求应进行施工检查的重要工序，且本规程无相应施工记录表格的，应填写《施工检查记录》
4	交接检查记录	不同施工单位之间工程交接，应进行交接检查。移交单位、接受单位和见证单位共同对移交工程进行验收
5	地基验槽检查记录	包括基坑位置、平面尺寸、持力层检查、基底绝对高程和相对标高、基坑土质及地下水位等，有桩支护或桩基的工程还应进行桩的检查
6	预拌混凝土运输单	预拌混凝土供应单位应随车向施工单位提供预拌混凝土运输单，包括：工程名称、使用部位、供应方量、配合比、坍落度、出站时间、到场时间和施工单位测定的现场实测坍落度等
7	混凝土开盘鉴定	（1）预拌混凝土首次使用的混凝土配合比由混凝土供应单位进行开盘鉴定。 （2）现场搅拌混凝土，施工单位组织进行开盘鉴定
8	混凝土浇灌申请书	正式浇灌混凝土前，施工单位检查各项准备工作（如钢筋、模板工程检查，水电预埋检查；材料、设备及其他准备等）
9	地基钎探记录	—
10	混凝土拆模申请书	在拆除现浇混凝土结构板、梁、悬臂构件等底模和挂墙侧模前，填写《混凝土拆模申请书》并附同条件混凝土强度报告，项目专业技术负责人审批。
11	混凝土搅拌、养护测温记录	（1）冬季混凝土施工时，应进行搅拌和养护测温记录。 （2）混凝土冬季施工搅拌测温记录应包括大气温度、原材料温度、出灌温度、入模温度等。 （3）混凝土冬季施工养护测温应绘制测温布置图，包括测温点的部位、深度等。测温记录应包括大气温度、各测温孔的实测温度、同一时间测得的各测温孔的平均温度和间隔时间等
12	地基处理记录	—
13	大体积混凝土养护测温记录	（1）大体积混凝土施工时应对入模时大气温度、各测温孔温度、内外温差和裂缝进行检查和记录。 （2）大体积混凝土养护测温应附测温点布置图，包括测温点的位置、深度等
14	构件吊装记录	预制混凝土构件、大型钢、木构件吊装应有构件吊装记录

续表

序号	项目	工作记录内容
15	焊接材料烘焙记录	按规范和工艺文件等规定须烘焙的焊接材料应进行烘焙
16	地下工程防水效果检查记录	地下工程验收时应检查包括裂缝、渗漏部位、大小、渗漏情况、处理意见等。发现渗漏现象应制作《背水内表面结构工程展开图》
17	防水工程试水检查记录	（1）凡有防水要求的房间应有防水层及装修后的蓄水检查记录。检查内容包括蓄水方式、蓄水时间、蓄水深度、水落口及边缘的封堵情况和有无渗漏现象。 （2）屋面工程完工后，应对细部构造（屋面天沟、檐沟、泛水、水落口、变形缝、伸出屋面管道等）、接缝处和保护层进行雨期观察或淋水、蓄水检查。淋水试验持续时间不得少于 2 小时，蓄水时间不得少于 24 小时
18	通风（烟）道、垃圾道检查记录	（1）通风（烟）道全数做通（抽）风和漏风、串风试验。 （2）垃圾道全数检查畅通情况
19	基坑支护变形检测记录	在基坑开挖和支护结构使用期间，应按设计或规范规定对支护结构进行检测，并做变形记录
20	桩施工记录	桩基施工按规定做施工记录，检查内容包括孔位、孔径、孔深、桩体垂直度、桩顶标高、桩位偏差、桩顶完整性和接桩质量等
21	预应力工程施工记录	（1）预应力张拉记录：记录（一）包括施工部位、预应力筋规格、平面示意图、张拉顺序、应力记录、伸长量。 （2）记录（二）对每根预应力筋的张拉实测值进行记录。 （3）后张法预应力张拉施工实行见证管理，做见证张拉记录
22	有黏结预应力结构灌浆记录	记录内容包括灌浆孔状况、水泥浆配比状况、灌浆压力、灌浆量，并有灌浆点简图和编号
23	钢结构工程施工记录	（1）结构吊装记录：包括构件名称、安装位置、搁置与搭接长度、接头处理、固定方法、标高等。 （2）烘焙记录：焊接材料在使用前，按规定进行烘焙记录。 （3）钢结构安装施工记录。 1）主要受力构件安装应检查垂直度、测向弯曲等安装偏差。 2）主体结构在形成空间刚度单元并连接固定后，应检查整体垂直度和整体平面弯曲度的安装偏差，并做施工记录。 （4）钢网架结构总拼及屋面工程完成后，检查挠度值和其他安装偏差
24	幕墙工程施工记录	（1）幕墙注胶检查记录：检查内容包括宽度、厚度、连续性、均匀性、密实度和饱满度。 （2）幕墙淋水检查记录：幕墙工程施工完成后，应在易渗漏部位进行淋水检查，填写《防水工程试水检查记录》

第五节　隐蔽工程和工程关键部位、质量缺陷

一、隐蔽工程和工程关键部位、质量缺陷概念

隐蔽工程：泛指地基开挖、地基处理、基础工程、地下防渗工程、地基排水工程、地下建筑工程等所有在完工后被覆盖的工程。

重要隐蔽单元工程：指主要建筑物的隐蔽工程中，对工程安全或功能有严重影响的单元

工程。如主坝坝基开挖中有断层或裂隙密集带的单元工程，水库除险加固工程的塑性混凝土防渗墙、灌浆工程等。（重要隐蔽单元工程要根据工程实际情况合理确定，如果工程地质情况良好，无断层、软弱夹层等情况，地基开挖、地下洞室开挖一般不用划分重要隐蔽工程，而且只能在主要建筑物的地基开挖、地下洞室开挖、地基防渗、加固处理和排水工程等才能有重要隐蔽工程，一般建筑物不宜划分重要隐蔽工程。）

工程关键部位：指对工程安全或效益显著影响的部位，包括土建类工程、金属结构及启闭机安装工程，如水库除险加固工程的溢洪道加固、塑性混凝土防渗墙、灌浆工程等。

关键部位单元工程：对工程安全、或效益、或功能有显著影响的单元工程。

工程质量事故：指在水利工程建设过程中或竣工后，由于建设管理、监理、勘测、设计、咨询、施工、材料、设备等原因造成工程质量不符合规程规范和合同规定的质量标准，影响使用寿命和对工程安全运行造成隐患和危害的事件。工程质量事故分为一般质量事故、较大质量事故、重大质量事故和特大质量事故四类。

质量缺陷：小于一般质量事故的问题称为质量缺陷。

二、质量缺陷处理方式

质量缺陷发生后，不论其程度如何，除非不得已需采取临时性防护措施外，都要保护好现场，不能随意处理。在施工过程中，一出现质量缺陷尤其是轻微缺陷，施工单位为了掩盖其真相，经常不经建设、监理单位同意就擅自处理，往往是弄巧成拙，不仅缺陷没有掩盖掉，反而留下了处理的痕迹（混凝土工程蜂窝麻面的处理尤为如此），有的是因处理不彻底而留下隐患，这是工程施工中的一大忌。水利工程施工过程中出现质量缺陷，首先要向建设、监理单位报告，由建设、监理单位根据质量缺陷的程度，研究处理方案。水利工程建设中，质量缺陷的处理方式有如下几种：

（1）不处理。对于只影响结构外观，不影响工程的使用、安全和耐久性的质量缺陷，如有的建筑物在施工中发生错位事故，若要纠正，困难很大，或将要造成重大经济损失；对于可以通过后续工序弥补的质量缺陷，如混凝土墙板出现了轻微的蜂窝、麻面，而该缺陷可通过后续工序抹灰、喷涂等进行弥补；对于经复核验算，仍能满足设计要求的质量缺陷，如结构断面被削弱或结构的混凝土强度略低于设计标准，经复核验算仍能满足设计的承载能力；等等之类的质量缺陷，经检验论证并经建设、监理同意可以不作处理。

（2）表面修补。对于既影响结构外观又影响工程耐久性，对工程安全影响不大的轻度质量缺陷，如混凝土工程表面的蜂窝麻面、露筋等现象，经检验论证后，通常由施工单位提出技术方案，报建设、监理单位批准后实施。

（3）加固补强。对于不加固处理，既影响工程外观和耐久性又影响工程安全和使用功能的重度质量缺陷，经检验论证后由原设计单位提出加固方案，经建设、监理单位认可后，施工单位实施。对于牵涉设计变更的，设计单位应下发设计变更通知书。对于涉及重大设计变更的，还需报原设计文件审批后，才能实施。

（4）返工重做。对于未达到规范或标准要求，严重影响到使用和安全，且又无法通过加固补强等方式予以纠正的工程缺陷，必须采取返工的措施进行处理。返工处理，如按原样可经建设、监理单位同意，按原图纸进行施工。如要改变原方案，也要按照有关规定，报有关部门批准后实施。

质量缺陷发生后必须进行记录备案。质量缺陷备案的内容包括：质量缺陷产生的部位、原因，对质量缺陷是否处理和如何处理以及对建筑物使用的影响等。内容必须真实、全面、完整，参建单位（人员）必须在质量缺陷备案表上签字，有不同意见应明确记载。要求质量缺陷备案资料必须按竣工验收的标准制备，作为工程验收备查资料存档。质量缺陷备案表由监理单位组织填写。在工程项目竣工验收时，项目法人必须向验收委员会汇报并提交历次质量缺陷的备案资料。

三、隐蔽工程和工程关键部位质量检查填表与工程核定（备）

工程核定（备）：重要隐蔽单元工程及关键部位单元工程质量经施工单位自评合格、监理单位抽检后，由项目法人（或委托监理）、监理、设计、施工、工程运行管理（施工阶段已经有时）等单位组成联合小组，共同检查核定其质量等级并填写《重要隐蔽（工程关键部位单元工程）联检表》（表4-11，简称《联检表》）和《重要隐蔽单元工程（关键部位单元工程）质量等级签证表》（表4-12，简称《签证表》），报工程质量监督机构核备。

表4-11　　　　　　　　重要隐蔽及工程关键部位单元工程联检表

单位工程名称	参考《填表基本规定》填写	施工单位	
分部工程名称		部位	高程：
对应单元工程编号			桩号：
对应单元工程名称		检验日期	年 月 日
平面图： （绘制联检部位的平面图。）		典型剖面图： （绘制一或多个典型的剖面图，以能表达实际情况为准。）	
设计要求： （根据设计文件和各相关规范填写联检部位的设计要求。） 基础面地质描述： （或描绘图） （由设计单位地质专业人员或勘察单位人员填写、绘图，并签名。）			
联合检验意见及核定质量等级： （根据共同检查情况，核定检查项目、检测项目是否符合质量标准。填写完整的评定意见及明确的质量等级。） 保留意见： （本栏由有保留意见的本人填写并签名。）			
施工 单位	设计 单位	建设（监理） 单位	质量监督 机构	
（参考《填表基本规定》填写）				

表 4-12　　　　重要隐蔽单元工程（关键部位单元工程）质量等级签证表

单位工程名称	参考《填表基本规定》填写	单元工程量	参考《填表基本规定》填写
分部工程名称		施工单位	
单元工程名称、部位		自评日期	

施工单位 自评意见	1. 自评意见 （应描述检查项目符合质量标准情况，检测项目总检测点数及合格率，其中主要检测项目检测点是否全部符合质量标准，如有试验数据的应写出。） 2. 自评质量 　　　　（填写具体的质量等级。）　　　终检人员　　　（签名）
监理单位 抽查意见	抽查意见 （监理工程师根据施工过程抽检数据，复核施工单位检查项目、检测项目检验数据的真实性，提出质量等级的意见。） 　　　　　　　　　　　　　　　监理工程师　　　（签名）
联合小组 核定意见	1. 核定意见 （根据共同检查情况，核定检查项目、检测项目是否符合质量标准。） 2. 质量等级 　　　　（填写具体的质量等级。）　　　年　月　日
保留意见	（本栏由有保留意见的本人填定并签名。） 　　　　　　　　　　　（签名）
备查资料 清单	（1）地质编录　　　　　　　　　　　　　　　　　　□ （2）测量成果　　　　　　　　　　　　　　　　　　□ （3）检测试验报告（岩心试验、软基承载力试验、结构强度等）□ （4）影像资料　　　　　　　　　　　　　　　　　　□ （5）其他（　　　　）　　　　　　　　　　　　　　□

联合小组成员	单　位　名　称	职务、职称	签　　名
	项目法人		
	监理单位		
	设计单位		
	施工单位		
	运行管理		

注　重要隐蔽单元工程验收时，设计单位应同时派地质工程师参加。备查资料清单中凡涉及的项目应在"□"内打"√"，如有其他资料应在括号内注明资料的名称。

《联检表》《签证表》填表说明：

（1）填写基本规定在相应表内说明。

（2）凡是《联检表》中填写或绘制不完的，内容可以另加附纸进行补充，只须在附纸的右上方标明"×××号附件"即可。

第五章　水利水电工程质量评定资料

第一节　水利水电工程施工质量评定表

一、基本概述

为了规范水利水电工程施工质量评定工作，进一步提高水利水电工程质量管理水平，2002 年，水利部办公厅以办建管〔2002〕182 号颁发了《水利水电工程施工质量评定表填表说明与示例（试行）》。本部分根据《水利水电工程施工质量评定填表说明与示例（试行）》以及中华人民共和国国家发展和改革委员会批准的 DL/T 5113.1—2005《水电水利基本建设工程单元工程质量等级评定标准》和水利水电行业现行施工规范编写。适用于大中型水利水电工程，小型工程可参照使用。

1. 基础知识

为了加强水电水利基本建设工程施工质量管理，规范单元工程的质量评定，制定《水电水利基本建设工程单元工程质量等级评定标准》。单元工程是依据设计、施工或质量评定要求把建筑物划分为若干个层、块、区、段来确定的，通常是由若干工序完成的综合体，是施工过程质量评定的基本单位。各工序的质量标准、单元工程的质量标准以及工程中所使用的中间产品质量标准是评定水电水利基本建设工程单元工程质量等级的统一尺度。

单元工程质量检查项目分为主控项目和一般项目两类。单元工程质量等级分为优良、合格和不合格三级。不合格单元工程应经过处理，达到合格标准，再进行单元工程质量复评。

单元工程质量等级评定应具备以下条件：①各工序使用的原材料、中间产品及工序验收等合格，检验资料齐全；②单元工程质量等级评定，宜于本单元工程完工一个月内完成；③若因特殊情况，部分项目不能及时检查，可进行缺项暂评，但应尽快补齐缺项进行终评；④单元工程质量等级修正可在消除缺陷后进行，于分部工程验收前完成。

单元工程质量检验评定程序应先由施工单位自检评定，监理单位检查后确定质量等级。对于重要的单元工程，监理单位应在施工单位自检合格的基础上组织有关单位共同检查评定。质量评定的检查点数和布置点位要求要按照标准执行检查。也可以随机布点和由监理单位指定重点抽查相结合。

2. 填表基本规则

《水利水电工程施工质量评定表》（以下简称《评定表》）是检验与评定施工质量的基础资料。SL 223—2008《水利水电建设工程验收规程》规定，《评定表》是水利水电工程验收的备查资料。根据《水利基本建设项目（工程）档案资料管理规定》，工程竣工验收后，《评定表》归档长期保存。因此《评定表》的填写，应遵守以下规则：

（1）单元（工序）工程完工后，应及时评定质量等级，并按现场检验结果，如实填写《评定表》，现场检验应遵循随机取样原则。

（2）《评定表》应使用钢笔，蓝色或黑色墨水填写，不得使用圆珠笔、铅笔填写。

（3）文字：应按国务院颁布的简化汉字（或繁体字）书写。字迹应工整、清晰。

（4）数字用阿拉伯数字（1、2、3、…、9、0）。单位使用国家法定计量单位，并以规定的符号表示（如 MPa、m、m^3、t、…）。

（5）合格率：用百分数表示，小数点后保留 1 位。如恰为整数，则小数点后以 0 表示。例：95.0%。

（6）改错：将错误用斜线划掉，再在其右上方填写正确文字（或数字），禁止使用改正液、贴纸重写、橡皮擦、刀片刮或用墨水涂黑等方法。

（7）表头填写：①单位工程、分部工程名称，按项目划分确定之名称填写；②单元工程名称、部位，填写该单元名称（中文名称或编号）、部位可用桩号、高程等；③施工单位，填写与项目法人（建设单位）签订承包合同的施工单位全称；④单元工程量，填本单元主要工程量；⑤检验（评定）日期，年应填写 4 位数，月应填写实际月份（1～12 月），日应填写实际日期（1～31 日）。

（8）质量标准中，凡有"符合设计要求者"，应注明设计具体要求（如内容较多，可附页说明）；凡有"符合规范要求者"，应标出所执行的规范名称及编号。

（9）检验记录：文字记录应真实、准确、简练。数字记录应准确、可靠，小数点后保留位数应符合有关规定。

（10）设计值按施工图填写。实测值填写实际检测数据，而不是偏差值。当实测数据多时，可填写实测组数、实测值范围（最小值～最大值）、合格数。

（11）评定表中列出的某些项目，如实际工程无该项内容，应在相应检验栏用斜线"/"表示。

（12）评定表从表头至评定意见栏均由施工单位经"三检"合格后填写，"质量等级"栏由复核质量的监理人员填写。监理人员复核质量等级时，如对施工单位填写的质量检验资料有不同意见，可写入"质量等级"栏内或另附页说明，并在"质量等级"栏内填写出正确的等级。

（13）单元（工序）工程表尾填写：

1）施工单位由负责终验的人员签名。如果该工程由分包单位施工，则单元（工序）工程表尾由分包施工单位的终验人员签名。重要隐蔽工程、关键部位的单元工程。当分包单位自检合格后，总包单位应参加联合小组核定其质量等级。

2）建设、监理单位：实行了监理的工程，由负责该项目的监理人员复核质量等级并签字。

3）表尾所有签字人员，必须由本人按照身份证上的姓名签字，不等使用化名，也不等由旁人代签名。

为区分原表与下文示例填写内容，下文示例表填写的部分用黑体表示。评定表中加"△"的项目为主要检查（检测）项目。工序名称前加"△"者为主要工序限于篇幅，本示例中，均未刊印附页内容。实际填表时，应加附页。

3. 水利水电工程施工质量评定表分类

水利水电工程施工质量评定表分为建筑工程质量评定表（表5－1）、金属结构及启闭机械安装质量评定表（表5－2）、机电设备安装质量评定表（表5－3）、电气工程质量评定表（表5－4）和操作实验等类别。

表 5－1　　　　　　　　　　　　　　建筑工程质量评定表

分　类		主　　表	附　　表
工程项目施工		水工建筑物外观质量评定表	
		房屋建筑安装工程观感质量评定表	
		分部工程施工质量评定表	
		单位工程施工质量检验资料核查表	
		单位工程施工质量评定表	
		工程项目施工质量评定表	
水工建筑工程单元	基础工程	岩石边坡开挖单元工程质量评定表	
		岩石地基开挖单元工程质量评定表	
		岩石洞室开挖单元工程质量评定表	
		软基和岸坡开挖单元工程质量评定表	
		混凝土单元工程质量评定表	1. 基础面或混凝土施工缝处理工序质量评定表
			2. 混凝土模板工序质量评定表
			3. 混凝土钢筋工序质量评定表
			4. 混凝土止水、伸缩缝和排水管安装工序质量评定表
			5. 混凝土浇筑工序质量评定表
		混凝土预制构件安装单元工程质量评定表	
		混凝土坝坝体接缝灌浆单元工程质量评定表	
		岩石地基帷幕灌浆单元工程质量评定表	
		岩石地基固结灌浆单元工程质量评定表	
		水工隧洞回填灌浆单元工程质量评定表	
		高压喷射灌浆单元工程质量评定表	
		基础排水单元工程质量评定表	
		锚喷支护单元工程质量评定表	1. 锚喷支护锚杆、钢筋网工序质量评定表
			2. 锚喷支护喷射混凝土质量工序评定表
		混凝土防渗墙单元工程质量评定表	
		振冲地基加固单元工程质量评定表	
		造孔灌注桩基础单元工程质量评定表	
		河道疏浚单元工程质量评定表	
		砂料质量评定表	

分 类		主 表	附 表
水工建筑工程单元	基础工程	粗骨料质量评定表	
		混凝土拌和质量评定表	1. 混凝土拌和物质量评定表
			2. 混凝土试块质量评定表
		混凝土预制构件制作质量评定表	
	坝体工程	土石坝坝基及岸坡处理单元工程质量评定表	1. 坝基及岸坡清理工序质量评定表
			2. 防渗体岩基及岸坡开挖工序质量评定表
			3. 坝基及岸坡地质构造处理工序质量评定表
			4. 坝基及岸坡渗水处理工序质量评定表
		土质防渗体填筑单元工程质量评定表	1. 土石坝土质防渗体结合面处理工序质量评定表
			2. 土石坝土质防渗体卸料及铺填工序质量评定表
			3. 土石坝土质防渗体压实工序质量评定表
			4. 土石坝土质防渗体接缝处理工序质量评定表
		土石坝混凝土面板单元工程质量评定表	1. 土石坝混凝土面板基面清理工序质量评定表
			2. 土石坝混凝土面板滑模制作及安装、滑模轨道安装工序质量评定表
			3. 土石坝混凝土面板止水片（带）制作及安装工序质量评定表
			4. 土石坝混凝土面板浇筑工序质量评定表
		沥青混凝土心墙单元工程质量评定表	1. 基础面处理与沥青混凝土结合层面处理工序质量评定表
			2. 沥青混凝土心墙模板工序质量评定表
			3. 沥青混凝土制备工序质量评定表
			4. 心墙沥青混凝土的摊铺与碾压工序质量评定表
		沥青混凝土面板整平层（含排水层）单元工程质量评定表	
		沥青混凝土面板防渗层单元工程质量评定表	
		沥青混凝土面板封闭层单元工程质量评定表	
		沥青混凝土面板与刚性建筑物连接单元工程质量评定表	
		砂砾坝体填筑单元工程质量评定表	
		堆石坝体填筑单元工程质量评定表	
		反滤工程单元工程质量评定表	
		垫层工程单元工程质量评定表	
		护坡工程单元工程质量评定表	
		排水工程单元工程质量评定表	
		浆砌石体基岩连接工程单元工程质量评定表	
		水泥砂浆砌石体单元工程质量评定表	1. 水泥砂浆砌石体层面处理工序质量评定表
			2. 水泥砂浆砌石体砌筑工序质量评定表

续表

分 类		主 表	附 表
水工建筑工程单元	坝体工程	混凝土砌石体单元工程质量评定表	
		浆砌石坝混凝土面板单元工程质量评定表	1. 面板与浆砌石接触面处理工序质量评定表
			2. 混凝土施工缝处理工序质量评定表
			3. 模板工序质量评定表
			4. 浆砌石坝面板混凝土浇筑工序质量评定表
		浆砌石坝混凝土心墙单元工程质量评定表	
		浆砌石坝水泥砂浆勾缝单元工程质量评定表	
		浆砌石溢洪道溢流面单元工程质量评定表	浆砌石溢洪道溢流面砌筑工序质量评定表
		浆砌石墩（墙）单元工程质量评定表	浆砌石墩（墙）砌筑工序质量评定表
		石料质量评定表	
		水泥砂浆质量评定表	
		混凝土预制块质量评定表	
		砂料质量评定表	
		粗骨料质量评定表	
		混凝土拌和质量评定表	
	堤防工程	堤防工程外观质量评定表	堤防单位工程外部尺寸质量检测评定表
		堤基清理单元工程质量评定表	
		土料碾压筑堤单元工程质量评定表	
		土料吹填筑堤单元工程质量评定表	
		土料吹填压渗平台单元工程质量评定表	
		黏土防渗体填筑单元工程质量评定表	
		砂质土堤堤坡堤顶填筑单元工程质量评定表	
		护坡垫层单元工程质量评定表	
		毛石粗排护坡单元工程质量评定表	
		干砌石护坡单元工程质量评定表	
		浆砌石护坡单元工程质量评定表	
		混凝土预制块护坡单元工程质量评定表	
		堤脚防护（水下抛石）单元工程质量评定表	

表 5－2　　　　　　金属结构及启闭机械安装质量评定表

分 类		主 表	附 表
压力钢管部分	制作	压力钢管制作单元工程质量评定表	
		压力钢管伸缩节制造单元工程质量评定表	
		压力钢管岔管制造单元工程质量评定表	

续表

分　类		主　表	附　表
压力钢管部分	埋管安装	压力钢管埋管安装单元工程质量评定表	1. 压力钢管埋管管口中心、里程、圆度、纵缝、环缝对口错位质量评定表
			2. 焊缝外观质量评定表
			3. 一、二类焊缝内部质量、表面清除及局部凹坑焊补质量评定表
			4. 压力钢管埋管内壁防腐蚀表面处理、涂料涂装、灌浆孔堵焊质量评定表
	明管安装	压力钢管明管安装单元工程质量评定表	1. 压力钢管明管安装工程管口中心、里程、支座中心等质量评定表
			2. 压力钢管明管防腐蚀表面处理、涂料涂装质量评定表
闸门部分	平面闸门	平面闸门埋件安装单元工程质量评定表	1. 平面闸门底槛、门楣安装质量评定表
			2. 平面闸门主轨、侧轨安装质量评定表
			3. 平面闸门侧止水安装质量评定表
			4. 平面闸门胸墙、护角安装质量评定表
			5. 平面闸门工作范围内各埋件距离
		平面闸门门体安装单元工程质量评定表	平面闸门门体止水橡胶、反向滑块安装质量评定表
	弧形闸门	弧形闸门埋件安装单元工程质量评定表	1. 弧形闸门底槛、门楣安装质量评定表
			2. 弧形闸门侧止水底板、侧轮导板安装质量评定表
			3. 弧形闸门工作范围内各埋件距离质量评定表
			4. 弧形闸门铰座钢梁、铰座基础螺栓中心及锥形铰座基础环安装质量评定表
		弧形闸门门体安装单元工程质量评定表	1. 弧形闸门门体铰座安装质量评定表
			2. 弧形闸门门体铰轴、支臂安装质量评定表
			3. 弧形闸门门体支臂两端连接板和抗剪板及止水安装质量评定表
	人形闸门	人字闸门埋件安装质量评定表	1. 人字闸门埋件底枢轴线安装质量评定表
			2. 人字闸门埋件顶枢装置及枕座安装质量评定表
		人字闸门门体安装质量评定表	1. 人字闸门门体顶、底枢轴线安装质量评定表
			2. 人字闸门门体止水橡胶安装质量评定表
拦污栅	拦污栅	活动式拦污栅安装单元工程质量评定表	1. 活动式拦污栅埋件安装质量评定表
			2. 活动式拦污栅孔口部位各埋件距离安装质量评定表
			3. 活动式拦污栅栅体安装质量评定表

续表

分类		主 表	附 表
启闭机部分		启闭机机械轨道安装单元工程质量评定表	
	桥式	桥式启闭机（或起重机）安装单元工程质量评定表	1. 制动器安装质量评定表
			2. 联轴器安装质量评定表
			3. 弹性圆柱锁联轴器两轴的同轴度、联轴器间的端面间隙质量评定表
			4. 桥架和大车行走机构安装质量评定表
			5. 小车行走机构安装质量评定表
			6. 桥（门）式启闭机（起重机）试运转质量评定表
	门式	门式启闭机安装单元工程质量评定表	门式启闭机门腿安装单元工程质量评定表
	卷扬式	固定卷扬式启闭机安装单元工程质量评定表	1. 固定卷扬式起闭机中心、高程和水平安装质量评定表
			2. 固定卷扬式起闭机试运转质量评定表
	螺杆式	螺杆式启闭机安装单元工程质量评定表	1. 螺杆式启闭机中心、高程、水平和螺杆铅垂度评定表
			2. 螺杆式启闭机试运转质量评定表
	油压式	油压式启闭机安装单元工程质量评定表	油压式启闭机机架安装及活塞杆铅垂度安装质量评定表
			油压式启闭机机架钢梁与推力支座安装质量评定表
			油压式启闭机油桶、贮油箱、管道安装质量评定表
			油压式启闭启闭试验及液压试验评定表

表 5 - 3 　　　　　　　　　　**机电设备安装质量评定表**

分类		项 目 主 表	项 目 分 表
水轮机	立式反击式	立式反击式水轮机吸出管里衬安装单元工程质量评定表	
		立式反击式水轮机基础环、座环安装单元工程质量评定表	
		立式反击式水轮机蜗壳安装单元工程质量评定表	
		立式反击式水轮机机坑里衬及接力器基础安装单元工程质量评定表	
		立式反击式水轮机转轮装配单元工程质量评定表	
		立式反击式水轮机导水机构安装单元工程质量评定表	
		立式反击式水轮机接力器安装单元工程质量评定表	
		立式反击式水轮机转动部件安装单元工程质量评定表	
		立式反击式水轮机水导轴承及主轴密封安装单元工程质量评定表	
		立式反击式水轮机附件安装单元工程质量评定表	
	灯泡贯流式	灯泡贯流式水轮机机尾水管安装单元工程质量评定表	
		灯泡贯流式水轮机座环安装单元工程质量评定表	
		灯泡贯流式水轮机导水机构安装单元工程质量评定表	

续表

分　类		项　目　主　表	项　目　分　表
水轮机	冲击式	冲击式水轮机机壳安装单元工程质量评定表	
		冲击式水轮机喷嘴及接力器安装单元工程质量评定表	
		冲击式水轮机转轮安装单元工程质量评定表	
		冲击式水轮机控制机构安装单元工程质量评定表	
水轮发电机	立式	立式水轮发电机安装单元工程质量评定表	
	卧式	卧式水轮发电机轴瓦及轴承安装单元工程质量评定表	
		卧式水轮发电机转子及定子安装单元工程质量评定表	
	灯泡式	灯泡式水轮发电机主要部位组装单元工程质量评定表	
		灯泡式水轮发电机总体安装单元工程质量评定表	
	通用	水轮发电机励磁机及永磁机安装单元工程质量评定表	
		水轮发电机电气部分检查和试验单元工程质量评定表	
附件		油压装置安装单元工程质量评定表	
		调速器安装及调试单元工程质量评定表	
		调速系统整体调试及模拟试验单元工程质量评定表	
		蝴蝶阀安装单元工程质量评定表	
		球阀安装单元工程质量评定表	
		伸缩节安装单元工程质量评定表	
		附件及操作机构安装单元工程质量评定表	
		机组管路安装单元工程质量评定表	1. 机组管路管件制作质量评定表
			2. 机组管路管道安装质量评定表
			3. 管道焊接质量评定表
			4. 管道试验评定表
运转试验		机组充水实验单元工程质量评定表	
		机组空载试验单元工程质量评定表	
		机组并列及负荷试验单元工程质量评定表	
水力机械辅助设备		空气压缩机安装单元工程质量评定表	
		深井水泵安装单元工程质量评定表	
		离心水泵安装单元工程质量评定表	
		齿轮油泵安装单元工程质量评定表	
		螺杆油泵安装单元工程质量评定表	
		水力测量仪表安装单元工程质量评定表	
		箱、罐及其他容器安装单元工程质量评定表	
		轴流式通风机安装单元工程质量评定表	
		离心式通风机安装单元工程质量评定表	
		水力机械系统管路安装单元工程质量评定表	

表 5 - 4

电气工程质量评定表

分　类	项　目
发电电气设备	20kV 及以下油断路器安装单元工程质量评定表
	户内式隔离开关安装单元工程质量评定表
	3~20kV 负荷开关或高压熔断器安装单元工程质量评定表
	20kV 及以下互感器安装单元工程质量评定表
	20kV 及以下干式电抗器安装单元工程质量评定表
	避雷器安装单元工程质量评定表
	固定式、手车式高压开关柜安装单元工程质量评定表
	油浸式厂用变压器安装单元工程质量评定表
	低压配电盘及低压电器安装单元工程质量评定表
	35kV 及以下电缆线路安装单元工程质量评定表
	硬母线装置安装单元工程质量评定表
	电气接地装置单元工程质量评定表
	保护网安装单元工程质量评定表
	控制保护装置安装单元工程质量评定表
	铅蓄电池安装单元工程质量评定表
	起重机电气设备安装单元工程质量评定表
	电气照明装置安装单元工程质量评定表
升压变电电气设备	主变压器安装单元工程质量评定表
	油断路器安装单元工程质量评定表
	空气断路器安装单元工程质量评定表
	六氟化硫断路器安装单元工程质量评定表
	六氟化硫组合电器安装单元工程质量评定表
	隔离开关安装单元工程质量评定表
	油浸式互感器安装单元工程质量评定表
	户外式避雷器安装单元工程质量评定表
	软母线装置单元工程质量评定表
	自容式充油电缆线路安装单元工程质量评定表
	厂区馈电线路安装单元工程质量评定表

4．操作实验

试运行交接检验项目的"合格""优良"对不同设备有不同要求，有要求的就要按照相关规范和表格填写说明进行填写。

二、建筑工程质量评定表

1．基础工程

表 5 - 5 岩石边坡开挖单元工程质量评定表填表说明

填表时必须遵守《填表基本规定》，并符合以下要求。

（1）单元工程划分：按设计或施工检查验收的区、段划分，每区、段为一单元工程。

（2）单元工程量：本单元工程开挖工程量（m³）及开挖面积（m²）。

（3）检查项目：项次2的质量标准栏须填写设计坡度。本例为1：0.5。检验记录栏要将检验情况简要记录下来，以便与质量标准比较，不能只填"符合要求"或"合格"。

（4）检测项目：坡面局部超挖、欠挖分为两项，本例斜坡长度小于15m，故将实测值写在项次2相应的检测栏内。

（5）总检测数量：500m²及其以内，不少于20个；500m²以上不少于30个；局部突出或凹陷部位（面积在0.5m²以上者）应增设检测点。

（6）评定意见："一般检查项目"后面的空格填"符合质量标准"或"基本符合质量标准"，视一般检查项目的"检查记录"而定。

（7）单元工程质量标准。在主要检查项目符合质量标准的前提下，一般检查项目基本符合标准，检测总点数中有70%及其以上符合标准，即评为合格。若一般检查项目符合质量标准，并且检测总点数中有90%及其以上符合质量标准，即评为优良。

表5-5　　　　　　　　岩石边坡开挖单元工程质量评定表

单位工程名称		混凝土大坝		单元工程量	1117m³，423m²	
分部工程名称		溢流坝段		施工单位	×××工程局	
单元工程名称、部位		5号坝段边坡开挖		检验日期	×年×月×日	
项次	检 查 项 目		质 量 标 准		检 验 记 录	
1	△保护层开挖		浅孔、密孔、少药量、火炮爆破		符合规定	
2	△平均坡度		不大于设计坡度 （设计边坡1：0.5）		抽查6个断面，坡度为 1：0.52～1：0.76	
3	开挖坡面		稳定、无松动岩块		坡面稳定，无松动岩块	
项次	检 测 项 目		设计值	允许偏差/cm	实测值 /（单位：项次1m，项次2cm）	合格数/点	合格率/%
1	坡脚标高		-10m	+20 -10	-10.05，-9.95，-10.00，-10.11， -10.17，-9.90，-10.18，-10.01， -9.86，-10.12，-10.13，-9.93	11	91.6
2	坡面局部超欠挖	斜长 不大于15m		+30 -20	+7，+16，+3，-15，-2， +8，-10，-23，+11，+5， -12，-5，-4，+21	13	92.9
3		斜长 大于15m		+50 -30	/		
检测结果		共检测26点，其中合格24点，合格率92.3%				
评定意见				单元工程质量等级		
主要检查项目全部符合质量标准。一般检查项目符合质量标准。检项目实测点合格率92.3%				优良		
施工单位	××× ×年×月×日			建设监理单位	××× ×年×月×日	

注　"+"为超挖，"-"为欠挖。

表5-6 岩石地基开挖单元工程质量评定表填表说明

填表时必须遵守《填表基本规定》，并符合以下要求。

（1）单元工程划分：按相应混凝土浇筑仓块划分，每一块为一单元工程，两岸边坡地基开挖也可按施工检查验收的区划分，每一验收区为一个单元工程。

（2）单元工程量：本单元工程开挖的面积（m²），本单元工程的工程量（m³）。

（3）检查项目项次3～7，如果按设计要求处理，应附上设计要求说明。

（4）检测项目分"无结构要求或无配筋"和"有结构要求或有配筋"两类，属于哪一类填相应的栏。除平整度项外，其余均应按施工图填设计值及其单位（m或cm）。复杂的地基开挖，宜附测量图。

（5）检测数量：200m²以内，总检测点数不少于20个；200m²以上，不少于30个；局部凸出或凹陷部位（面积在0.5m²以上者）应增设检测点（平整度用2m直尺检查）。

（6）评定意见："一般检查项目"后面的空格填"符合质量标准"或"基本符合标准"，视一般检查项目的"检查记录"而定。

（7）单元工程质量标准。在主要检查项目符合质量标准的前提下，一般检查项目基本符合质量标准，检测总点数中有70%及其以上符合质量标准，即评为合格。一般检查项目符合质量标准，检测总点数中有90%及其以上符合质量标准，即评为优良。

表5-6　　　　　　　　　　　岩石地基开挖单元工程质量评定表

单位工程名称		混凝土大坝		单元工程量	542.5m²，6130m³		
分部工程名称		溢流坝坝段		施工单位	×××水利水电第二工程局		
单元工程名称、部位		5号坝段，0+（412.7～430.2）地基开挖		检验日期	×年×月×日		
项次	检查项目		质量标准		检验记录		
1	△保护层开挖		浅孔、密孔、少药量、火炮爆破		见附页		
2	△建基面		无松动岩块，无爆破影响裂隙		基面无松动岩块，无爆破影响裂缝		
3	△断层及裂隙密集带		按规定挖槽。槽深为宽度的1～1.5倍。规模较大时，按设计要求处理		小断层挖槽按b：h=1：1.5开挖，已按规定处理，符合要求		
4	△多组切割的不稳定岩体		按设计要求处理		/		
5	岩溶洞穴		按设计要求处理		/		
6	软弱夹层		厚度大于5cm者，挖至新鲜岩或设计规定的深度		/		
7	夹泥裂隙		挖1～1.5倍断层宽度，清除夹泥，或按设计要求处理		小部分裂缝挖深已按1.5倍宽度开挖，夹泥已清除干净		
项次	检测项目		设计值	允许偏差/cm	实测值（单位：项次4、项次5为m，项次6为cm）	合格数/点	合格率/%
1	无结构要求或无配筋	坑（槽）长宽	<5m	+20 −10	/		
2			5～10m	+30 −20	/		
3			10～15m	+40 −30	/		
4			>15m	31m +50 −30	31.2，30.9，30.95，31.16.31.43，31.41.31.38，31.05，30.8，30.7，31.2，31.61，31.35，31.2，30.91，30.85	15	93.8
5		坑（槽）底部标高		−10m +20 −10	−9.95，−10.12，−10.05，−10.16，−9，91，−10.0，−10.1，−10.15，−9.85，−9.98，−9.97，−10.13	11	91.7
6		垂直或斜面平整度		20	7，12，6，7，2，15，6，8，5，3	10	100

项次	检测项目			设计值	允许偏差/cm	实测值（单位：项次4、项次5为m，项次6为cm）	合格数/点	合格率/%
7	有结构要求	坑（槽）长宽	<5m		+10 −0	/		
8			5～10m		+20 −0	/		
9			10～15m		+30 −0	/		
10			>15m		+20 −0	/		
11		坑（槽）底部标高						
		垂直或斜面平整			15	/		
检测结果				检测38点，其中合格36点，合格率94.7%				
评定意见							单元工程质量等级	
主要检查项目全部符合质量标准。一般检查项目**符合**质量标准。检测项目实测点合格率**94.7%**							**优良**	
施工单位		××× ×年×月×日			建设（监理）单位		××× ×年×月×日	

注 "＋"为超挖，"—"为欠挖。

表5-7 岩石洞室开挖单元工程质量评定表填表说明

填表时必须遵守《填表基本规定》，并符合以下要求。

（1）单元工程划分：混凝土衬砌部位按设计分缝确定的块划分；锚喷支护部位按一次锚喷区划分；不砌部位，可按施工检查验收区划分。

（2）单元工程量：填写开挖方量（m³）。

（3）检查项目中的地质弱面处理，应附设计要求。洞室轴线项质量标准栏应标明规范名称及编号，本例为 SL 378—2007《水工建筑物地下开挖工程施工规范》。检验记录栏应填写整个洞室长度、实测偏差值是否符合规范要求，而不能只填"符合设计或规范要求"。

（4）检测项目分"无结构要求或无配筋"和"有结构要求或有配筋"两类，属于哪一类填相应的栏。除平整度的项外，其余均应按施工图填设计值及其单位（m 或 cm）。本例中，R 为设计开挖半径，h 为侧墙设计开挖高度。

（5）检测数量：按横断面或纵断面进行检测，一般应不少于两个断面，总检测点数不少于 20 个；局部凸出或凹隐部位（面积在 0.5m² 以上者）应增设检测点（平整度用 2m 直尺检查）。

（6）单元工程质量标准。在检查项目符合质量标准的前提下，检测总点数中有 70% 及其以上符合质量标准，即评为合格，检测总点数有 90% 及其以上符合质量标准，即评为优良。

表 5－7　　　　　　　　　　　岩石洞室开挖单元工程质量评定表

单位工程名称		引水隧洞及压力管道		单元工程量		139m³	
分部工程名称		隧洞开挖与衬砌		施工单位		×××水利水电第二工程局	
单元工程名称、部位		0＋110～0＋120 段开挖		检验日期		×年×月×日	
项次	检 查 项 目		质 量 标 准		检 验 记 录		
1	△开挖岩面		无松动岩块、小块悬挂体		洞壁无松动岩块、无悬挂体		
2	△地质弱面处理		符合设计要求		／		
3	△洞室轴线		符合规范要求。SDJ 212—83《水工建筑物地下开挖工程施工技术规范》		（见附页）		
项次	检 测 项 目		设计值	允许偏差／cm	实测值（单位与设计值单位相同）	合格数／点	合格率／%
1	无结构要求或无配筋	底部标高		＋20　－10	／		
2		径向		＋20　－10	／		
3		侧墙		＋20　－10	／		
4		开挖面平整度		15	／		
5	有结构要求或有配筋	底部标高	＋7.15m	＋20　－0	＋7.01，＋7.13，＋6.98，＋7.07，＋7.11，＋6.99	6	100
6		径向	R＝210cm	＋20　－0	215.5，231，214，217.5，215，213.5	5	83.3
7		侧墙	h＝420cm	＋20　－0	425，432，442，435，428，426	5	83.3
8		开挖面平整度		10	3，8，12，7，5，6，8，1，5，3	9	90.0
检测结果		共检测 28 点，其中合格 25 点，合格率 89.3%					
评定意见					单元工程质量等级		
主要检查项目全部符合质量标准，检测项目实测 28 点合格率 89.3%					合格		
施工单位	×××　×年×月×日			建设（监理）单位	×××　×年×月×日		

注　"＋"为超挖，"－"为欠挖。

表 5－8 软基和岸坡开挖单元工程质量评定表填表说明

填表时必须遵守《填表基本规定》，并符合以下要求。

（1）单元工程划分：按施工检查验收区、段划分，每一区、段为一单元工程。

（2）单元工程量：填写开挖方量（m³）及开挖面积（m²）。

（3）检查项目项次 2、4、5、7 应附设计要求说明。填写不下时可另附页。如本例项次 2 设计要求为 $r≥1.55g/cm³$。检查数量：按 50～100m 正方形检查网进行取样，局部可加密至 15～25m。

（4）检测项目分"无结构要求或无配筋"和"有结构要求或有配筋"两类，属于哪一类填相应的栏。除平整度外，其余均应按施工图填设计值及其单位（m 或 cm）。

（5）检测数量：总检测点在 200m² 以内，不少于 20 个；200m² 以上，不少于 30 个。

（6）评定意见："一般检查项目"后面的空格填"符合质量标准"或"基本符合质量标准"，视一般检查项目的"检查记录"而定。

（7）工序质量标准。在主要检查项目符合质量标准的前提下，一般检查项目基本符合质量标准，检测总点数中有70％及其以上符合质量标准，即评为合格。一般检查项目符合质量标准，检测总点数中有90％及其以上符合质量标准，即评为优良。

表 5-8　　　　　　　　　　　软基和岸坡开挖单元工程质量评定表

单位工程名称		水闸工程	单元工程量		3300m³，450m²	
分部工程名称		地基开挖与处理	施工单位		×××水利水电第二工程局	
单元工程名称、部位		0-145～0-115 段地基开挖	检验日期		×年×月×日	
项次	检 查 项 目		质 量 标 准	检 验 记 录		
1	地基清理和处理		无树根、草皮、乱石、坟墓，水井泉眼已处理，地质符合设计	树根、草皮、乱石已清除，预留保护层已挖除，地质符合设计要求		
2	△取样检验		符合设计要求 y≥1.55g/cm³	y＝1.58g/cm³		
3	岸坡清理和处理		无树根、草皮、乱石，有害裂缝及洞穴已处理	岸坡树根、草皮已清除，保护层已清除		
4	岩石岸坡清理坡度		符合设计要求	/		
5	△黏土、湿陷性黄土清理坡度		符合设计要求	/		
6	截水槽地基处理		泉眼、渗水已处理，岩石冲洗洁净，无积水	/		
7	△截水槽（墙）基岩面坡度		符合设计要求	/		
项次	检 测 项 目		设计值	允许偏差/cm	实测值/m	合数/点	合格率/％
1	无结构要求无配筋	坑（槽）长或宽	5m 以内		＋20　－10	/	
2			5～10m		＋30　－20	/	
3			10～15m		＋40　－30	/	
4			15m 以上	30m	＋50　－30	30.2，29.8，30.4，30.4，29.7，29.9，29.8，30.1	8	100
5		坑（槽）底部标高		-2.5m	＋20　－10	-2.47，-2.55，-2.48，-2.75，-2.64，-2.35，-2.51，-2.70，-2.48，-2.45	8	80.0
6								
		垂直或斜面平整度			20	15，8，2，23，5，9，3，1	7	87.5
1	有结构要求有配筋预埋件	基坑（槽）长或宽	5m 以内		＋200	/	
2			5～10m		＋300	/	
3			10～15m		＋400	/	
4			15m 以上		＋400	/	
5		坑（槽）底部标高			＋20　－0	/	
6		垂直或斜面平整度			15	/	
检测结果		共检测 26 点，其中合格 23 点，合格率 88.5％					
评定意见				单元工程质量等级			
主要检查项目全部符合质量标准。一般检查项目符合质量标准。检测项目实测点合格率88.5％				合格			
施工单位		×××　　　　×年×月×日		建设（监理）单位		×××　　　　×年×月×日	

注　"＋"为超挖，"－"为欠挖。

表 5－9 混凝土单元工程质量评定表填表说明

填表时必须遵守《填表基本规定》，并符合以下要求。

（1）单元工程划分：按混凝土浇筑仓号划分，每一仓号为一个单元工程，排架柱梁系按一次检查验收的范围，若干个柱梁为一个单元工程。

（2）单元工程量：填写本单元工程混凝土浇筑量（m³）。

（3）本表是在表 5－10～表 5－13 等工序质量评定后，由施工单位按照监理复核的工序质量结果填写（从表头至评定意见）。单元工程质量等级由建设、监理复核评定。

（4）单元工程质量标准。

合格：工序质量全部合格。

优良：工序质量全部合格，优良工序达 50％及其以上，且主要工序全部优良。

表 5－9　　　　　　　　　混凝土单元工程质量评定表

单位工程名称	混凝土大坝	单元工程量	混凝土 788m²	
分部工程名称	溢流坝段	施工单位	×××水利水电第二工程局	
单元工程名称、部位	5 号坝段，▽2.5m～▽4.0m	评定日期	×年×月×日	
项次	工 序 名 称		工 序 质 量 等 级	
1	基础面或混凝土施工缝处理		优良	
2	模板		合格	
3	△钢筋		优良	
4	止水、伸缩缝和排水管安装		合格	
5	△混凝土浇筑		优良	
评定意见			单元工程质量等级	
工序质量全部合格，主要工序——钢筋、混凝土浇筑两工序质量优良，工序质量优良率为 60.0％			优良	
施工单位	××× ×年×月×日		建设（监理）单位	××× ×年×月×日

表 5－10 基础面或混凝土施工缝处理工序质量评定表填表说明

填表时必须遵守《填表基本规定》，并符合以下要求。

（1）单位工程、分部工程、单元工程名称、部位填写与单元工程表 5－9 相同。

（2）单元工程量除填写本单元工程混凝土量（m³）外，还要填基础岩面、施工缝或软基面处理的数量（m²）。

（3）本工序表分为基础岩面、混凝土施工缝和软基面等三种类型。各类检查项目与质量标准不相同。所评定工序属于哪种类型，就按相应类型检查项目的质量标准进行质量检验，并记录检验结果。本例为混凝土施工缝处理工序，故按项次 2 的（1）、（2）项次检验处理质量，并记录。

（4）工序质量标准。在开仓前进行最后一次检查，主要检查项目符合质量标准，其他检查项目基本符合质量标准，即评为合格，全部符合质量标准，即评为优良。

表 5 - 10　　　　　　　　　基础面或混凝土施工缝处理工序质量评定表

单位工程名称	混凝土大坝		单元工程量	混凝土 788m³，施工缝 250m²
分部工程名称	溢流坝段		施工单位	×××水利水电第二工程局
单元工程名称、部位	5 号坝段，▽2.5m～▽4.0m		检验日期	×年×月×日
项次	检　查　项　目	质　量　标　准		检　验　记　录
1	基　础　岩　面			
(1)	△建基面	无松动岩块		/
(2)	△地表水和地下水	妥善引排或封堵		/
(3)	岩面清洗	清洗洁净，无积水，无积渣杂物		/
2	混　凝　土　施　工　缝			
(1)	△表面处理	无乳皮、成毛面		表面无乳皮，全部凿成毛面
(2)	混凝土表面清洗	清洗洁净，无积水，无积渣杂物		表面已清洗干净，积水已排除，无积渣杂物
3	软　基　面			
(1)	△建基面	预留保护层已挖除，地质符合设计要求		/
(2)	垫层铺填	符合设计要求		/
(3)	基础面清理	无乱石、杂物，坑洞分层回填夯实		/
评　定　意　见			工序质量等级	
主要检查项目全部符合质量标准，一般检查项目符合质量标准			优良	
施工单位	×××　　　　　　×年×月×日		建设（监理）单位	×××　　　　　　×年×月×日

表 5 - 11 混凝土模板工序质量评定表填表说明

填表时必须遵守《填表基本规定》，并符合以下要求。

（1）单位工程、分部工程、单元工程名称、部位，填写与单元工程表 5 - 9 相同。

（2）单元工程量除填本单元工程混凝土量（m³）外，还要填模板安装量（m²）。

（3）检查项目项次 1 质量标准栏须填写设计要求，如写不下可另附页。本例将设计要求稳定性、刚度和强度，直接填写在栏内。

（4）检测项目。

1）允许偏差栏，分为 3 种，应按模板性质及种类，在相应栏内用"√"标明。本例模板是外露表面、钢模，故在钢模处用"√"标明。

2）项次 4～7 应按施工图填写设计值及其单位（m 或 cm）。实测值应对应于设计值，且一般同单位，而不应填偏差值。

3）检测数量：按水平线（或垂直线）布置检测点。总检测点数量：模板面积在 100m² 以内，不少于 20 个；100m² 以上，不少于 30 个。

（5）工序质量标准。在主要检查项目符合质量标准的前提下，一般检查项目基本符合质量标准，检测总点数中有 70% 及其以上符合质量标准，即评为合格。一般检查项目符合质量标准，检测总点数中有 90% 及其以上符合质量标准，即评为优良。

表 5－11　　　　　　　　　　混凝土模板工序质量评定表

单位工程名称	混凝土大坝	单元工程量	混凝土 788m³，模板面积 145.8m²
分部工程名称	溢流坝段	施工单位	×××水利水电第二工程局
单元工程名称、部位	5 号坝段，▽2.5m～▽4.0m	检验日期	×年×月×日

项次	检 查 项 目	质 量 标 准	检 验 记 录
1	△稳定性、刚度和强度	符合设计要求（支撑牢固，稳定）	采用钢模板，钢支撑和方木，稳定性、刚度和强度满足设计要求
▽2	模板表面	光洁、无污物、接缝严密	模板表面光洁、无污物、接缝严密

项次	检 测 项 目	设计值	允许偏差/mm 外露表面 ✓钢模	允许偏差/mm 外露表面 木模	允许偏差/mm 隐蔽内面	实测值 /（单位：项次 1～3 为 mm； 项次 6 为 m）	合格数/点	合格率/%
1	模板平整度：相邻两板面高差		2	3	5	0.3，1.2，2.8，0.7，0.2，0.7，0.9，1.5	7	87.5
2	局部不平（用 2m 直尺检查）		2	5	10	1.7，2.3，0.2，0.4，1.0，1.2，0.7，2.4	6	75.0
3	板面缝隙		1	2	2	0.2，0.5，0.7，0.2，1.1，0.4，0.5，0.9，0.3，0.7	9	90.0
4	结构物边线与设计边线	8.75m ×15.5m	10		15	8.747，8.749，8.752，8.75，15.51，15.508，15.5，15.409	8	100
5	结构物水平断面内部尺寸		±20			/		
6	承重模板标高	2.5m	±5			2.500，2.500，2.505，2.510	3	75.0
7	预留孔、洞尺寸及位置		±10			/		
检测结果		共检测 38 点，其中合格 33 点，合格率 86.8%						

评 定 意 见	工 序 质 量 等 级
主要检查项目全部符合质量标准。一般检查项目符合质量标准。检测项目实测点合格率 86.8%	合格

施工单位	××× ×年×月×日	建设（监理）单位	××× ×年×月×日

表 5－12 混凝土钢筋工序质量评定表填表说明

填表时必须遵守《填表基本规定》，并符合以下要求。

（1）单位工程、分部工程、单元工程名称、部位填写与单元工程表 5－9 相同。

（2）单元工程量除填本单元工程混凝土量（m³）外，还要填钢筋工程量（t）。

（3）检查项目项次 1 质量标准栏为符合设计，填表时须在该栏中注明设计图号，本例为：水工 08A。如果钢筋有替换等实际情况应在附页注明。

（4）检测数量：先进行宏观检查，没发现有明显不合格处，即可进行抽样检查，对梁、板、柱等小型构件，总检测点数不少于 30 个，其余总检测点数一般不少于 50 个。

（5）工序质量标准。在主要检查检测项目符合质量标准的前提下，一般检查项目基本符合质量标准，检测总点数中有 70% 及其以上符合质量标准，即评为合格，一般检查项目符合质量标准，检测总点数中有 90% 及其以上符合质量标准，即评为优良。

表 5－12　　　　　　　　　　混凝土钢筋工序质量评定表

单位工程名称			混凝土大坝	单元工程量		混凝土 788m³，钢筋 13.54t		
分部工程名称			溢流坝段	施工单位		×××水利水电第二工程局		
单元工程名称、部位			5 号坝段，▽2.5m～▽4.0m	检验日期		×年×月×日		

项次	检查项目		质量标准	检验记录				
1	△钢筋的数量、规格尺寸、安装位置		符合设计图纸（图号水工 08A）	钢筋 φ20@200 纵横布置在面层，数量、规格、长度和安装位置均符合设计图纸				
2	焊缝表面和焊缝中		不允许有裂缝	钢筋接头采用电弧焊，纵横钢筋采用点焊，焊缝无裂缝				
3	△脱焊点和漏焊点		无	无脱焊点和漏焊点				

项次	检 测 项 目			设计值 /mm	允许偏差 /mm	实测值 /mm	合格数 /点	合格率 /%
1	帮条对焊接头中心的纵向偏移差				0.5d	/		
2	接头处钢筋轴线的曲折				4 度	（度）2.5、3.5、4.5、1、3	4	80.0
3	点焊及电弧焊	△焊缝	长度（d＝20）	200	−0.5d（−10）	210、230、198、200、205、204、195、213、215、209	10	100
			高度	5	−0.05d（−1）	5.5、4、4、4.5、4.1、4.2、4.6、4、4.4、4.2	10	100
			宽度	14	−0.1d（−2）	14.1、13.8、14、13.9、13.5、14.5、15、13、14、13.5	10	100
			咬边深度		0.05d 不大于 1	0.5、1.0、0.8、1.0、0.7、0.4、0.7、1.0、1.0、0.3	10	100
		表面气孔夹渣	在 2d 长度上		不多于 2 个	0、0、1、1、0、0、0、0、1、2	10	100
			气孔、夹渣直径		不大于 3	1、3、1、1、2	5	100
4	△绑扎	缺扣、松扣			≤20% 且不集中	/		
		弯钩朝向正确			符合设计图纸	/		
		搭接长度			−0.05 设计值	/		
5	对焊及熔槽焊	△焊接接头根部未焊透深度	φ25～40mm 钢筋		0.15d	/		
			φ40～70mm 钢筋		0.10d	/		
		接头处钢筋中心线的位移			0.1d 不大于 2	/		
		焊缝表面（长为 2d）和焊缝截面上蜂窝、气孔、非金属杂质			不大于 1.5d，3 个			
6	钢筋长度方向的偏差（净保护层 50mm）			17400 30900	±1/2 净保护层厚	17430、17380、17400、17424、30920、30900、30890、30910	7	87.5
7	同排受力钢筋间距的局部偏差	柱及梁			±0.5d	/		
		板、墙		间距 200	±0.1 间距（±20）	200、220、219、220、218、221、219、220、220、218	9	90.0

项次	检 测 项 目	设计值/mm	允许偏差/mm	实测值/mm	合格数/点	合格率/%
8	同排中分布钢筋间距的偏差		±0.1 间距	/		
9	双排钢筋，其排与排间距的局部偏差		±0.1 排距	/		
10	梁与柱中钢箍间距的偏差		0.1 箍筋间距	/		
11	保护层厚度的局部偏差	50	±1/4 净保护层厚（±12.5）	60、50、50.5、48、50、42、38、55、50、64	9	90.0
检测结果	共检测 88 点，其中合格 84 点，合格率 95.5%					
评定意见				工序质量等级		
主要检查项目全部符合质量标准。一般检查项目符合质量标准。检测项目实测点合格率 95.5%				优良		
施工单位	×××　×年×月×日			建设（监理）位　×××　×年×月×日		

表 5-13 混凝土止水、伸缩缝和排水管安装工序质量评定表填表说明

填表时必须遵守《填表基本规定》，并符合以下要求。

（1）单位工程、分部工程、单元工程名称、部位填写与单元工程表 5-9 相同。

（2）单元工程量除填本单元工程混凝土量（m³）外，还要填本工序工程量（m）。

（3）检测项目栏中项次 5 允许偏差为符合设计要求，填表时应将设计止水插入基岩部分的要求写出。

（4）检测数量：一单元工程中若同时有止水、伸缩缝和坝体排水管 3 项，则每一单项检查（测）点不少于 8 个，总检查（测）点不少于 30 个；若只有其中 1 项或 2 项，总检查（测）点数不少于 20 个。

（5）检测项目项次 3 金属止水片搭接长度允许偏差栏所列"不小于 20，双面氧焊"是搭接长度的质量标准，并非允许偏差值，项次 5 与项次 10 所列内容也是质量标准。

（6）工序质量标准。在主要检查检测项目符合质量标准的前提下，一般检查项目基本符合质量标准，检测总点数中有 70% 及其以上符合质量标准，即评为合格。一般检查项目符合质量标准，检测总点数中有 90% 及其以上符合质量标准，即评为优良。

表 5-13　　　　　混凝土止水、伸缩缝和排水管安装工序质量评定表

单位工程名称	混凝土大坝	单元工程量	混凝土 788m³，钢筋 13.54t
分部工程名称	溢流坝段	施工单位	×××水利水电第二工程局
单元工程名称、部位	5 号坝段，▽2.5m～▽4.0m	检验日期	×年×月×日

项次	检查项目		质量标准	检验记录
1	伸缩缝制作及安装	涂敷沥青料	混凝土表面洁净干燥，涂刷均匀平整，与混凝土粘接紧密，无气泡及隆起现象	/
2		粘贴沥青油毛毡	伸缩缝表面清洁干燥，蜂窝麻面已处理并填平，外露施工铁件割除，铺设厚度均匀平整，搭接紧密	伸缩缝表面清理符合质量标准要求，面贴三油二毡

续表

项次		检查项目	质量标准	检验记录
3	伸缩缝制作及安装	铺设预制油毡板	混凝土表面清洁，蜂窝麻面处理并填平，外露施工铁件割除，铺设厚度均匀平整、牢固，相邻块安装紧密平整无缝	/
4		△沥青井、柱安装	电热元件及绝缘材料置放准确牢固，不短路，沥青填塞密实，安装位置准确、稳固，上下层衔接好	/

项次		检测项目		设计值/mm	允许偏差/mm	实测值/mm	合格数/点	合格率/%
1	金属、塑料、橡胶止水	金属止水片的几何尺寸	宽	400	±5	400，400，405，405，400，400，408，408	6	75.0
2			高（牛鼻子）	40	±2	40，40，41，43，39，40，41，40	7	87.5
			长	1500	±20	1500，1500，1500，1500	4	100
3		△金属止水片搭接长度		20	不小于20双面氧焊	25，23，25，28	4	100
4		安装偏差	大体积混凝土		±30			
			细部结构		20	15，10，8，12	4	100
5		△插入基岩部分			符合设计要求	/		
6	坝体排水管安装	拔管排水管	平面位置		≤100	/		
7			倾斜度		≤4%	/		
8		多孔性排水管	平面位置		≤100	/		
9			倾斜度		≤4%	/		
10		△排水管通畅性			通畅	/		
检测结果		共检测28点，其中合格25点，合格率89.3%						
	评定意见				工序质量等级			
主要检查项目全部符合质量标准。一般检查项目符合质量标准。检测项目实测点合格率89.3%					合格			
施工单位	×××　×年×月×日		建设（监理）单位		×××　×年×月×日			

表 5-14 基础排水单元工程质量评定表填表说明

填表时必须遵守《填表基本规定》，并符合以下要求。

（1）单元工程划分：按施工质量考核要求划分，以每一排水区为一个单元工程。

（2）单元工程量：排水孔总长度（m）。

（3）填表依据：本表依据各孔施工记录填写，施工单位务必做好施工记录，监理要认真检查。

（4）检查项目栏中项次 3 的质量标准填写设计孔深及按±2%计算出的允许偏差值。本例为孔深 15m，允许偏差±0.3m。

（5）各孔检测结果：每个孔共有 12 个检查项目，每项检查结果用符号表示，用

"√"标明符合质量标准，用"0"标明基本符合质量标准，用"×"标明不符合质量标准。

（6）各孔质量评定：各孔质量等级用符号表示，用"√"标明"优良"，用"0"标明合格，用"×"标明不合格。

质量标准：在主要检查项目全部符合质量标准前提下，一般检查项目也符合质量标准的孔评为优良孔；一般检查项目基本符合质量标准的孔评为合格孔。

（7）单元工程质量标准。在本单元工程排水孔（槽）全部合格的前提下，若优良孔（槽）占70%及其以上，即评为优良；若优良孔（槽）达不到70%，即本单元工程评为合格。

表 5－14　　　　　　　　　　基础排水单元工程质量评定表

单位工程名称			混凝土大坝	单元工程量			排水孔总长度 150m			
分部工程名称			坝基防渗与排水	施工单位			×××水利水电机械施工公司			
单元工程名称、部位			9号坝段基础排水	检验日期			×年×月×日			
项次	检查项目		质量标准	各孔检测结果						
				1	2	3	4	5	6	7	8	9	10
1	垂直排水孔	孔口平面位置偏差	不大于 10cm	√	√	√	√	√	√	0	√	0	√
2		倾斜度　深孔	不大于 1%	√	√	√	√	√	√	√	√	√	√
		浅孔	不大于 2%	/									
3		△孔深偏差	±2%（孔深 15m，允许±0.3m）	√	√	√	√	√	√	√	√	√	√
4	水平孔（槽）	平面位置偏差	不大于 10cm	/									
5		倾斜度	不大于 2%	/									
6	△管（槽板）接头，管（槽板）与岩石接触		密合不漏浆，管（槽）内干净	√	√	√	√	√	√	√	√	√	√
各孔质量评定				√	√	√	√	√	√	0	√	0	√
本单元共有 10 孔，其中优良 8 孔，优良率 80.0%													
评定意见							单元工程质量等级			
单元内各排水孔（槽）质量全部达合格标准，其中优良排水孔（槽）为 80.0%							优良			
施工单位		×××　×年×月×日				建设（监理）单位		×××　×年×月×日		

表 5－15 锚喷支护单元工程质量评定表填表说明

填表时必须遵守《填表基本规定》，并符合以下要求。

（1）单元工程划分：按一次锚喷支护施工区、段划分，每一区段为一个单元工程。

（2）单元工程量：本单元工程衬护的面积（m²）。

（3）本表由施工单位按照监理复核的工序质量等级填写（从表头至评定意见），单元工程质量等级由建设监理复核评定。

（4）单元工程质量标准。在两个工序都合格的前提下，其中有一个工序达到优良，即单元工程为优良。若两个工序均为合格，即单元工程质量为合格。

表 5－15　　　　　　　　　　　锚喷支护单元工程质量评定表

单位工程名称	引水隧洞	单元工程量	594m²，锚杆 264 根
分部工程名称	隧洞开挖与衬砌	施工单位	×××水利水电第二工程局
单元工程名称、部位	0＋000～0＋140 锚喷支护	评定日期	×年×月×日
项次	项目名称	工序质量等级	
1	锚杆、钢筋网	优良	
2	喷射混凝土	优良	
评定意见		单元工程质量等级	
两个工序质量均达合格标准，其中 100%工序质量达优良		优良	
施工单位	×××　　　×年×月×日	建设（监理）单位	×××　　　×年×月×日

表 5－16　锚喷支护锚杆、钢筋网工序质量评定表填表说明

填表时必须遵守《填表基本规定》，并符合以下要求。

（1）单位工程、分部工程名称、单元工程名称、部位填写与表 5－15 相同。

（2）单元工程量：本单元工程锚喷支护的钢筋网面积（m²）和安装锚杆根数及长度（m）。

（3）检查项目栏中项次 1、项次 3～5 质量标准栏，要附设计或规范要求，本例将设计值直接填写在相应栏中。

（4）检查数量：锚杆的锚孔采用抽样检查，总抽样数量为 10%～15%，但不少于 20 根；锚杆总量少于 20 根时，进行全数检查项次 2～5。每批喷锚支护锚杆施工时，必须进行砂浆质量检查。锚杆的抗拔力、张拉力检查：每 300～400 根（或按设计要求）抽样不少于一组（3 根）。

（5）工序质量标准。在主要检查项目符合质量标准的前提下，一般检查项目基本符合标准，检测总点数中有 70%及其以上符合标准，即评为合格。若一般检查项目符合质量标准，并且检测总点数中有 90%及其以上符合质量标准的，即评为优良。

表 5－16　　　　　　　　　　锚喷支护锚杆、钢筋网工序质量评定表

单位工程名称	引水隧洞	单元工程量	594m²，锚杆 264 根，总长 500m
分部工程名称	隧洞开挖与衬砌	施工单位	×××水利水电第二工程局
单元工程名称、部位	0＋100～0＋140 锚喷支护	检验日期	×年×月×日
项次	检查项目	质量标准	检验记录
1	△锚杆材质和砂浆标号	符合设计要求（φ20 锚杆，100 号砂浆）	锚杆用φ20，材质试验指标符合要求水泥 525 号硅酸盐水泥，砂浆标号符合设计（见试验资料）
2	△锚孔清理	无岩粉、积水	锚孔清洗干净，无岩粉、积水
3	△砂浆锚杆抗拔力	符合设计和规范要求（18t）	锚杆抽检 3 根，抗拔力为 24.5t，29t，33.5t

续表

项次	检查项目	质量标准	检验记录
4	△预应力锚杆张拉力	符合设计和规范要求	/
5	钢筋材质、规格、尺寸	符合设计要求纵φ8，环φ10，纵、横间距250cm	钢筋网材质、规格、尺寸均符合设计要求（见检验资料）

项次	检测项目	设计值	质量标准允许偏差/cm	实测值/（单位：项次1、项次3～5为cm）	合格数/点	合格率/%
1	孔位偏差	150cm	小于10	实测30点，实测值145～156	30	100
2	孔轴方向		垂直岩壁或符合设计要求	孔轴方向均垂直岩壁（检查30孔）	30	100
3	孔深偏差	300cm	±5	实测30点，实测值296～302	30	93.3
4	钢筋间距	纵横25cm	±2	实测18点，实测值22.5～26	17	94.4
5	钢筋网与基岩面距离	4cm	±1	实测20点，实测值3～5.5	18	90.0
6	钢筋绑扎		牢固	共检查30个绑扎点，28个点合格，2个点基本合格	28	93.3
检测结果				共检测158点，其中合格153点，合格率96.8%		

评定意见	工序质量等级
主要检查项目全部符合质量标准。一般检查项目符合质量标准。检测项目实测点合格率96.8%	优良

施工单位	××× ×年×月×日	建设（监理）单位	××× ×年×月×日

表5-17 锚喷支护喷射混凝土质量工序评定表填表说明

填表时必须遵守《填表基本规定》，并符合以下要求。

（1）单位工程、分部工程名称、单元工程名称、部位填写与表5-15相同。

（2）单元工程量：本单元工程锚喷支护的面积（m²）和喷射混凝土体积（m³）。

（3）检验日期：填本工序质量的评定日期。本工序质量评定必须在本工序施工完成且试验取得混凝土试块抗压强度后及时进行。

（4）检查数量：喷混凝土沿洞轴线每20～50m（水工隧洞为20m）设置检查断面一个，每个断面的检测点数不少于5个。每100m³喷混凝土的混合料试件数不少于二组（每组3块），做喷混凝土性能试验。检查方法：不过水隧洞可用针探、钻孔等方法。有压水工隧洞宜采用无损检测法。

（5）如何理解项次3喷混凝土厚度不得小于设计厚度的质量标准　SL 377—2007《水利水电工程锚喷支护技术规范》规定，实测喷层厚度达到设计尺寸的合格率应满足下列要求：①大型洞室、水工隧洞和竖井不小于80%；②一般隧洞不小于60%；③实际厚度的平均值应不小于设计尺寸，未合格测点的厚度应不小于设计厚度的1/2，且其绝对值不得小于5cm。《评定标准（一）》是根据水利行业规程规范编制的技术标准，因而本表项次3所列质量标准，是喷层厚度合格率必须达到的标准。

$$喷层厚度合格率 = \frac{所有断面上实测喷层厚度达到设计厚度的测点数}{总测点数} \times 100\%$$

表5-17 对于水工隧洞，喷层厚度合格率达到70％及其以上，评为合格，达到80％及其以上评为优良。对于非过水隧洞，喷层厚度合格率达到60％及其以上评为合格，达到70％及其以上，评为优良。

检查项目项次1"抗压强度保证率"本例未填写，原因是一个单元工程只有几组混凝土试件，不具备计算保证率的条件。本例混凝土抗压强度保证率按分部工程统计，故未填入单元工程。

（6）工序质量标准。主要检查项目符合优良质量标准，其他检查项目符合优良或合格质量标准的，即评为优良。凡主要检查项目全部符合合格及以上质量标准，其他检查项目符合合格质量标准的，即评为合格。

表 5-17　　　　　　　　　　锚喷支护喷射混凝土质量工序评定表

单位工程名称		引水隧洞		单元工程量		594m²，混凝土 59.4m³
分部工程名称		隧洞开挖与衬砌		施工单位		×××水利水电第二工程局
单元工程名称、部位		0+100～0+140 锚喷支护		检验日期		×年×月×日
项次	检查项目		质量标准		检验记录	
			优良	合格		
1	△抗压强度保证率		85％及其以上		/	
2	△喷混凝土性能		符合设计要求设计： $f_c = 20MPa$（抗压） $f_t = 1.5MPa$（抗拉） W8=0.8MPa（抗渗）		f_c：23.5MPa，22.0MPa 各试验二组 f_t：1.5s，1.60MPa W8：1.00MPa，0.95MPa	
3	喷混凝土厚度不得小于设计厚度	水工隧洞	80％及其以上	70％及其以上	设计厚度12cm检查两个断面共12点，厚度为10.5～12.5cm，合格10点，合格率83.3％	
		非过水隧洞	70％及其以上	60％及其以上	/	
4	△喷层均匀性（现场取样）		无夹层、包砂	个别处有夹层、包砂	现场取样 5 个，经检查无夹层，包砂、喷层均匀性良好	
5	喷层表面整体性		无裂缝	个别处有微细裂缝	检查两个断面，未发现有裂缝，表面整体性良好	
6	△喷层密实情况		无渗水、滴水	个别点渗水	表面检查，未发现有渗水、滴水情况，喷层密实	
7	喷层养护		养护、保温好	养护、保温一般	喷层养护，保温良好	
评定意见					工序质量等级	
主要检查项目全部符合优良质量标准。一般检查项目符合优良标准					优良	
施工单位	××× ×年×月×日		建设（监理）单位		××× ×年×月×日	

表5-18混凝土防渗墙单元工程质量评定表填表说明

填表时必须遵守《填表基本规定》，并符合以下要求。

（1）单元工程划分：以每一槽孔为一个单元工程。

（2）单元工程量：本单元工程混凝土体积（m³）。

（3）检查项目栏中项次2、项次4、项次10、项次15的质量标准栏中有设计要求，须填写设计具体要求。本例除项次10因内容多，另附页外，其余各项均填写设计具体要求。项次17需填写检查结果。

（4）单元工程质量标准。在槽孔的主要检查（测）项目符合质量标准的前提下，凡其他检查项目基本符合质量标准，且其他检测项目有70％及其以上符合质量标准，即评为合格；凡其他检查项目全部符合质量标准，且其他检测项目有90％及其以上符合质量标准，即评为优良。

表5-18　　　　　　　　　　　　混凝土防渗墙单元工程质量评定表

单位工程名称			土坝		单元工程量	混凝土80m³
分部工程名称			土坝地基防渗		施工单位	×××水利水电机械施工公司
单元工程名称、部位			第8槽孔		检验日期	×年×月×日
项次	检查项目		质量标准		检验记要	
1	槽孔	槽孔中心偏差	≤3cm		实测4孔，偏差超标0孔，最大±1.5cm	
2		△槽孔孔深偏差	不得小于设计孔深（20m）		实测孔深为20.4～20.8m	
3		△孔斜率	≤0.4%		实测4孔，偏差超标0孔，最大0.18%	
4		槽孔宽	满足设计要求（包括接头搭接厚度）（80cm）		实测4孔，偏差超标0孔，最小宽度82cm	
5	清孔	△接头刷洗	刷子、钻头不带泥屑，孔底淤积不再增加		/	
6						
7		△孔底淤积	≤10cm		实测4孔，偏差超标0孔，最大2.5cm	
8		孔内浆液密度	≤1.3g/cm³		实测4孔，偏差超标1孔，最大1.35g/cm³	
		浆液黏度	≤30s		实测4次，超标0次，最大25s	
9		浆液含砂量	≤10%		实测4次，超标1次，最大5%	
10	混凝土浇筑	钢筋笼安放	符合设计要求（见附页）		钢筋笼刚度，安放位置及保护层均符合设计要求	
11		导管间距与埋深	两导管距离<3.5m；导管距孔端，一期槽孔宜1.0～1.5m；二期槽孔宜0.5～1.0m；埋深小于6m，但大于1.0m		导管距孔端：实测2次，超标0次，最大1.2m 导管间距：实测2次，超标0次，最大间距3m 导管埋深：实测5次，超标0次，最小埋深1.5m	
12		△混凝土上升速度	≥2m/h，或符合设计要求		平均上升速度2.1m/h	
13		混凝土坍落度	18～22cm		实测5次，超标0次，最大21cm，最小19cm	
14		混凝土扩散度	34～40cm		实测5次，超标0次，最大38cm，最小35cm	
15		浇筑最终高度	符合设计要求（顶面50cm）		混凝土浇筑最终高度高于设计顶面50cm	
16		△施工记录、图表	齐全、准确、清晰		齐全、准确、清晰	
17	1. 混凝土设计指标，包括抗压强度、抗渗标号、弹性模量：f_a=14.5MPa，W6，E_h=2.85×10⁴MPa 2. 混凝土原材料、配合比等是否符合设计要求。符合设计要求 3. 若在此单元（槽内）钻孔取芯，混凝土质量应符合设计要求					
评定意见					单元工程质量等级	
主要检测项目全部符合质量标准。一般检查项目符合质量标准，一般检测项目实测总点数中有94.9%符合质量标准					优良	
施工单位	××× ×年×月×日			建设（监理）单位	××× ×年×月×日	

注　未填写检验具体内容的不得评定质量等级。

表 5－19 振冲地基加固单元工程质量评定表填表说明

填表时必须遵守《填表基本规定》，并符合以下要求。

（1）单元工程划分：每一独立建筑物地基或不同要求区的振冲工程为一个单元工程。

（2）单元工程量：钻孔总长度（m），总孔数，抽检孔数。

（3）填表依据：

1）本表要求抽检本单元工程总孔数的 20％以上，并以抽检孔的质量评定单元工程质量。

2）本表依据各抽检孔的施工记录填写，施工单位要认真做好施工记录，监理要认真检查。

（4）检查项目栏中项次 2～6 的质量标准有符合设计要求，本例采取直接填写设计具体要求或另附页方式。

（5）各孔检测结果：每个孔共有 8 个检查项目，每项检查结果用符号表示，用"√"标明符合质量标准，用"0"标明基本符合质量标准，用"×"标明不符合质量标准。

（6）各抽检孔质量评定：各孔质量等级用符号表示，用"√"标明"优良"，用"0"标明"合格"，用"×"标明"不合格"。

质量标准：在主要检查项目符合质量标准的前提下，一般检查项目也全部符合质量标准的抽检孔评为优良孔；一般检查项目基本符合质量标准的孔评为合格孔。

（7）单元工程质量标准。在本单元工程抽测孔全部合格的前提下，若优良孔占 70％及其以上，即评为优良；若优良孔数达不到 70％，即单元工程评为合格。

表 5－19　　　　　　　　　振冲地基加固单元工程质量评定表

单位工程名称			土坝		单元工程量		钻孔总长 300m，孔数 30 个，抽检孔 8 个								
分部工程名称			基础开挖及处理		施工单位		×××水利水电第二工程局								
单元工程名称、部位			基础振冲加固Ⅱ区		检验日期		×年×月×日								
项次	检查项目		质量标准		各抽检振冲孔检测结果										
					1	2	3	4	5	6	7	8	9	10
1	钻孔	孔位允许偏差	成孔中心与设计定位		√	√	0	√	√	√	√	√	√	√
			偏中心差小于 10cm，桩顶中心与定位中心偏差小于 20cm		√	√	√	√	√	√	√	√	√	√
2		△孔深	不得小于设计孔深（设计孔深 10m）		√	√	√	√	√	√	√	√	√	√
3		孔径	符合设计要求（见附页）		√	√	√	√	√	√	√	√	√	√
4		△振密电流	符合设计要求（见附页）		√	√	√	√	√	√	√	√	√	√
5	填料	填料质量（包括数量）	粒径小于 5cm		√	√	√	√	√	√	√	√	√	√
			含泥量小于 10％，填料数量符合设计要求（见附页）		√	√	√	√	√	√	√	√	√	√
6		填料水压	符合设计要求（见附页）		√	√	√	√	√	√	√	√	√	√
7		提升高度	提升孔高小于等于 0.5m		√	√	√	√	√	√	√	√	√	√
8		△振冲记录	齐全、准确、清晰		√	√	√	√	√	√	√	√	√	√

项次	检查项目	质量标准	各抽检振冲孔检测结果									
			1	2	3	4	5	6	7	8	9	10
	各振冲孔质量评定		√	√	0	√	√	√	√	√	√	√
	本单元共有 8 孔，其中优良 7 孔，优良率 87.5%											
振冲桩或复合地基的贯入击数和载荷试验		说明情况和测试成果，采用标贯试验：设计 0～5m，6 击；5～8m，8 击；8～11m，11 击；10～14m，14 击；14～16m，15 击；16～18m，17 击；18～20m，19 击。检测全部符合要求										
	评定意见				单元工程质量等级							
本单元工程各抽检孔质量均达合格标准，其中优良孔占 87.5%					优良							
施工单位	××× ×年×月×日		建设（监理） 单位		××× ×年×月×日							

注 1. 本表适用于 30kW 振动器振冲加固地基。

　　2. 若用 75kW 振动器，项次 4 振密电流值应加大；项次 5 填料粒径标准，可加大，要求小于 10cm。

表 5－20 造孔灌注桩基础单元工程质量评定表填表说明

填表时必须遵守《填表基本规定》，并符合以下要求。

（1）单位工程划分：按柱（墩）基础划分，每一柱（墩）下的灌注桩基础为一个单元工程。

（2）单元工程量：以灌注桩孔总长度计（m）和混凝土总量（m³）表示，且必须为相同直径的桩（不同直径的桩应划分在不同单元）。

（3）填表依据：本表依据各孔施工记录填写，施工单位要认真做好施工记录，监理要认真检查。

（4）检查项目栏中项次 4、8、12 质量标准有符合设计要求，本例采用填写设计具体要求（如孔深 10m）或另附页方式。

（5）各孔检查结果：每个孔均有 13 个检查项目，每项检查结果用符号表示，用"√"标明符合质量标准，用"0"标明基本符合质量标准，用"×"标明不符合质量标准。

（6）各孔质量评定：各孔质量等级用符号表示，用"√"标明"优良"，用"0"标明"合格"，用"×"标明"不合格"。

质量标准：在主要检查项目符合质量标准的前提下，一般检查项目也全部符合质量标准的孔评为优良孔；一般检查项目基本符合质量标准的孔评为合格孔。

（7）单元工程质量标准。在混凝土抗压强度保证率达 80% 及其以上，以及各灌注桩全部达到合格标准前提下，若优良桩达 70% 及其以上时，即评为优良；若优良桩不足 70% 时，即评为合格。

注：灌注桩质量评定意见，还应注意并说明的几个问题。

1）灌注桩造孔应分序，一序孔浇注后再进行二序孔的施工，避免串孔，塌孔等事故。

2）成孔后，应规定在一定时间内浇注混凝土，一般在 4h 之内，尤其是更换泥浆后，不能停滞时间过长。

3）孔内应保持一定高度水头，尤其是有外水压力时更应注意孔内水头压力，一般孔内水头高于地下水位。

4）混凝土浇注时间，每次导管提升高度。

5）黏土与亚黏土层泥浆密度可控制在 $1.1\sim1.2\text{g/cm}^3$，砂土和较厚夹砂层泥浆密度应控制在 $1.1\sim1.3\text{g/cm}^3$；砂夹卵石层泥浆密度应控制在 $1.3\sim1.5\text{g/cm}^3$。

表 5－20　　　　　　　　　　造孔灌注桩基础单元工程质量评定表

单位工程名称			抽水站		单元工程量		桩基长度 180m，混凝土 141m³							
分部工程名称			进水口段排桩		施工单位		×××水利水电第三工程局							
单元工程名称、部位			90 号～881 号		检验日期		×年×月×日							
项次	检查项目		质量标准		各孔检测结果									
					1	2	3	4	5	6	7	8	9	10
1	钻孔	孔位偏差	单桩、条形桩基沿垂直轴线方向和群桩基础边桩的偏差小于 1/6 桩设计直径，其他部位桩的偏差小于 1/4 桩径		√	√	√	√	√	√	√	√	√	√
2		孔径偏差	＋10cm　　　－5cm		√	√	√	√	√	√	√	√	√	√
3		△孔斜率	＜1%		√	√	√	√	√	√	√	√	√	√
4		△孔深	不得小于设计孔深（10m）		√	√	√	√	√	√	√	√	√	√
5	清孔	△孔底淤积厚度	端承桩小于等于 10cm；摩擦桩小于等于 30cm		√	√	√	√	√	√	√	√	√	√
6		孔内浆液密度	循环 1.15～1.25g/cm³，原孔造浆 1.1g/cm³ 左右		√	√	√	√	√	√	√	√	√	√
7	混凝土浇筑	导管埋深	埋深大于 1m，小于等于 6m		√	√	√	√	√	√	√	√	√	√
8		钢筋笼安放	符合设计要求（见附页）		√	√	√	√	√	√	√	0	√	√
9		△混凝土上升速度	≥2m/h 或符合设计要求		√	√	√	√	√	√	√	√	√	√
10		混凝土坍落度	18～22cm		√	√	√	√	√	√	√	√	√	√
11		混凝土扩散度	34～38cm		√	√	√	√	√	√	√	√	√	√
12		浇筑最终高度	符合设计要求（见附页）		√	√	√	√	√	√	√	√	√	√
13		△施工记录、图表	齐全、准确、清晰		√	√	√	√	√	√	√	√	√	√
各孔质量评定					√	√	√	√	√	√	√	0	√	√
本单元工程内共有 10 孔，其中优良 9 孔，优良率 90.0%														
混凝土质量指标和桩的载荷测试		说明情况和测试成果混凝土设计标号 C25，混凝土强度为 27.1～32.6MPa，强度保证率 96.3%，$C=0.126$												
评定意见						单元工程质量等级								
单元工程内，各灌注桩全部达合格标准，其中优良桩有 90.0%，混凝土抗压强度保证率为 96.3%						优良								
施工单位		××× ×年×月×日			建设（监理）单位		××× ×年×月×日							

表 5－21 河道疏浚单元工程质量评定表填表说明

填表时必须遵守《填表基本规定》，并符合以下要求。

（1）单元工程划分：按设计、施工控制质量要求的段划分，每一疏浚河段为一个单元工程。

（2）单元工程量：填写河段长度（m），土石方量（m³）。

（3）检查数量：以检查疏浚的横断面为主，横断面间距宜为 50m，检测点间距宜为 2～5m，必要时可检测河道纵断面，以便复核。

（4）单元工程质量标准。检测点不欠挖，超宽超深值在允许范围内，即为合格点。凡单元工程范围内，检测合格点占总检测点数的 90％及其以上的，即评为合格；检测合格点占总检测点数的 95％及其以上的，即评为优良。

表 5－21　　　　　　　　　　　河道疏浚单元工程质量评定表

单位工程名称			河道疏浚	单元工程量	河段长 100m，土石沙 4800m³		
分部工程名称			第Ⅱ段	施工单位	×××水利水电第二工程局		
单元工程名称、部位			2＋100～2＋200	检验日期	×年×月×日		
检测项目					实测值 （单位与设计单位相同）	合格数 /点	合格率 /％
横断面部位			设计标准	允许误差			
河底			宽度 80m	±50cm	80.3, 79.5, 80, 80.5, 80.7	4	80.0
			高程 5.0m	$\pm^{40}_{20}$ cm	4.85, 4.9, 5.1, 5, 4.9	5	100
内堤距			154m	±80cm	154.5, 154.3, 153.9, 154, 154.2	5	100
左岸部分		河坡	M＝3.5		/		
		河滩	高程 6.3m	±20cm	6.35, 6.4, 6.6, 6.25, 6.3	4	80.0
			宽度 17m	±30cm	17.3, 17.5, 16.8, 17, 17.1	4	80.0
	标准堤	内坡	M＝2.5		/		
		外坡	M＝2		/		
		顶高程	12m	＋5cm	12, 12.01, 12.03, 12.05, 12	5	100
		顶宽度	6m	±10cm	6.05, 6.10, 5.95, 6, 6	5	100
		干密度	1.55t/m³		1.56, 1.57, 1.65, 1.56, 1.56	5	100
	弃土	顶高程	m		/		
		外坡	M＝		/		
		宽度	m		/		
右岸部分		河坡	M＝3.3		/		
		河滩	高程 6.0m	±20cm	6.0, 6.2, 6.0, 5.8, 5.9	5	100
			宽度 22m	±30cm	22.2, 22, 22, 22.4, 22.3	4	80.0
	标准堤	内坡	M＝2.5		/		
		外坡	M＝2		/		
		顶高程	12m	＋5cm	12, 12.01, 12.04, 12.03, 12.0	5	100
		顶宽度	6m	±10cm	6.05, 6.04, 5.95, 6.10, 6.08	5	100
		干密度	1.55t/m³		/		

续表

检测项目			实测值	合格数	合格率
横断面部位	设计标准	允许误差	（单位与设计单位相同）	/点	/%
右岸部分 弃土 顶高程	m		/		
右岸部分 弃土 外坡	$M=$		/		
右岸部分 弃土 宽度	m		/		
检测结果		共检测60点，其中合格56点，合格率93.3%			
评定意见			单元工程质量等级		
实测点合格率为93.3%			合格		
施工单位	××× ×年×月×日	建设（监理）单位	××× ×年×月×日		

表5–22　砂料质量评定表填表说明

填表时必须遵守《填表基本规定》，并符合以下要求。

（1）检验日期：检验月（季）的开始及终止日期。

（2）数量：填写本批检验资料所代表的砂料总量（m³）。

（3）产地：填写砂料出产地。

（4）检查数量：按月或季进行抽样检查分析，一般每生产500m³砂石料，在净料堆放场取组样。总抽样数量：按月检查分析，不少于10组；按季检查分析，不少于20组。要分规格进行质量评定。

（5）检验记录：填写抽检组数、最大值～最小值，合格组数。

（6）质量标准。综合分析抽样检查成果时，应分规格评定质量。凡抽样检查中主要检查项目全部符合标准，任一种规格的其他检查项目有90%及其以上的检查点符合质量标准，即评为优良；有70%及其以上的抽检点符合标准，即评为合格。

表5–22　　　　　　　　　　砂　料　质　量　评　定　表

单位工程名称	混凝土大坝		产地	上沙河砂场
分部工程名称	溢流坝段		生产单位	×××水利水电第三工程局
数量	5000m³		检验日期	×年×月×日至×月×日

项次	检查项目	质量标准	检验记录
1	天然砂中含泥量	小于3%，其中黏土含量小于1%	含泥量（%）：10组，实测值2.0%～3.0%，全部合格；黏土量（%）：10组，实测值0.5%～1.0%，全部合格
2	△天然砂中泥团含量	不允许	抽检10组，未发现有泥团
3	△人工砂中的石粉含量	6%～12%（指颗粒小于0.15mm）	/
4	坚固性	<10%	10组，实测值3%～8%，全部合格
5	△云母含量	<2%	10组，实测值0.2%～1.7%，全部合格
6	密度	>2.5t/m³	10组，实测值2.60～2.67t/m³，全部合格

续表

项次	检查项目	质量标准	检验记录
7	轻物质含量	<1%	**10组,实测值0.1%～0.6%,全部合格**
8	硫化物及硫酸盐含量,按重量折算成SO_3	<1%	**10组,实测值0.1%～0.7%,全部合格**
9	△有机质含量	浅于标准色	**抽检10组,有机质含量均浅于标准色**

评定意见		质量等级
主要检查项目全部符合质量标准,其他检查项目 100%检查点符合质量标准		**优良**

施工单位	××× ×年×月×日	建设(监理) 单位	××× ×年×月×日

表 5 - 23 粗骨料质量评定表填表说明

填表时必须遵守《填表基本规定》,并符合以下要求。

(1) 检验日期:填写检验月(季)的开始及终止日期。

(2) 数量:填写本批检验资料所代表的粗骨料总量(m^3)。

(3) 产地:填写粗骨料出产地名或料场名称。

(4) 检查数量:按月或季进行抽样检查分析,一般每生产$500m^3$砂石料,在净料堆放场取组样。总抽样数量:按月检查分析,不少于10组;按季检查分析,不少于20组。要分规格进行质量评定。

(5) 检查记录:抽查组数、实测最大值～最小值,合格组数。

(6) 质量标准。综合分析抽样检查成果时,应分规格评定质量。凡抽样检查中主要检查项目全部符合标准,任一种规格的其他检查项目有90%及其以上的检查点符合质量标准,即评为优良;有70%及其以上的抽检点符合标准,即评为合格。

表 5 - 23 　　　　　　　　粗 骨 料 质 量 评 定 表

单位工程名称	**混凝土大坝**	产地	**4号石料场**
分部工程名称	**溢流坝段**	生产单位	**×××水利水电第三工程局**
数量	**5000m³**	检验日期	**×年×月×日至×月×日**

项次	检查项目	质量标准	检验记录
1	超径	原孔筛检验小于5% 超逊径筛检验0	**检查10组,原孔筛筛余量为1.2%～3.7%**
2	逊径	原孔筛检验小于10% 超逊径筛检验小于2%	**检查10组,原孔筛检验逊径为3.6%～5.8%**
3	含泥量	D_{20}、D_{40}粒径级小于1% D_{80}、D_{150}(或D_{120})粒径级小于0.5%	**检查10组,含泥量为0.3%～0.5%,符合要求**
4	△泥团	不允许	**检查10组,无泥团**
5	△软弱颗粒含量	<5%	**检查10组,软弱颗粒含量为0.5%～2.7%**
6	硫酸盐及硫化物含量按重量折算成SO_3	0.5%	**检查10组,软弱颗粒含量为0.05%～0.28%**

项次	检查项目	质量标准	检验记录
7	△有机质含量	浅于标准色	检查10组，均浅于标准色
8	密度	$>2.55t/m^3$	检查10组，密度为 2.61～2.73t/m³
9	吸水率	D_{20}、D_{40}<2.5% D_{80}、D_{150}<1.5%	各检查10组：D_{20}、D_{40} 吸水率为 1.6%～2.1%，D_{80}、D_{150} 吸水率为 0.7%～1.3%
10	△针片状颗粒含量	<15%；有试验论证，可以放宽至25%	检查10组，针片状含量为 6%～13%

评定意见		质量等级
主要检查项目全部符合质量标准，其他检查项目合格率100%		优良
施工单位	××× ×年×月×日	建设（监理） 单位	××× ×年×月×日

表 5-24 混凝土拌和质量评定表填表说明

填表时必须遵守《填表基本规定》，并符合以下要求。

（1）分部工程名称：填写使用本批混凝土料的分部工程名称。

（2）分部工程量：填写本批检验资料所代表的混凝土总量（m³）及混凝土设计等级或设计标号。

（3）项目质量等级：按照表 5-25、表 5-26 评定结果填写。

（4）质量标准。在混凝土拌和物、混凝土试块两个项目均达到合格标准的前提下，如试块质量达到优良，即评为优良；如试块质量只达到合格，即评为合格。

表 5-24　　　　　　　　　　混凝土拌和质量评定表

单位工程名称	溢洪道	分部工程量	2800m³，C25
分部工程名称	消能防冲段	施工单位	×××水利水电第三工程局
分部工程部位	0+000～0+200	评定日期	×年×月×日

项次	项目	项目质量等级
1	混凝土拌和物	优良
2	△混凝土试块	优良

评定意见		质量等级
两项质量均达合格标准，其中混凝土试块质量优良		优良
施工单位	××× ×年×月×日	建设（监理） 单位	××× ×年×月×日

表 5-25 混凝土拌和物质量评定表填表说明

填表时必须遵守《填表基本规定》，并符合以下要求。

（1）本表依据施工单位施工过程的检验记录和监理检查后评定。

（2）表头填写与表 5-24 相同。

（3）检验日期：填写本批混凝土检验月（季）的开始日期及终止日期。

（4）项次3、4、5、6要填写设计具体要求，第一项原材料称量偏差填写拌和楼（站）施工配料单规定的各种材料的称量（kg）及实测结果。本例中无外加剂与混合材料，如有亦应填写。

（5）检验记录栏填：检查组数，实测最大值、最小值，合格组数。

（6）质量标准。如果主要检查项目全部符合优良质量标准，一般检查项目符合优良或合格标准。即评为优良。若主要检查项目只符合合格标准，一般检查项目基本符合合格标准，即评为合格。

表5-25　　　　　　　　　　　混凝土拌和物质量评定表

单位工程名称	溢洪道		分部工程量	2800m³，C25
分部工程名称	消能防冲段		施工单位	×××水利水电机械施工公司
分部工程部位	0+100～0+200		检验日期	×年×月×日至×月×日
项次	项目	质量标准		检验记录
		优良	合格	
1	△原材料称量偏差符合要求的频率	≥90%	≥70%	施工配料单各种材料称量为：水180kg，水泥330kg，砂600kg，碎石1210kg。共检查30组，称量为：水179～182kg，合格率98.0%；水泥330～335kg，合格率93.3%；砂600～614kg，合格率91.0%，碎石1200～1236kg，合格率92.4%
2	砂子含水量小于6%的频率	≥90%	≥70%	检查30组，砂子含水量为2.5%～4.0%，合格率100%
3	△拌和时间符合规定的频率	100%	100%	拌和时间规定为90～120s，抽查30组记录，拌和时间为97～108s，合格率100%
4	混凝土坍落度符合要求的频率	≥80%	≥70%	混凝土坍落度设计值为5～7cm，抽查30组记录，坍落度为5～8cm，合格27组，合格率90.0%
5	△混凝土水灰比符合设计要求的频率	≥90%	≥80%	混凝土水灰比设计为0.55，抽查30组，水灰比为0.54～0.56，合格27组，合格率90.0%
6	混凝土出机口温度符合设计要求的频率	≥80%（高1～2℃）	≥70%（高2～3℃）	设计机口混凝土温度为27℃，检查30组，$T=26～30℃$，合格26组，合格率86.7%
	评定意见			质量等级
	共检查6项××组，主要检查项目3项××组，全部符合优良标准，一般检查项目符合优良标准			优良
施工单位	×××　　　×年×月×日		建设（监理）单位	×××　　　×年×月×日

表5-26混凝土试块质量评定表填表说明

填表时必须遵守《填表基本规定》，并符合以下要求。

（1）本表依据施工单位在机口及仓面取样成型的28d龄期混凝土试件试验成果及统计资料，经监理检查后评定。

（2）表头填写与表5-24相同。

（3）分部工程量：填写本批试块所代表的混凝土量、混凝土设计等级（或标号）、试块组数。

（4）检验日期：填本批试块质量检验的开始至终止日期。

（5）检查项目：项次4要标明设计标号。本例将设计抗冻标号F100填写在检验记录栏。

（6）检验记录：项次1、项次4要检查组数、各组试块的实测值。若实测值较多，也可填实测组数、最大值～最小值，合格组数。

（7）质量标准。全部检查项目符合合格标准的前提下，如主要检查项目为优良，即评为优良；若主要检查项目为合格，即评为合格。

表 5－26　　　　　　　　　　　　　　混凝土试块质量评定表

单位工程名称	溢洪道		分部工程量	2800m³，C25，30 组	
分部工程名称	消能防冲段		施工单位	×××水利水电机械施工公司	
分部工程部位	0＋100～0＋200		检验日期	×年×月×日至×月×日	
项次	项目		质量标准		检验记录
			优良	合格	
1	任何一组试块抗压强度最低不得低于设计标号的		90％	85％	**检查 30 组，试块抗压强度为 26.7～39.6MPa**
2	△无筋（或少筋）混凝土强度保证率		85％	80％	/
3	△配筋混凝土强度保证率		95％	90％	**30 组试块统计，P＝97.7％**
4	混凝土抗拉、抗渗、抗冻指标		不低于设计标号	不低于设计标号	**设计抗冻标号 F100，检验 3 组，均达到设计标号**
5.	混凝土强度的离差系数	＜200 号	＜0.18	＜0.22	/
		≥200 号	＜0.14	＜0.18	**30 组试块统计，C_V＝0.107**
评定意见				质量等级	
全部检查项目符合合格标准，其中主要检查项目符合优良标准				**优良**	
施工单位	××× ×年×月×日		建设（监理）单位	××× ×年×月×日	

表 5－27 混凝土预制构件制作质量评定表填表说明

填表时必须遵守《填表基本规定》，并符合以下要求。

（1）本表填写的前提是预制构件的原材料的质量和品种，已经过检验符合设计要求；混凝土配合比符合设计要求，混凝土拌和质量合格。构件无露筋、无裂缝。混凝土强度达到要求。

（2）检查数量：按月或按季进行抽样检查分析，按构件各种类型的件数，各抽查10％，但月检查不少于3件，季检查不少于5件。

（3）检验日期：本批构件制作的开始及完工日期。

（4）质量标准。每一类型构件抽样的模板，钢筋和构件尺寸的检查点数，分别有70%及其以上符合质量标准的，即评为合格，凡模板、钢筋、构件尺寸检查，分别有90%及其以上符合质量标准的，即评为优良。

表 5-27　　　　　　　　　　　　混凝土预制构件制作质量评定表

单位工程名称		混凝土大坝		单元工程量		混凝土 10.80m³	
分部工程名称		溢流坝段		施工单位		×××水利水电第三工程局	
单元工程名称部位		8号坝段交通桥预制梁		检验日期		×年×月×日至×月×日	
项次	检查项目		设计值 /mm	允许偏差 /mm	实测值 /mm	合格数 /点	合格率 /%
1 模板安装	相邻两板面高差			2	1，1，2，1.5，2.5	4	80.0
	局部不平（用2m直尺检查）			3	1，1.5，1，2.5，1	5	100
	板面缝隙			1	0，0.5，0，1.5，0	4	80.0
	预留孔、洞位置			10	/		
	梁、桁架拱度		30	+5　—2	32，28，30，30，31	5	100
2 钢筋焊接与安装	帮条对焊接接头中心的纵向偏移		φ28	0.5d（14mm）	3，5，2，2，4	5	100
	两根钢筋的轴向曲折			4°	4°，4°，4°，4°，5°	4	80.0
	焊缝	高度（φ28）	7	−0.05d（−1.4）	7.5，8，8，8.5，9	5	100
		长度（φ28）	140	−0.5d（−14）	135，132，140，145，160	5	100
		宽度（φ28）	20	−0.1d（−2.8）	19，18，22，24，23	5	100
		咬边深度		−0.05d 且<1	0.1，0.3，0.2，0.5，0.4	5	100
		表面气孔夹渣：在2d长度上气孔夹渣直径<3		不多于2个	0，2，1，0，3	4	80.0
	同一排受力钢筋间距的局部偏差：柱及梁√板及墙		φ28 94	±0.5d ±0.1间距	90，90，96，95，95	5	100
	同一排分布钢筋间距的偏差		125	±0.1间距	125，123，125，120，125	5	100
	双排钢筋的排间距局部偏差		50	±0.1排距	50，50，48，51，50	5	100
	箍筋间距偏差		200	±0.1箍筋距	200，205，200，195，200	5	100
	保护层厚度		30	±1/4净保护层厚	28，30，31，27，30	5	100
	钢筋起重点位移			20	0，5，0，0，10，5	5	100
	钢筋骨架：高度长度		1120 15700	±5 ±10	1120，1120，1125，1120，15705，15705，15704，15710	8	100
3 外形尺寸	埋入建筑物内部的，预制廊道、井筒、小构件等			±10（长、宽）	/		
	埋入建筑物内部的电梯井、垂线井、风道、预制模板			±5（长、宽）	/		
	板、梁柱等装配式构件		1200× 15800	±3（长、宽）	1200，1205，15800，15799，15797，15802	5	83.3

续表

项次	检查项目	设计值/mm	允许偏差/mm	实测值/mm	合格数/点	合格率/%
4 出心线偏差	埋入建筑物内部的预制廊道、井筒、小构件等		±10	/		
	埋入建筑物内部的电梯井、垂线井、风道、预制模板		±5	/		
	板、梁、柱等装配式构件		±3	−1，−1，+2，+1	4	100
5 顶、底部亚整度	埋入建筑物内部的预制廊道、井筒、小构件等		±10	/		
	埋入建筑物内部的电梯井、垂线井、风道、预制模板		±5	/		
	板、梁、柱等装配式构件		±5	+2，+1，0，0，−1		100
	预埋件纵、横中心线位移		±3	/		
	起吊环、钩中心线位移		±10	+5，−5	2	100
检测结果	共检测110点，其中合格105点，合格率95.5%					

评定意见	质量等级
模板合格率90.0%；钢筋焊接与安装合格率97.2%，构件尺寸合格率94.1%	优良

施工单位	×××　×年×月×日	建设（监理）单位	×××　×年×月×日

2. 坝体工程

表5-28 土石坝坝基及岸坡处理单元工程质量评定表填表说明

填表时必须遵守《填表基本规定》并符合以下要求。

（1）单元工程划分：按设计或施工检查验收的区段划分，每一区段为一个单元工程。

（2）单元工程量：填本单元工程土石方开挖量（m³），本例石方开挖250m³。

（3）本表由施工单位按照监理复核的工序质量结果填写（从表头至评定意见）和自评。单元工程质量等级由监理复核评定。

（4）单元工程质量标准。

合格：4个工序的质量评定均达到合格质量标准。

优良：4个工序质量全部合格，其中主要工序质量必须全部达到优良质量标准。

表5-28　　　　　土石坝坝基及岸坡处理单元工程质量评定表

单位工程名称	××右坝段	单元工程量	石方开挖250m³
分部工程名称	坝肩接头	施工单位	×××工程局
单元工程名称、部位	基础1-1	评定日期	×年×月×日

续表

项次	工序名称	工序质量等级
1	△坝基及岸坡清理	优良
2	防渗体岩基及岸坡开挖	合格
3	△坝基及岸坡地质构造处理	优良
4	△坝基及岸坡渗水处理	优良
评定意见		单元工程质量等级
全部工序质量达到合格标准，其中主要工序质量均达到**优良**标准		**优良**
施工单位	××× ×年×月×日	建设（监理） 单位	××× ×年×月×日

表 5‑29 坝基及岸坡清理工序质量评定表填表说明

填表时必须遵守《填表基本规定》，并符合以下要求。

（1）表头单位工程、分部工程、单元工程及施工单位按照表 5‑28 填写。

（2）单元工程量，表 5‑29 是表 5‑28 的工序质量表，其单元工程应填写单元工程量与工序工程量。本例中单元工程量石方开挖 250m³，工序工程量清理面积 120m²。

（3）保证项目栏中项次 3 质量标准为符合设计要求，本例因设计具体要求较多，采取另附页说明，故填见附页。

（4）允许偏差项目，本表允许偏差分人工施工与机械施工两类，填表时应用"√"标明，如本例采用机械施工，用笔在机械施工栏用"√"标明。

（5）检验方法及检测数量。

1）保证项目，现场全面检查并作施工记录。

2）允许偏差项目，长、宽检验：用经纬仪与拉尺检查，所有边线均需量测。每边线测量不少于 5 点。

清理边坡顺坝轴线每 10 延米用坡度尺量测一个点；高边坡需测定断面，垂直坝轴线每 20 延米测一个断面。

（6）工序质量标准。

合格：保证项目符合相应的质量检验评定标准；允许偏差项目每项应有大于等于 70% 的测点在允许偏差质量标准的范围内。

优良：保证项目符合相应的质量检验评定标准；允许偏差项目每项必须有大于等于 90% 的测点在允许偏差质量标准的范围内。

表 5‑29		坝基及岸坡清理工序质量评定表	
单位工程名称	××右坝段	单元工程量	石方开挖 250m³，清理 120m²
分部工程名称	右坝肩接头	施工单位	×××工程局
单元工程名称、部位	基础 1‑1	检验日期	×年×月×日

项次	保证项目	质量标准	检验记录
1	坝基及岸坡清理	树木、草皮、树根、乱石、坟墓以及各种建筑物全部清除。水井、泉眼、地道、洞穴等按设计要求处理	树木、树根、草皮以及乱石按要求已全部清除干净
2	坝基及岸坡的清理及处理	粉土、细砂、淤泥、腐殖土、泥炭全部清除；对风化岩石、坡积物、残积物、滑坡体等已按设计要求处理	用风镐将强风化岩石按设计要求清除到微风化层
3	地质探孔、竖井、平洞、试坑的处理	符合设计要求（见附页）	按图检查了地质探孔，探孔已处理，质量符合设计要求，并经验收合格（详见地质探孔处理检查记录）

项次	允许偏差项目	设计值/m	允许偏差/cm		实测值	合格数/点	合格率/%
			人工施工	机械施工	（项次1 单位：m）		
1	长、宽	长20、宽15	0～+50	0～+100	长：20.3，20.3，20.5，20.5，20.4，20.2，20.3，20.4，20.1，20.1，20.2，20.2，20.3，20.5，20.4，20.4 宽：15.5，15.6，15.6，15.7，15.8，16.0，16.0，15.3，15.8，15.6，15.6，15.0，15.5，15.8，15.9，16.0	32	100
2	清理边坡	1：2	不陡于设计边坡		1：2.1，1：2.3，1：2.2，1：2.5，1：2.3，1：2，1：2，1：2.1，1：2.3，1：2.4，1：2.2，1：2.3，1：2.1，1：2，1：2.1，1：2.2	16	100

评定意见		单元工程质量等级
保证项目质量全部符合质量标准，允许偏差项目每项合格率100%		优良

施工单位	××× ×年×月×日	建设（监理）单位	××× ×年×月×日

表5-30 防渗体岩基及岸坡开挖工序质量评定表填表说明

填表时必须遵守《填表基本规定》，并符合以下要求。

（1）表头单位工程、分部工程、单元工程及施工单位按照表5-28填写。

（2）单元工程量，本工序工程量与单元工程量相同，故只填石方开挖250m³。

（3）保证项目栏中项次1和项次3质量标准中，有"符合设计要求"的规定，本例为按设计要求执行，即项次1直接将设计要求填写在栏内，项次3因内容较多，需附页说明，在栏中注明（见附页）。

（4）检验方法及数量。

1）保证项目及基本项目，采用现场检查并作施工记录。

2）允许偏差项目：总检测点数量，采用横断面控制，防渗体坝基部位间距不大于20m，岸坡部位间距不大于10m，各横断面点数不少于6点，局部突出或凹陷部位（面积在0.5m²以上者）应增设检测点。

（5）工序质量标准。

合格：保证项目符合相应的质量检验评定标准；基本项目符合相应的合格质量标准；允许偏差项目每项应有大于等于70%的测点在相应的允许偏差质量标准范围内。

优良：保证项目符合相应的质量检验评定标准；基本项目除符合相应的合格质量标准；其中必须有大于等于 50% 项目符合优良质量标准；允许偏差项目每项必须有大于等于 90% 的测点在相应的允许偏差质量标准的范围内。

表 5 - 30　　　　　　　　　防渗体岩基及岸坡开挖工序质量评定表

单位工程名称	××右坝段		单元工程量		石方开挖 250m³		
分部工程名称	右坝肩接头		施工单位		×××工程局		
单元工程名称、部位	基础 1 - 1		检验日期		×年×月×日		
项次	保证项目	质量标准			检验记录		
1	岩基及岸坡开挖	符合设计要求（预裂爆破法）			采用预裂爆破法，自上而下分层开挖，保护层厚度控制在 1.5~2m 以内，用经纬仪控制较高尺寸及高程		
2	基础面处理	无松动岩块，悬挂体、陡坎、尖角等，且无爆破影响裂缝			松动岩块、陡坎、尖角均已撬挖处理，局部有爆孔		
3	保护层开挖	严格按设计或规范要求控制炮孔深度和装药量；底部保护层厚度大于 1.5m（见附页）			采取密孔、浅孔，少药量火花爆破，保护层厚度控制在 2.0m 以内，且严格按设计或规范要求控制		
项次	基本项目	质量标准		检验记录	质量等级		
		合格	优良		合格	优良	
1	坝基开挖岩面	开挖面平顺，局部出现反坡及不平顺岩面，已用混凝土填平补齐	开挖面平整，无反坡及陡于设计要求的坡度	开挖面基本平顺，局部出现不平顺光面，不平顺处用混凝土填平补齐	√		
2	基坑开挖边坡	边坡稳定，无反坡，无松动岩石	边坡稳定，无反坡，无松动岩石，且坡面平整	边坡稳定，无反坡，无松动岩石，坡面大致平整	√		
项次	允许偏差项目	设计值/m	允许偏差/cm	实测值/cm	合格数/点	合格率/%	
1	标高	50.00	−10~+30	5006.1，5006.1，5006.3，5006.2，5006.1，5005.9，4985.0，4972.5，5005.9，5006.0，5006.1，5006.1	13	100	
2	坡面局部超欠挖，坡面斜长 15m 以内	14.00	−20~+30	1385，1386，1389，1400，1410，1415，1420，1430，1382，1380，1388，1389，1420，1432，1433，1430	14	87.5	
	坡面斜长 15m 以上		−30~+50	/			
3	长、宽边线范围	长 5，宽 10	0~+50	长：550，545，530，545，550，560，550，545，535，540，535，545， 宽：1005，1010，1015，1020，1030，1045，1050，1055，1045，1050，1048	21	91.3	
评定意见					工序质量等级		
保证项目全部符合质量标准，基本项目质量合格，允许偏差项目各项合格率为 87.5%~100%					合格		
施工单位	××× ×年×月×日		建设（监理）单位		××× ×年×月×日		

注　"+"为超挖，"−"为欠挖。

表 5－31 坝基及岸坡地质构造处理工序质量评定表填表说明

填表时必须遵守《填表基本规定》，并符合以下要求。

（1）表头单位工程、分部工程、单元工程及施工单位按照表 5－28 填写。

（2）单元工程量，本表是工序表，首先填单元工程量，石方开挖 250m³，再填工序量，地质构造处理中混凝土回填 43m³。

（3）保证项目栏的质量标准中，"按设计要求处理"，由于内容多，故注明"设计要求见附页"。

（4）检验方法及数量。现场检查及查看施工记录。

（5）工序质量标准。

合格：保证项目符合相应的质量评定标准；基本项目符合相应的合格质量标准。

优良：保证项目符合相应的质量评定标准；基本项目符合相应的合格质量标准，其中必须有一项目符合优良质量标准。

表 5－31　　　　　　　　坝基及岸坡地质构造处理工序质量评定表

单位工程名称		××右坝段		单元工程量	石方开挖 250m³，混凝土 43m³	
分部工程名称		右坝肩接头		施工单位	×××工程局	
单元工程名称、部位		基础 1－1		检验日期	×年×月×日	
项次	保证项目	质量标准		检验记录		
1	坝基、岸坡地质构造处理	岩石节理、裂隙、断层或构造破碎带已按设计要求处理（设计要求见附页）		坝基岩石新鲜，较完整，块状结构。表层层面裂隙较发育，局部层面张开 1～3mm，充填有少量岩屑及泥；按设计要求层面内岩屑及泥用水冲洗干净，清除松动岩块，清除后，沿层面补打锚杆，使底板完整性增大，详见处理检查记录		
2	地质构造处理的灌浆工程	符合设计要求和 SL 62—94《水工建筑物水泥灌浆施工技术规范》规定		符合设计要求和 SL 62—94《水工建筑物水泥灌浆施工技术规范》规定，详见灌浆记录		
项次	基本项目	质量标准		检验记录	质量等级	
		合格	优良		合格	优良
1	岩石裂隙与节理处理	处理方法符合设计，节理、裂隙内的充填物冲洗干净，回填水泥浆、水泥砂浆、混凝土饱满密实	达到合格标准，且无干缩裂缝，裂隙周边无松动岩体，外观平整、周边整洁	节理，裂隙处理按设计要求，对裂隙经常进行撬挖处理，节理裂隙内充填物用高压水枪冲洗干净，用高强号水泥砂浆填实饱满，裂缝周边无松动岩体，周边整洁		√
2	断层或破碎带的处理	开挖宽度、深度符合设计，边坡稳定，回填混凝土密实，无深层裂缝，蜂窝麻面面积不大于 0.5%，蜂窝进行处理	开挖宽度、深度符合设计，边坡稳定，回填混凝土密实，无裂缝，无蜂窝麻面，无反坡、无浮石、基面清理干净，表面平整	基础有一小断面，开挖宽度 0.8m，深度 2.5m，且符合设计要求，边坡稳定，回填密实，蜂窝麻面小于 0.5%，混凝土未见裂缝	√	
评定意见					工序质量等级	
保证项目全部符合质量标准，基本项目全部合格，其中优良率 50%					优良	
施工单位	××× ×年×月×日			建设（监理）单位	××× ×年×月×日	

表 5-32 坝基及岸坡渗水处理工序质量评定表填表说明

填表时必须遵守《填表基本规定》，并符合以下要求。

（1）表头单位工程、分部工程、单元工程及施工单位按照表 5-28 填写。

（2）单元工程量，先填本单元工程量，然后填本工序渗水处理量（处）。

（3）检验方法：以观察检查、查看施工记录为主。

（4）工序质量标准。

合格：保证项目符合相应的质量评定标准；基本项目须符合相应的合格质量标准。

优良：保证项目符合相应的质量评定标准；基本项目须符合相应的优良质量标准。

表 5-32			坝基及岸坡渗水处理工序质量评定表		
单位工程名称	××右坝段		单元工程量	石方开挖 250m³，渗水处理 2 处	
分部工程名称	右坝肩接头		施工单位	×××工程局	
单元工程名称、部位	基础 1-1		检验日期	×年×月×日	
项次	保证项目	质量标准		检验记录	
1	渗水处理	渗水已妥善排堵，基坑中无积水		基坑内积水已用水泵抽干，渗水已引排，基坑中无积水，并保持干燥	
项次	基本项目	质量标准		检验记录	质量等级
		合格	优良		合格　优良
1	经过处理的坝基与岸坡渗水	在回填土或浇筑混凝土范围内水源基本切断，无积水、无明流	在回填土或浇筑混凝土范围内水源切断，无积水、无明流、岩石整洁	浇筑混凝土前检查基坑，无积水，周边水源切断，已无明流，基面岩石整洁、干净	√
评定意见					工序质量等级
保证项目符合质量标准。基本项目质量符合**优良**标准					**优良**
施工单位	××× ×年×月×日		建设（监理）单位	××× ×年×月×日	

表 5-33 土质防渗体填筑单元工程质量评定表填表说明

填表时必须遵守《填表基本规定》并符合以下要求。

（1）单元工程划分：按设计或施工检查验收的区、段、层划分，常以每一区、段的每一层为一个单元工程。

（2）单元工程量：填本单元工程土方填筑量（m³）。

（3）本表由施工单位按照监理复核的工序质量结果填写（从表头至评定意见）。单元工程质量等级由监理复核评定。

（4）单元工程质量标准。

合格：各工序的质量评定均应符合相应的合格质量标准。

优良：项次 4 工序质量评定均应符合相应的合格质量标准，其中结合面处理与压实两项质量必须优良。

表 5-33　　　　　　　　　　土质防渗体填筑单元工程质量评定表

单位工程名称	××水库大坝	单元工程量	土方填筑 338m³
分部工程名称	防渗心墙	施工单位	×××工程局
单元工程名称、部位	心-1	评定日期	×年×月×日

项次	工序名称	工序质量等级
1	△结合面处理	优良
2	卸料及铺填	合格
3	△压实	合格
4	接缝处理	优良

评定意见		单元工程质量等级
全部工序质量符合合格标准。主要工序中结合面处理工序质量达优良标准，压实工序质量达到合格标准		合格
施工单位	×××　　　　　×年×月×日	建设（监理）单位	×××　　　　　×年×月×日

表 5-34 土石坝土质防渗体结合面处理工序质量评定表填表说明

填表时必须遵守《填表基本规定》，并符合以下要求。

（1）表头单位工程、分部工程、单元工程及施工单位按照表 5-33 填写。

（2）单元工程量，先填写单元工程量（m³），再填本单元结合层面处理面积（m²）。

（3）检验方法：保证项目、基本项目以观察检查和检查施工记录为主。

（4）保证项目栏中项次 2 质量标准为按"设计要求处理"，由于设计要求内容多，故注明（见附页）。

（5）工序质量标准。

合格：保证项目符合相应的质量评定标准；基本项目符合相应的合格质量标准。

优良：保证项目符合相应的质量评定标准；基本项目符合相应的质量评定合格标准，其中必须有一项目符合优良质量标准。

表 5-34　　　　　　　　　　土石坝土质防渗体结合面处理工序质量评定表

单位工程名称	××水库大坝		单元工程量	土方填筑 338m³，结合面处理 254m²
分部工程名称	防渗心墙		施工单位	×××工程局
单元工程名称、部位	心-1		检验日期	×年×月×日
项次	保证项目	质量标准		检验记录
1	防渗体填筑前	基础处理已验收合格		查阅基础处理施工记录，记录翔实，处理符合设计要求，已验收合格
2	防渗铺盖、均质坝地基	按规定、设计要求处理（见附页）		符合设计要求（见附页）
3	上下层铺土间结合层面	禁止撒入砂砾、杂物以及车辆在层面上重复辗压		在上下层铺土间的结合层面无砂砾、杂物以及车辆在层面上重新碾压现象

项次	基本项目	质量标准		检验记录	质量等级	
		合格	优良		合格	优良
1	与土质防渗体接合的岩面以及混凝土面处理	岩石、混凝土表面的浮渣、污物、泥土、乳皮、粉尘、油毡等清除干净；渗水排干。接触岩面，混凝土面上保持湿润，涂刷泥浆或黏土水泥砂浆，回填及时，无风干现象	岩石、混凝土表面清理干净，回填面湿润，无局部积水。浆液均匀，稠度一致，涂刷均匀，无空白，回填及时，无风干现象	岩石、混凝土表面的浮渣、污物、泥土、乳皮、粉尘等已清除干净；渗水已排干。接触岩面，混凝土面上保持湿润，并均匀涂刷水泥砂浆，无空白，回填及时，回填面无风干现象	√	
2	上下层铺土之间的结合层面处理	表面松土、砂砾及其他杂物清除干净，保持湿润，根据需要刨毛，且深度、密度符合要求	表面松土、砂砾及其他杂物彻底清除，湿润均匀，无积水、无空白，刨毛深度、密度符合设计，无团块，无空白	表面松土、砂砾及其他杂物已彻底清除，使层面保持湿润均匀，无积水、无空白，刨毛深度、密度符合设计，无团块		√
评定意见					工序质量等级	
保证项目符合质量标准，基本项目全部合格，其中上下层铺土之间的结合层面处理**优良**					**优良**	
施工单位	×××　　　×年×月×日			建设（监理）单位	×××　　　×年×月×日	

表 5-35　土石坝土质防渗体卸料及铺填工序质量评定表填表说明

填表时必须遵守《填表基本规定》，并符合以下要求。

（1）表头单位工程、分部工程、单元工程及施工单位按照表 5-33 填写。

（2）单元工程量，本工序工程量与单元工程量相同。

（3）保证项目栏中项次 1 的质量标准有"符合设计和《施工规范》要求"。

（4）检测数量：铺土厚度（平整后，压实前）采用网格控制，每 $100m^2$ 一个测点。铺筑边线用信仪器测量及拉线，每 10 延米一个测点。

（5）允许偏差项目栏中允许偏差项次 2 分为人工施工、机械施工两类。本例是机械施工，在其栏下用"√"标明。实测栏因测量数据较多，故填写总测点数、实测值范围（最小值～最大值）、合格点数。详细测量数据附后。

（6）工序质量标准。

合格：保证项目符合相应的质量评定标准；基本项目符合相应的合格质量标准；允许偏差项目每项应有大于等于 70% 测点在允许偏差质量标准范围内。

优良：保证项目符合相应的质量评定标准；基本项目符合优良质量标准，允许偏差项目每项须有大于等于 90% 的测点在相应的允许偏差质量标准范围内。

表 5-35　　　　　　　　土石坝土质防渗体卸料及铺填工序质量评定表

单位工程名称	××水库大坝	单元工程量	土方填筑 338m³
分部工程名称	防渗心墙	施工单位	×××工程局
单元工程名称、部位	心-1	检验日期	×年×月×日

项次	保证项目	质量标准	检验记录		
1	上坝土料	黏粒含量、含水量、土块直径、砾质黏土的粗粒含量、粗粒最大粒径，符合设计和《施工规范》；严禁冻土上坝	黏粒含量20%～30%，最优含水率，最大粒径5cm，连续级配，符合设计要求		
2	卸料	按设计和规范要求卸料，及时平料，均衡上升，施工面平整、层次清楚；上下层分段位置错开；铺料表面保持湿润	卸料后及时平料，使层面均衡上升，施工面大致平整，层次基本清楚；上下层分段位置均错开，铺料表面保持湿润		
3	均质坝铺土	上下游坝坡留足余量，防渗铺盖在坝体内部分与心墙或斜墙同时铺筑，防渗体在坝内无纵缝	上下游坝坡；留足余量0.8～1.0m，防渗铺盖在坝体以内部分与心墙同时铺筑，防渗体坝内未出现纵缝		

项次	基本项目	质量标准		检验记录	质量等级	
		合格	优良		合格	优良
1	土料铺料	摊铺后的土料，厚度均匀，表面基本平整，无土块（或粗粒）集中	摊铺后的土料，厚度均匀，表面平整，无粗粒集中，边线整齐	土料摊铺后，厚度基本均匀，表面基本平整，无粗粒集中，边线基本整齐	√	

项次	允许偏差项目	允许偏差/cm	实测值	合格数/点	合格率/%
1	铺土厚度（平整后，压实前）	−5，0	设计铺土厚度30cm。共测22点，实测值26～32cm，合格19点	19	86.4
2	铺填边线	人工施工−5～+10 机械施工−5～+30	共测44点，实测值−4～40cm，合格37点	37	84.1

评定意见		工序质量等级
保证项目符合质量标准，基本项目质量合格；允许偏差项目合格率为86.4%和84.1%		合格

施工单位	×××　×年×月×日	建设（监理）单位	×××　×年×月×日

表5-36　土石坝土质防渗体压实工序质量评定表填表说明

填表时必须遵守《填表基本规定》，并符合以下要求。

（1）表头单位工程、分部工程、单元工程及施工单位按照表5-33填写。

（2）单元工程量，本工序工程量与单元工程量相同。

（3）基本项目栏中项次1"防渗体碾压后的干密度（干容重）"须填写设计值，本例为1.65g/cm³。

（4）工序质量标准。

合格：保证项目符合相应的质量评定标准；基本项目符合相应的合格质量标准。

优良：保证项目符合相应的质量评定标准；基本项目中的项次1必须符合优良质量标准；另一项符合优良或合格质量标准。

表 5－36　　　　　　　　　土石坝土质防渗体压实工序质量评定表

单位工程名称	××水库大坝		单元工程量	土方填筑 338m³	
分部工程名称	防渗心墙		施工单位	×××工程局	
单元工程名称、部位	心-1		检验日期	×年×月×日	
项次	保证项目	质量标准		检验记录	
1	土质防渗体开工前进行碾压试验	土料的含水量高于或低于施工含水量的上、下限值时，进行含水量调整的工艺试验，施工碾压必须严格控制压实参数和操作规程		开工前进行了碾压试验，严格按操作规程施工：凸块振动碾碾压6遍，含水率最优。控制压实干密度 1.65～1.69g/cm³	
2	基槽填土	从低洼处开始，保持填土面始终高出地下水水面；靠近岸坡、结构物边角处的填土用小型或轻型机具压实，当填土具有足够的长、宽、厚度时，可使用大型压实机具		基槽填土从最低洼处填起，始终保持填土面高于地下水水面，岸坡附近和结构物边角处填土后，采用小型压实机具，一般用大型压实机具	

项次	基本项目	质量标准		检验记录	质量等级	
		合格	优良		合格	优良
1	防渗体碾压后的干密度（干容重）	合格率大于等于90%，不合格样不得集中，最小值不低于设计干密度的0.98倍	合格率大于等于95%，不合格样不得集中，最小值不低于设计干密度的0.98倍	设计干密度 1.65g/cm³。实测 20 次，实测值 1.62～1.66g/cm³，合格 18 次，合格率 90.0%，最小值与设计值之比为 0.98	√	
2	土料碾压	无漏压、表面平整，个别弹簧起皮、脱空和剪力破坏部分已妥善处理	无漏压、表面平整，无弹簧、起皮、脱空和剪力破坏现象	无漏压，表面基本平整，局部出现弹簧土，已进行处理	√	
评定意见					工序质量等级	
保证项目符合质量标准，基本项目质量合格；其中项次1符合合格标准					合格	
施工单位	×××　　×年×月×日		建设（监理）单位	×××　　×年×月×日	

表 5－37 土石坝土质防渗体接缝处理工序质量评定表填表说明

填表时必须遵守《填表基本规定》，并符合以下要求。

（1）表头单位工程、分部工程、单元工程及施工单位按照表 5－33 填写。

（2）单元工程量：先填单元工程量，再填本工序接缝处理工程量（m²）。

（3）基本项目坡面结合栏的"检验记录"须填写规定的填土含水率及干密度设计值，并用"（ ）"标明。

（4）填土含水率及干密度检测数量：每 10 延米取试样一个；如一层达不到 20 个试样，可多层累计统计合格率；但每层不得少于 3 个试样。

（5）工序质量标准。

合格：保证项目符合相应的质量评定标准；基本项目符合相应的合格质量标准。

优良：保证项目符合相应的质量评定标准；基本项目符合优良质量标准。

表 5 - 37　　　　　　　　　**土石坝土质防渗体接缝处理工序质量评定表**

单位工程名称	××水库大坝		单元工程量	**土方填筑 338m³**	
分部工程名称	**防渗心墙**		施工单位	**×××工程局**	
单元工程名称、部位	**心-1**		检验日期	**×年×月×日**	
项次	保证项目	质量标准		检验记录	
1	接缝处理	斜墙和窄心墙内不得留有纵向接缝，所有接缝接合坡面不陡于 1 : 3，高差不超过 15m，与岸坡接合坡度应符合设计要求。均质土坝纵向接缝应采用不同高度的斜坡和平台相间形式，坡度与平台宽度满足稳定要求，平台间高差不大于 15m		黏土心墙内无纵向接缝，所有接缝接合坡面均不陡于 1 : 3，高差均小于 15m，与岸坡接合坡度均符合设计要求	
2	防渗体内纵横接缝的坡面处理	从低洼处开始，保持填土面始终高出地下水水面；靠近岸坡、结构物边角处的填土用小型或轻型机具压实，当填土具有足够的长、宽、厚度时，可使用大型压实机具		防渗体内横向接缝进行削坡、湿润，并刨毛，保证接合部位的质量	
项次	基本项目	质量标准		检验记录	质量等级	
		合格	优良		合格	优良
1	坡面接合	填土含水量在允许范围内，铺土均匀，表面平整，无团块集中，无风干，碾压层平整密实，无明显拉裂和起皮现象，压实合格率大于等于 90%	填土含水量在允许范围内的上限，铺土均匀，表面平整，无团块，无风干，碾压层平整密实，无拉裂和起皮现象，压实合格率大于等于 95%	填土含水量允许偏差：18.0%～19.4%，设计干密度 1.65g/cm³。填土含水量测 10 组，实测值 18.6%～19.3%，铺土均匀，表面平整，无团块、没有风干现象，碾压层平整密实，无拉裂、起皮现象。干密度测试：共取样 20 组，实测值 1.65～1.62g/cm³，全部合格，合格率 100%		√
评定意见				工序质量等级		
保证项目符合质量评定标准，基本项目符合**优良**质量标准				**优良**		
施工单位	××× ×年×月×日		建设（监理）单位	××× ×年×月×日	

表 5 - 38 土石坝混凝土面板单元工程质量评定表填表说明

填表时必须遵守《填表基本规定》并符合以下要求。

（1）单元工程划分：混凝土面板包括面板及趾板两类，以每块面板或每块趾板为一个单元工程。

（2）单元工程量：填本单元工程土方填筑量（m³）。

（3）本表由施工单位按照建设监理复核的工序质量结果填写（从表头至评定意见）。单元工程质量等级由建设、监理复核评定。

（4）单元工程质量标准。

合格：各工序的质量评定均应符合相应的合格质量标准。

优良：面板混凝土浇筑、止水及伸缩缝处理二工序质量评定必须达到优良质量标准，其他工序亦须达到合格（或优良）质量标准。

表 5－38 土石坝混凝土面板单元工程质量评定表

单位工程名称	××右坝段	单元工程量	混凝土 155m³
分部工程名称	混凝土防渗面板	施工单位	×××工程局
单元工程名称、部位	坝面板 1	评定日期	×年×月×日

项次	工序名称	工序质量等级
1	基面清理	优良
2	模板	合格
3	钢筋	优良
4	△止水及伸缩缝	合格
5	△混凝土浇筑	合格

评定意见		单元工程质量等级
各工序质量检验评定均达到合格标准，其中面板混凝土浇筑、止水及伸缩缝两个主要工序未达到优良标准		合格
施工单位	××× ×年×月×日	建设（监理） 单位	××× ×年×月×日

表 5－39 土石坝混凝土面板基面清理工序质量评定表填表说明

填表时必须遵守《填表基本规定》，并符合以下要求。

（1）表头单位工程、分部工程、单元工程及施工单位按照表 5－38 填写。

（2）单元工程量：先填本单元工程量（m³），再填基面清理面积（m²）。

（3）保证项目项次 1 中包括趾板基础与垫层防护两类，实际单元工程中属于哪类，就在相应位置用"√"标明。本例是垫层防护层，故填表时在垫层防护层用"√"标明。

（4）工序质量标准。

合格：保证项目符合相应的质量评定标准；基本项目符合相应的合格质量标准。

优良：保证项目符合相应的质量评定标准；基本项目趾板基础清理质量合格（或优良）垫层防护层清理质量必须优良。

表 5－39 土石坝混凝土面板基面清理工序质量评定表

单位工程名称	××右坝段	单元工程量	混凝土 155m³，基面清理 28m²
分部工程名称	混凝土防渗面板	施工单位	×××工程局
单元工程名称、部位	坝面板 1	检验日期	×年×月×日

项次	保证项目	质量标准	检验记录	
1	趾板基础、√垫层防护层	验收合格后，可进行基面清理	对照图纸，查阅施工记录，已按设计要求认真施工、验收合格后，才进行基面清理	

项次	基本项目	质量标准		检验记录	质量等级	
		合格	优良		合格	优良
1	趾板基础清理	仓面无松动岩石、无浮渣、无杂物、无积水、岩面洁净	仓面无松动岩石、无浮渣、无杂物、无积水、岩体无爆破裂缝，岩面平整无陡坎、清洗干净	/		

续表

项次	基本项目	质量标准		检验记录	质量等级	
		合格	优良		合格	优良
2	垫层防护层清理	检验合格，表面较平整，浮渣、杂物清除干净，表面湿润	检验合格，表面较平整、稳定、浮渣、杂物清除干净，表面湿润、均匀	表面杂物、浮渣清除干净，保护表面湿润均匀，且表面平整、稳定，检验合格		√
	评定意见				工序质量等级	
	保证项目符合质量评定标准，基本项目符合**优良**质量标准，垫层防护层清理达到**优良**标准				**优良**	
施工单位	×××　×年×月×日			建设（监理）单位	×××　×年×月×日	

表 5－40 土石坝混凝土面板滑模制作及安装、滑模轨道安装工序质量评定表填表说明

填表时必须遵守《填表基本规定》，并符合以下要求。

(1) 表头单位工程、分部工程、单元工程及施工单位按照表 5－38 填写。

(2) 单元工程量：先填本单元工程量（m³），再填模板安装量（m²）。

(3) 工序质量标准。

合格：保证项目符合相应的质量评定标准；基本项目符合相应的合格质量标准；允许偏差项目每项应有大于等于 70％的测点在相应的允许偏差质量标准范围内。

优良：保证项目符合相应的质量评定标准；基本项目符合优良质量标准；允许偏差项目每项须有大于等于 90％的测点在相应的允许偏差质量标准范围内。

表 5－40　　　　土石坝混凝土面板滑模制作及安装、滑模轨道安装工序质量评定表

单位工程名称	××右坝段			单元工程量	混凝土 155m³，模板 12.0m²		
分部工程名称	**混凝土防渗面板**			施工单位	×××工程局		
单元工程名称、部位	**坝面板 1**			检验日期	×年×月×日		
项次	保证项目	质量标准			检验记录		
1	滑模结构及牵引系统，模板及支架	牢固可靠，有安全装置，有足够和稳定性、刚度和强度			施工前现场检查滑模安装牢固，有安全装置，稳定性、刚度及强度均满足需要		
项次	基本项目	质量标准		检验记录		质量等级	
		合格	优良			合格	优良
1	滑模的质量	表面清理比较干净，无附着物	表面清理干净，无任何附着物，表面光滑	**滑模表面清理干净，无附着物，光滑（新模）**			√
项次	允许偏差项目	设计值/m	允许偏差/mm	实测值/mm		合格数/点	合格率/％
1	外形尺寸	**高 1.5　宽 8.0**	±10	高：1500, 1498, 1500, 1502, 1507, 1500　宽：8000, 8005		**8**	100
2	对角线长度	**8.139**	±6	8140, 8140		**2**	100
3	扭曲		4	**3, 2, 5, 4, 1, 3, 2, 1, 1, 2**		**9**	90.0

续表

项次	允许偏差项目	设计值/m	允许偏差/mm	实测值/mm	合格数/点	合格率/%
4	表面局部不平度		3/m	2，2，1，3，2，4，2，1，1	9	90.0
5	滚轮或滑道间距	7.50	±10	7500，7504，7502，7501	4	100
6	轨道安装高程		±5	共测20点，实测值偏差−3～＋7	16	80.0
7	轨道安装中心线		±10	共测20点，实测值偏差−5～＋12	15	75.0
8	接头处轨面错位		2	1，0，3，1，2	4	80.0

评定意见		工序质量等级
保证项目符合质量标准；基本项目符合**优良**质量标准；允许偏差项目各项合格率为**75.0%～100%**		**合格**
施工单位	××× ×年×月×日	建设（监理）单位	××× ×年×月×日

表5-41　土石坝混凝土面板止水片（带）制作及安装工序质量评定表填表说明

填表时必须遵守《填表基本规定》，并符合以下要求。

（1）表头单位工程、分部工程、单元工程及施工单位按照表5-38填写。

（2）单元工程量：先填单元混凝土工程量（m³），再填止水片（带）安装长度 m（m²）。

（3）保证项目：项次1质量标准要求止水、伸缩缝的结构形式、使用原材料均需符合设计要求。由于本例设计要求内容多，采取另附页说明，填写见附页。

（4）检测数量：允许偏差项目项次1～3、项次5、项次6、每5延米检测1点，项次4搭接长度逐个接缝检查。

（5）工序质量标准。

合格：保证项目符合相应的质量评定标准；基本项目符合相应的合格质量标准；允许偏差项目每项应有大于等于70%的测点在相应的允许偏差质量标准范围内。

优良：保证项目符合相应的质量评定标准；基本项目必须有大于等于50%达优良质量标准，其余达合格（或优良）；允许偏差项目每项须有大于等于90%的测点在相应的允许偏差质量标准范围内。

表5-41　　　　**土石坝混凝土面板止水片（带）制作及安装工序质量评定表**

单位工程名称	××右坝段	单元工程量	混凝土155m³，止水58m²
分部工程名称	混凝土防渗面板	施工单位	×××工程局
单元工程名称、部位	坝面板1	检验日期	×年×月×日

项次	保证项目	质量标准	检验记录
1	止水、伸缩缝的结构形式、原材料	符合设计，未经鉴定的新材料不得用于主体工程	止水类型、规格尺寸符合设计要求；有产品材质说明书、出厂检验合格证，为合格产品。详见检查记录
2	止水片（带）架设	位置准确，牢固可靠，无损坏	止水位置准确、牢固、可靠，无损坏

续表

项次	基本项目	质量标准		检验记录	质量等级	
		合格	优良		合格	优良
1	止水片（带）安装	位置准确、平直、表面洁净、金属止水片与塑胶垫片连接较好，填充沥青饱满	位置准确、平直、表面边角整齐洁净、金属止水片与塑胶垫片连接紧密，填充沥青饱满密实	橡胶止水安装位置准确，平直，表面边角整齐洁净		√
2	焊接及粘接长度	焊接及粘接符合设计，焊接或粘接紧密无空洞、无脱离	√焊接或粘接长度符合设计，接缝焊接或粘接紧密表面光滑、无裂纹、无空洞、无脱离外形美观	连接采用硫化热粘合，粘接长度符合设计要求，粘接紧密，无裂纹，无空洞，无脱离		√
3	伸缩缝处理（包括混凝土面处理及表面嵌缝）	混凝土表面平整、无蜂窝麻面、起皮、起砂；稀料涂刷均匀，结合紧密；填料工艺符合设计要求	混凝土表面必须平整，无蜂窝麻面起皮起砂；稀料涂刷均匀；嵌缝材料工艺合理，断面符合要求	混凝土表面平整，无蜂窝麻面，洁净，干燥，稀料涂刷均匀且结合紧密，嵌缝填料填充密实，施工工艺符合设计要求	√	

项次	允许偏差项目	设计值	允许偏差/mm		实测值（单位与设计值单位相同）	合格数/点	合格率/%
			金属止水	√塑料止水			
1	宽度	30cm	±5	±10	30.0，30.0，30.02，30.05，30.04，30.0，30.0，30.03，30.05，30.03	110	100
2	凸体及翼缘弯起高度		±2		/		
3	桥部圆孔直径	10mm		±2	10，10，9.9，10，10.1，10.2，9.9，9.8，10，10	10	100
4	搭接长度	20cm	0~+20	0~+50	20.5，20.1，20.2，20.3，20.5，20.2，20.5，20.4，20.3，20.6	9	90.0
5	中心线安装偏差	15cm	±5	±5	15.05，15.02，14.98，15.05，14.97，14.95，15.05，14.95，15.05，14.99	10	100
6	两翼缘倾斜		±5	±10	共测10点，范围−5~+12	8	80.0
评定意见						工序质量等级	
保证项目符合质量标准；基本项目符合**优良**质量标准；允许偏差项目各项合格率为**80.0%~100%**						合格	
施工单位	×××　×年×月×日			建设（监理）单位		×××　×年×月×日	

表 5-42 土石坝混凝土面板浇筑工序质量评定表填表说明

填表时必须遵守《填表基本规定》，并符合以下要求。

（1）表头单位工程、分部工程、单元工程及施工单位按照表 5-38 填写。

（2）单元工程量：本工序工程量与单元工程量相同。

（3）保证项目质量标准：项次 1 有"满足设计、符合设计要求"等规定，须在该栏中将设计要求写出，并用"（）"标明。如本例为抗压 C20，抗渗为 W8，抗冻 F150。

（4）检测数量：保证项目项次 1 强度，趾板每块至少一组，面板每班至少一组；抗冻、抗渗，趾板每 500m³ 一组，面板每 3000m² 一组。基本项目项次 1，坍落度检测每班不少于 3 次。允许偏差项目：每 10 延米测 1 点。

（5）工序质量标准。

合格：保证项目符合相应的质量评定标准；基本项目符合相应的合格质量标准；允许偏差项目每项应有大于等于 70% 的测点在相应的允许偏差质量标准范围内。

优良：保证项目符合相应的质量评定标准；基本项目中，须有大于等于 50% 达优良质量标准，其余达到合格（或优良）；允许偏差项目中每项须有大于等于 90% 的测点在相应的允许偏差质量标准范围内。

表 5 - 42　　　　　　　　　　　　土石坝混凝土面板浇筑工序质量评定表

单位工程名称	××右坝段		单元工程量	混凝土 155m³
分部工程名称	混凝土防渗面板		施工单位	×××工程局
单元工程名称、部位	坝面板 1		检验日期	×年×月×日

项次	保证项目	质量标准	检验记录
1	混凝土配合比及施工质量	满足设计抗压、抗渗、抗冻、抗腐蚀要求（C20、W8、F150）	止水类型、规格尺寸符合设计要求；有产品材质说明书、出厂检验合格证，为合格产品。详见检查记录
2	特殊要求	采用滑模，混凝土连续浇筑，不允许仓面混凝土有初凝现象，否则按冷缝处理	用滑模，混凝土连续浇筑，仓面混凝土无初凝现象
3	混凝土表面	无蜂窝、麻面、孔洞及露筋	无蜂窝、麻面、孔洞及露筋
4	面板裂缝	无贯穿性裂缝	无贯穿性裂缝

项次	基本项目	质量标准		检验记录	质量等级	
		合格	优良		合格	优良
1	坍落度	混凝土稠度基本均匀，坍落度偏离设计中值不大于 2cm	混凝土稠度均匀坍落度偏离设计中值不大于 1cm	混凝土稠度基本均匀，坍落度设计 5～7cm，共测 12 次，实测值 4.5～6.5cm	√	
2	入仓混凝土（每层铺厚不大于 30cm）	铺料及时，均匀，层厚符合规定，仓面平整，无明显骨料集中现象	铺料及时，均匀，层厚符合规定，仓面平整，钢筋上无凝固水泥浆等附着物，无骨料集中现象	铺料及时，均匀，层厚基本符合规定，仓面基本平整，无明显骨料集中	√	
3	混凝土振捣	振捣基本均匀、密实	振捣均匀、密实，侧模、止水附近的混凝土捣实仔细	有次序，无漏振，振捣基本均匀、密实，止水附近的混凝土捣实仔细	√	
4	混凝土脱模后	脱模混凝土基本不出现鼓胀、拉裂现象，局部不平整及时抹平	表面无鼓胀、拉裂现象，表面抹面及时、均匀、外观光滑平整	表面无鼓胀、拉裂现象，对局部不平整及时用砂浆抹平	√	

续表

项次	基本项目	质量标准		检验记录	质量等级	
		合格	优良		合格	优良
5	混凝土养护	养护及时，在 90d 内保持面板表面湿润	对新脱模的混凝土进行有效保护，连续养护至水库蓄水时为止，养护期面板表面保持湿润	专人洒水养护，在水库蓄水前一直保持面板表面湿润		√
6	表面裂缝	受压区有少量小于 0.3mm 发状缝；受拉区有少量小于 0.2mm 发状裂缝	无	无		√

项次	允许偏差项目	设计值/mm	允许偏差/mm	实测值/mm	合格数/点	合格率/%
1	面板厚度	300	−50～+100	310，325，330，240，250，280，300，350，410，360，355	9	81.8
2	表面平整度		30	10，12，15，18，12，15，20，32，31，28，25	9	81.8

评定意见		工序质量等级
保证项目符合质量标准；基本项目全部合格，其中优良率 33.3%；允许偏差项目中每项有 81.8%、81.8%的测点在允许偏差质量标准范围内		合格

施工单位	×××　　×年×月×日	建设（监理）单位	×××　　×年×月×日

表 5－43 沥青混凝土心墙单元工程质量评定表填表说明

填表时必须遵守《填表基本规定》并符合以下要求。

（1）单元工程划分：按沥青混凝土心墙铺筑的区、段划分，常以每一连续铺筑的区、段为一个单元工程。

（2）单元工程量：填写本单元工程沥青混凝土浇筑量（m³）。

（3）本表由施工单位按照监理复核的工序质量结果填写（从表头至评定意见）。单元工程质量等级由建设、监理复核评定。

（4）单元工程质量标准。

合格：基础面处理（或层面处理）、模板、沥青混凝土制备、摊铺碾压等工序质量评定均应合格；跨心墙单元工程钻孔取样容重、渗透系数必须合格。

优良：基础面处理（或层面处理）、模板、沥青混凝土制备、摊铺碾压等工序质量评定均须达合格质量标准，其中必须有大于等于 50%工序质量评定符合优良质量标准，且跨心墙单元工程钻孔取样容重、渗透系数必须优良。

注：钻孔取样测定的渗透系数和容重是控制工程质量的主要指标。沥青混凝土心墙每升高 2～10m，沿心墙轴线布置 2～4 个取样断面（断面间距不大于 50m）；每个断面钻一孔，每孔取样 2～5 个，进行密度、渗透和力学性能试验（有要求时，作三轴压缩试验）沥青混凝土质量最终评定以密度、渗透系数为主要指标，其合格率分别以大于等于 90%为合格、大于等于 95%为优良。

表 5－43   沥青混凝土心墙单元工程质量评定表

单位工程名称	××主坝	单元工程量	沥青混凝土 182m³
分部工程名称	沥青混凝土心墙	施工单位	×××工程局
单元工程名称、部位	心墙 4 号，▽101.28～▽104.30	评定日期	×年×月×日
项次	工序名称		工序质量等级
1	基础面处理与沥青混凝土结合层面处理		优良
2	模板		合格
3	沥青混凝土制备		合格
4	沥青混凝土的摊铺与碾压		优良
	评定意见		单元工程质量等级
全部工序质量达到合格标准，其中 50.0％达到优良标准。跨心墙单元工程钻孔取样的容重合格率 95.4％，渗透系数合格率 98.5％			优良
施工单位	××× ×年×月×日	建设（监理） 单位	××× ×年×月×日

表 5－44 基础面处理与沥青混凝土结合层面处理工序质量评定表填表说明

填表时必须遵守《填表基本规定》，并符合以下要求。

（1）表头单位工程、分部工程、单元工程及施工单位按照表 5－43 填写。

（2）单元工程量：先填本单元沥青混凝土浇筑量，再填处理面积（m²）。

（3）基本项目栏中项次 1 分稀释沥青、乳化沥青、沥青胶、橡胶沥青等几类，填表时应有所属沥青处用"√"标明，如本例采用稀释沥青，用笔在"稀释沥青"处用"√"标明。

（4）检测方法与数量：观察检查、尺量、温度测量、查看施工记录等。温度测量每区段温度测量点数不少于 10 点。

（5）工序质量标准。

合格：保证项目符合相应的质量评定标准；基本项目符合相应的合格质量标准。

优良：保证项目符合相应的质量评定标准；基本项目符合相应的合格质量标准，其中必须有一项优良。

表 5－44   基础面处理与沥青混凝土结合层面处理工序质量评定表

单位工程名称	××主坝	单元工程量	沥青混凝土 182m³，基础面处理 102m²
分部工程名称	沥青混凝土心墙	施工单位	×××工程局
单元工程名称、部位	心墙 4 号，▽101.28～▽124.30	检验日期	×年×月×日
项次	保证项目	质量标准	检验记录
1	心墙与基础接合面	清扫干净，均匀喷涂一层稀释沥青（或乳化沥青），混凝土表面烘干燥	结合面清扫干净，沥青喷涂均匀
2	上下层施工间歇时间	不超过 48h	上下层施工间隙时间均未超过 48h

项次	基本项目	质量标准		检验记录	质量等级	
		合格	优良		合格	优良
1	√稀释沥青、乳化沥青、沥青胶、橡胶沥青的配料、涂抹厚度、帖服牢固程度	配料比例正确；稀释沥青（乳化沥青）涂抹均匀、无空白；沥青胶（或橡胶沥青胶）涂抹厚度基本符合设计要求，无鼓包无流淌，帖服牢固	配料比例准确；稀释沥青（乳化沥青）涂抹均匀、无空白、无团块、色泽一致，沥青胶（或橡胶沥青胶）涂抹厚度符合设计要求，帖服牢固，无鼓包、无流淌、表面平整光顺	**稀释沥青配料比例正确，涂洒均匀，无空白**	√	
2	层面处理	层面清理干净，无杂物，无水珠，层面下1cm处温度不低于70℃	层面清理干净，无杂物，无水珠，且平整光顺，返油均匀，层面下1cm处温度不低于70℃，各点温差不大于20℃	**层面干净，无杂物，无水珠，平整光顺，返油均匀，层面下温度实测为75～90℃**		√
	评定意见			工序质量等级		
	保证项目符合质量标准；基本项目符合合格质量标准，其中层面处理**优良**			**优良**		
施工单位	××× ×年×月×日		建设（监理）单位	××× ×年×月×日		

表 5－45 沥青混凝土心墙模板工序质量评定表填表说明

填表时必须遵守《填表基本规定》，并符合以下要求。

（1）表头单位工程、分部工程、单元工程及施工单位按照表 5－43 填写。

（2）单元工程量：先填本单元沥青混凝土浇筑量，再填本单元工程模板安装面积（m^2）。

（3）检测方法及数量：仪器测量、拉线和尺量检测，每 10 延米为一组测点，每一验收区、段检测不少于 10 组。

（4）工序质量标准。

合格：保证项目符合相应的质量评定标准；基本项目符合相应的合格质量标准；允许偏差项目每项应有大于等于 70％测点在相应的允许偏差质量标准范围内。

优良：保证项目符合相应的质量评定标准；基本项目必须符合相应的优良质量标准；允许偏差项目每项须有大于等于 90％测点在相应的允许偏差质量范围内。

表 5－45　　　　　　　　　沥青混凝土心墙模板工序质量评定表

单位工程名称	××主坝	单元工程量	**沥青混凝土182m³，模板280m²**
分部工程名称	**沥青混凝土心墙**	施工单位	**×××工程局**
单元工程名称、部位	**心墙4号，▽101.2～▽104.30**	检验日期	**×年×月×日**
项次	保证项目	质量标准	检验记录
1	模板架立	牢固，不变形，拼接严密	**采用钢模，架设牢固，拼接严密**

项次	基本项目	质量标准		检验记录	质量等级	
		合格	优良		合格	优良
1	模板缝隙、平直度、表面处理	搭接缝隙不大于3mm，平直度差值不大于2cm，板面沥青混凝土残渣清除，涂抹脱模剂	搭接缝隙不大于1mm，平直度差值不大于1cm，板面沥青混凝土残渣清除干净，表面光滑，脱模剂涂抹均匀，无空白	**模板缝隙1～3mm，平直度1～2mm，模板表面无混凝土残渣，已涂脱模剂**	√	

项次	允许偏差项目	设计值	允许偏差/mm	实测值/mm	合格数/点	合格率/%
1	模板中心线与心墙轴线（立模后）	**50cm**	±10	**502，506，504，503，502，505**	6	100
2	内侧间距	**2m**	±20	**2008，2016，2006，2024，2004，2009，2018，2020，2025，2020**	8	80.0

评定意见		工序质量等级
保证项目符合质量标准；基本项目符合合格标准；允许偏差项目合格率为100%、80.0%		**合格**
施工单位	××× ×年×月×日	建设（监理）单位　××× ×年×月×日

表5-46　沥青混凝土制备工序质量评定表填表说明

填表时必须遵守《填表基本规定》，并符合以下要求。

（1）表头单位工程、分部工程、单元工程及施工单位按照表5-43填写。

（2）单元工程量：本工序工程量与单元工程量相同。

（3）保证项目栏中项次1、项次2质量标准中有"符合规范、设计要求"。

（4）检测方法及数量。

1）保证项目采用现场检查、查看施工记录。

2）允许偏差项目：①温度测量，施工中监测各种原材料的加热温度以利调整，每班测试各种材料温度不少于5次；②间断性配料设备，每班各种配料抽测不少于3次；连续性配料设备随时监测自动评称量误差，另外，每班不少于一次机口取样，做抽样试验，测定配料偏差，作出评定配料质量的主要依据；③出机温度，应逐罐进行温度测验。

（5）工序质量标准。

合格：保证项目符合相应的质量评定标准；允许偏差项目每项应有大于等于70%测次在相应的允许偏差质量标准范围内。

优良：保证项目符合相应的质量评定标准；允许偏差项目每项必须有大于等于90%测次在相应的允许偏差质量范围内。

表5-46　　　　　　　　　沥青混凝土制备工序质量评定表

单位工程名称	××主坝	单元工程量	**沥青混凝土182m³**
分部工程名称	**沥青心墙**	施工单位	**×××工程局**
单元工程名称、部位	**心墙4号，▽101.2～▽104.30**	检验日期	×年×月×日

续表

项次	保证项目	质量标准	检验记录
1	沥青、骨料、填料、掺料	符合《规范》、设计要求和有关规定。SL 514—2013《水工沥青混凝土施工规范》	沥青：道路石油沥青60甲，质量符合 SYB 1661—77，骨料用卵石加工的碎石，以石类光粉为填料，以消石灰为掺料，其质量均符合要求
2	配合比（施工）、投料顺序，拌和时间	配合比符合设计，拌和符合《规范》要求。SL 514—2013《水工沥青混凝土施工规范》	配合比用工地实验室提供的资料确定，强制式拌和机拌和，其拌和时间和称量偏差都符合 SL 514—2013 规范要求
3	机口出料	色泽均匀，稀稠一致，无花白料、无黄烟及其他异常现象	机口出料色泽均匀，无花白料、黄烟及其他异常现象

项次		允许偏差项目	设计值	允许偏差	实测值（单位：项次1、项次3为℃，项次2为kg）	合格数/点	合格率/%
1	原材料加热	沥青加热	160℃	±10℃	165, 160, 155, 156, 148, 168, 165, 178, 168, 156	8	80.0
		矿料加热	170℃	±10℃	185, 170, 170, 168, 175, 180, 180, 175, 170, 185	8	80.0
		填料掺料加热	80℃	±20℃	80, 90, 100, 95, 80, 85, 90, 95, 100, 105	9	90.0
2	配料	粗骨料	810kg	±2.0%	810, 820, 805, 810, 810, 817, 830, 815, 802, 800	9	90.0
		细骨料	990kg	±2.0%	990, 998, 980, 997, 102, 990, 970, 990, 989, 990	9	90.0
		填料（掺料）	200kg	±1%	200, 198, 195, 201, 200, 202, 200, 204, 198, 200	8	80.0
		沥青	160kg	±0.5%	160, 159, 160, 160.5, 160, 160, 160.6, 160, 160, 160	9	90.0
3	出机温度，沥青混合料拌和后的出机温度		175～160℃	上限不大于185℃，下限满足现场碾压	160, 160, 165, 165, 160, 160, 155, 160, 162, 165, 156, 170, 175, 170, 160, 170, 165, 175	16	88.9

评定意见	工序质量等级
保证项目符合质量标准；允许偏差项目各项合格率分别为 80.0%～90.0%	合格

施工单位	×××　　×年×月×日	建设（监理）单位	×××　　×年×月×日

表 5-47 心墙沥青混凝土的摊铺与碾压工序质量评定表填表说明

填表时必须遵守《填表基本规定》，并符合以下要求。

（1）表头单位工程、分部工程、单元工程及施工单位按照表 5-43 填写。

（2）单元工程量：本工序工程量与单元工程量相同。

（3）保证项目质量标准为符合设计要求和《规范》的规定。本例是执行规范，故在栏内填写 SL 514—2013《水工沥青混凝土施工规范》。

（4）检测方法及数量：用尺量测，每 10 延米须检测一组，每一验收区段，检测不少于 10 组。

（5）工序质量标准。

合格：保证项目符合相应的质量评定标准；基本项目符合相应的合格质量标准；允许偏差项目有大于等于 70% 测组在相应的允许偏差质量标准范围内。

优良：保证项目符合相应的质量评定标准；基本项目必须符合相应的优良质量标准；允许偏差项目须有大于等于 90% 测组在相应的允许偏差质量标准范围内。

表 5－47　　　　　　　　心墙沥青混凝土的摊铺与碾压工序质量评定表

单位工程名称	××主坝	单元工程量	沥青混凝土 182m³
分部工程名称	沥青混凝土心墙	施工单位	×××工程局
单元工程名称、部位	心墙 4 号，▽101.2～▽104.30	检验日期	×年×月×日

项次	保证项目	质量标准	检验记录
1	虚铺厚度及碾压遍数	符合设计要求和《规范》规定。SL 514—2013《水工沥青混凝土施工规范》	符合 SL 514—2013 规定。混凝土利用保温料罐运输入仓，人工摊铺整平厚 25～30cm，振动碾压实

项次	基本项目	质量标准		检验记录	质量等级	
		合格	优良		合格	优良
1	碾压后沥青混凝土	表面平整，心墙宽度符合设计（无缺损）表面返油，无异常现象	表面平整，心墙边线平直，宽度符合设计，表面返油，色泽均匀光亮，无异常现象	表面平整，宽度符合设计，心墙边线平直，表面返油，色泽均匀光亮		√

项次	允许偏差项目	设计值/cm	允许偏差/cm	实测值/cm	合格数/点	合格率/%
1	心墙厚度	26	不大于 10%的心墙厚度	25，26，26，28，28，26，27，30，26，27，26，27，27，26，27，30，26，26，26，27，28，27	20	90.9

评定意见		工序质量等级
保证项目符合质量标准；基本项目符合优良标准；允许偏差项目合格率为 90.9%		优良

施工单位	×××　　　　　　×年×月×日	建设（监理）单位	×××　　　　　　×年×月×日

表 5－48 沥青混凝土面板整平层（含排水层）单元工程质量评定表填表说明

填表时必须遵守《填表基本规定》，并符合以下要求。

（1）单元工程划分：按铺筑层划分，每一施工分区的每一铺筑层为一个单元工程。面板与钢性建筑物连接部位，按其连续施工段（一般 30～50m）划分单元工程，如面板与坝基截水墙连接时，其中每一个施工段即为一个单元工程。

（2）单元工程量：填写本单元工程沥青混凝土面板整平层面积（m²）。

（3）保证项目栏中项次 1、2 的质量标准是"符合规范和设计规定"。

（4）检验方法及数量：

1）保证项目采用现场检查并查看施工记录。

2）基本项目检测数量：每一铺筑层的每 500～1000m² 至少取一组（3 个）试件，或用非破损性仪器，在仓面每 30～50m² 选一测点；并每天在机口取样一次作检验。

3）允许偏差项目栏中项次 1 采取机口或坝面取样。做抽样试验每天至少一次，检查试验报告。项次 2 采取机口每盘量测一次，检查检测记录；坝面每 30～50m² 测一点，检查检测记录。项次 3 采取隔套取样量测，每 100m² 测 1 点，检查检测记录。项次 4 采取用 2m 靠尺检测，检测点每天不少于 10 个，检查检测记录。

（5）单元工程质量标准。

合格：保证项目符合相应的质量评定标准；基本项目符合相应的合格质量标准；允许偏差项目每项应有大于等于 70% 的测点应在相应的允许偏差质量标准范围内。

优良：保证项目符合相应的质量评定标准；基本项目符合相应的合格质量标准，其中必须有大于等于50％项目符合优良质量标准，允许偏差项目每项须有大于等于90％的测点在相应的允许偏差质量标准范围内。

表5-48　　　　　　　沥青混凝土面板整平层（含排水层）单元工程质量评定表

单位工程名称	××大坝		单元工程量		240m²		
分部工程名称	防渗面板		施工单位		×××水电工程局		
单元工程名称、部位	A3，0+009～0+012		评定日期		×年×月×日		
项次	保证项目	质量标准			检验记录		
1	沥青、矿料、乳化沥青	符合规范、设计规定			沥青用道路沥青60甲，质量符合规范		
2	原材料配合比、铺筑工艺	符合《规范》设计规定			配合比由试验确定，铺料工艺符合规范要求		
3	铺筑时	垫层（含防渗底层）已质检合格。喷涂的乳化沥青或稀释沥青已干燥			符合质量标准		

项次	基本项目	质量标准		检验记录	质量等级	
		合格	优良		合格	优良
1	沥青混凝土的渗透系数设计W8	合格率大于等于80％	合格率大于等于85％	机口取样1组，试验抗渗标号>W8		√
2	沥青混凝土的孔隙率	合格率大于等于80％	合格率大于等于85％	现场检测10次，合格率95％		√

项次	允许偏差项目	设计值	允许偏差	实测值（单位与设计值同）	合格数/点	合格率/％
1	沥青用量	180kg	±0.5％	180，180.5，181，179，180，180.9，179.5，180，180	7	77.8
	粒径0.074mm以上各级骨料	1000kg	±2.0％	1000，1010，1005，990，985，1000，1020，1025，1000，1008	9	90.0
	粒径0.074mm以上各级填料	1000kg	±1.0％	1002，1000，985，980，1000，1010，1020，975，1030，1005	8	80.0
2	机口与摊铺碾压温度按现场试验确定一般控制范围 机口160℃		±25℃	160，150，150，155，130，110，161，165，180，160	8	80.0
	初碾110℃		>0℃	110，109，112，113，110，115，110，108，110，112	8	80.0
	终碾80℃		>0℃	81，81，80，79，80，82，85，80，81，82	9	90.0
3	铺筑层压实厚度，按设计厚度计	5cm	（-15～0）％	5，5，4.5，4，5，5.2，5，5，5，4.7	8	80.0
4	铺筑层面平整度，在2m范围起伏差		不大于10mm	5，8，3，4，10，12，10，8，7，10	9	90.0

评定意见	单元工程质量等级
保证项目符合质量标准；基本项目全部符合**优良**标准；允许偏差项目各项实测点合格率为**77.8％～90.0％**	合格

施工单位	×××　×年×月×日	建设（监理）单位	×××　×年×月×日

表 5 - 49 沥青混凝土面板防渗层单元工程质量评定表填表说明

填表时必须遵守《填表基本规定》，并符合以下要求。

(1) 单元工程划分：每一施工分区的每一铺筑层为一个单元工程。面板与钢性建筑物连接部位，按其连续施工段（一般 30～50m）划分单元工程，如面板与坝基截水墙连接时，其中每一个施工段即为一个单元工程。

(2) 单元工程量：填写防渗层面积（m²）。

(3) 保证项目栏中项次 1、项次 2 的质量标准是"符合规范和设计规定"，项次 3 的质量标准是符合规范规定。

(4) 检验方法及数量：

1) 保证项目：现场观察、检查施工记录，试验报告及放样记录。

2) 基本项目：每一铺筑层的每 500～1000m² 至少取一组（3 个）试件，或每 30～50m² 用非破损性方法检测，在仓面及接缝处各选一测点；并每天在机口取样一次作检验。

3) 允许偏差项目栏中项次 1 采取机口或坝面提取试验，每天至少一次，检查试验报告（填料百分数，系指用量为矿料的百分数）。项次 2 采取机口每盘量测一次，检查检测记录；坝面每 30～50m² 测一点，检查检测记录。

项次 3 采取检查施工记录或观测，测点不少于是 10 个（n 为铺筑层数），项次 4 采取隔套取样量测，每 100m² 测 1 点，检查检测记录。项次 5 用 2m 靠尺检测，检测点每天不少于 10 个，检查检测记录。

(5) 单元工程质量标准。

合格：保证项目符合相应的质量评定标准；基本项目符合相应的合格质量标准；允许偏差项目每项应有大于等于 70% 的测点应在相应的允许偏差质量标准范围内。

优良：保证项目符合相应的质量评定标准；基本项目符合相应的合格质量标准，其中必须有大于等于 50% 项目符合优良质量标准，允许偏差项目每项须有大于等于 90% 的测点在相应的允许偏差质量标准范围内。

表 5 - 49　　　　　沥青混凝土面板防渗层单元工程质量评定表

单位工程名称	××大坝		单元工程量	240m²
分部工程名称	防渗面板		施工单位	×××水电工程局
单元工程名称、部位	B3，0+009～0+012		评定日期	×年×月×日
项次	保证项目	质量标准		检验记录
1	沥青、矿料、掺料及乳化沥青	符合规范、设计规定		采用道路沥青 60 甲，以碎石及砂为矿料，消石灰为掺料，乳化沥青质量均符合规范
2	原材料配合比出机口沥青混合料及温度	符合《规范》设计规定		配合比由试验确定
3	防渗层层间处理	符合《规范》规定		层间处理符合规定
4	铺筑层间的坡向或表面	相互错开，无上下通缝		层间接缝相互错开，无上下通缝
5	沥青混凝土防渗层表面	无裂缝、流淌与鼓包		无裂缝、流淌与鼓包

续表

项次	基本项目	质量标准		检验记录	质量等级	
		合格	优良		合格	优良
1	沥青混凝土的渗透系数 $k \leqslant 10^{-7}$ cm/s	合格率≥90%	合格率≥95%	机口取样 1 组，试验其渗透系数 $k = 1.2 \times 10^{-8}$ cm/s		√
2	沥青混凝土的孔隙率	合格率≥90%	合格率≥95%	机口取样 1 组，孔隙率符合要求	√	

项次	允许偏差项目		设计值	允许偏差	实测值（单位与设计值同）	合格数/点	合格率/%
1	沥青用量		200kg	±0.5%	200，199，200，199，200，201，199，200，200	9	90.0
	粒径 0.074mm 以上各级骨料		900kg	±2.0%	900，905，900，900，895，880，900，800，908，900	8	80.0
	粒径 0.074mm 以上各级填料		1100kg	±1.0%	1100，1100，1110，1090，1100，992，1105，1085，1090，1100	8	80.0
2	机口与摊铺碾压温度按现场试验确定一般控制范围℃	机口	160℃	±25℃	160，160，150，158，160，150，140，135，132，133	8	80.0
		初碾	110℃	>0℃	110，110，112，110，109，110，112，110，100，110	9	90.0
		终碾	80℃	>0℃	80，80，80，82，80，81，80，80，82，80	10	100.0
3	铺筑层的施工接缝错距	上下层水平接缝错距 1m	1m	0～20cm	1.2，1.0，1.1，1.4，1.0，1.1，1.0，1.0，1.2，1.1	9	90.0
		上下层条幅坡向接缝错距（以 1/n 条幅宽计）	1.5m	0～20cm	1.5，1.5，1.6，1.5，1.6，1.6，1.7，1.5，1.5，1.6	10	100.0
4	铺筑层压实厚度，按设计厚度计		20cm	(−10～0)%	20，20，21，20，19，20，20，19，18，19	9	90.0
5	铺筑层面平整度，在 2m 范围起伏差			≤10mm	10，10，7，8，5，4，5，3，9，11	9	90.0

评定意见	单元工程质量等级
保证项目符合质量标准；基本项目全部符合合格标准，其中有 50.0% 项达到优良标准；允许偏差项目各项实测点合格率为 80.8%～100.0%	合格

施工单位	××× ×年×月×日	建设（监理）单位	××× ×年×月×日

表 5－50 沥青混凝土面板封闭层单元工程质量评定表填表说明

填表时必须遵守《填表基本规定》，并符合以下要求。

（1）单元工程划分：按铺筑层划分，每一施工区的每一铺筑层为一个单元工程。面板与钢性建筑物连接部位，按其连续施工段（一般 30～50m）划分单元工程，如面板与坝基截水墙连接时，其中每一个施工段即为一个单元工程。

（2）单元工程量：填写封闭层面积（m²）。

（3）保证项目栏中项次 1 的质量标准是"符合规范和设计要求"，本例是执行规范，填写 SL 514—2013《水工沥青混凝土施工规范》。

（4）检验方法及数量：

1）保证项目：现场观察检查、检查施工记录，试验报告及防渗层检验报告。

2）基本项目：每 500～1000 m² 铺抹层至少取一个试样，一天铺抹面积不足 500 m² 的也取一个试样；每天至少观察与计算铺抹量一次，铺抹过程随时检查，铺抹量应在 2.5～3.5kg/m² 之间。

3）允许偏差项目：采取随出料时量测出料温度，铺抹温度每天至少施测两次。

（5）单元工程质量标准。

合格：保证项目符合相应的质量评定标准；基本项目符合相应的合格质量标准；允许偏差项目每项应有不小于 70% 的测点应在相应的允许偏差质量标准范围内。

优良：保证项目符合相应的质量评定标准；基本项目符合相应的合格质量标准，其中必须有一项优良；允许偏差项目须有不小于 90% 的测点在相应的允许偏差质量标准范围内。

表 5－50　　　　　　　　沥青混凝土面板封闭层单元工程质量评定表

单位工程名称		××大坝		单元工程量		240m²	
分部工程名称		防渗面板		施工单位		×××水电工程局	
单元工程名称、部位		C3, 0+009～0+012		评定日期		×年×月×日	
项次	保证项目	质量标准		检验记录			
1	原材料配合比，施工工艺	符合规范、设计规定		用道路沥青60甲，质量规定			
2	封闭层铺抹	在防渗层质检合格后，表面洁净、干燥		防渗层已合格，表面洁净干净，才进行封闭层铺抹			
3	封闭层	无鼓泡、脱层、流淌		无鼓泡、脱层、流淌现象			
项次	基本项目	质量标准		检验记录		质量等级	
		合格	优良			合格	优良
1	沥青胶软化点	合格率不小于80%，最低软化点不低于85℃	合格率不小于85%，最低软化点不低于85℃	取试样2个，软化点为90℃、89℃			√
2	沥青胶的铺抹	合格率不小于80%	合格率不小于85%	沥青胶铺抹均匀，铺抹量抽查3次，为3.1kg/m²、2.8kg/m²、3.0kg/m²			√
项次	允许偏差项目	设计值	允许偏差	实测值/℃		合格数/点	合格率/%
1	沥青胶的施工温度	搅拌出料温度 190℃	±10℃	190, 192, 192, 190, 190, 189, 190, 192		8	100.0
		铺抹温度 170℃	≥0℃	171, 170, 175, 172, 170		5	100.0
评定意见						单元工程质量等级	
保证项目全部符合质量标准；基本项目全部符合合格标准，其中100.0%达到优良标准；允许偏差项目各项实测点合格率为100.0%						优良	
施工单位		×××　×年×月×日		建设（监理）单位		×××　×年×月×日	

表 5-51 沥青混凝土面板与刚性建筑物连接单元工程质量评定表填表说明

填表时必须遵守《填表基本规定》，并符合以下要求。

（1）单元工程划分：面板与刚性建筑物连接部位，按其连续施工段（一般 30～50m）划分单元工程，如面板与坝基截水墙连接时，其中每一个施工段即为一个单元工程。

（2）单元工程量：填写面板与刚性建筑物连接的面积（m²）。

（3）保证项目栏中项次1、项次2的质量标准是"符合规范和设计要求"。

（4）检验方法及数量：

1）保证项目：现场观察检查、检查试验报告、施工记录。

2）允许偏差项目：项次1、项次2采取检查施工记录或现场量测，每盘1次。项次3采取检查施工记录和现场检测，测点不少于10个。

（5）单元工程质量标准。

合格：保证项目符合相应的质量评定标准；允许偏差项目每项应有大于等于70％的测点应在相应的允许偏差质量标准范围内。

优良：保证项目符合相应的质量评定标准；允许偏差项目须有大于等于90％的测点在相应的允许偏差质量标准范围内。

表 5-51　　　　　　沥青混凝土面板与刚性建筑物连接单元工程质量评定表

单位工程名称		×× 大坝		单元工程量		180m²		
分部工程名称		防渗面板		施工单位		×××水电工程局		
单元工程名称、部位		D1 面板与坝基截心墙第一施工段		评定日期		×年×月×日		
项次	保证项目		质量标准			检验记录		
1	沥青砂浆（或细粒沥青混凝土）、橡胶沥青胶（或沥青胶）、玻璃丝等原材料，配合比，配制工艺		必须经过试验，性能必须满足《规范》与设计要求。			沥青砂浆现场配制，其配量比经检验确定，其余材料从厂家购买，质量合格		
2	刚性建筑物连接面的处理，楔形体的浇筑，滑动层与加强层的敷设		符合《规范》与设计要求，并进行现场铺筑试验。施工中，接头部位无熔化、流淌及滑移现象			连接面处理，楔形体浇筑，滑动层与加强层的敷设均符合规定，接头部位无熔化、流淌及滑移现象		
3	敷设刚性建筑物表面的橡胶沥青滑动层；铺筑沥青混凝土防渗层		待喷涂的乳化沥青完全干燥后进行；待滑动层与楔形体冷凝、质量合格后进行			滑动层、防渗层和铺筑工艺均按规定执行		
项次	允许偏差项目		设计值	允许偏差	实测值（单位与设计值同）		合格数/点	合格率/％
1	沥青砂浆楔形体浇筑温度		150℃	±10℃	150，150，145，150，155，160，150，160，162，157		9	90.0
2	橡胶沥青胶滑动层拌制温度		190℃	±5℃	190，190，193，192，191，186，190，196，190，189		9	90.0
3	铺筑层的施工接缝错距	上下层接缝的错距以条幅宽计	1/3 条幅宽 1m	0～10cm	1.0，1.0，1.1，1.0，1.08，1.1，1.0，1.05，1.0，1.2		9	90.0
		搭接宽度	10cm	0～5cm	10，11，10，10，12，10，9，10，17，15，8，80		8	80.0
评定意见							单元工程质量等级	
保证项目全部符合质量标准；允许偏差项目各项实测点合格为80.8％～90.0％							合格	
施工单位	×××　　　　　×年×月×日			建设（监理）单位		×××　　　　　×年×月×日		

表 5-52 砂砾坝体填筑单元工程质量评定表填表说明

填表时必须遵守《填表基本规定》，并符合以下要求。

（1）单元工程划分：按设计或施工确定的填筑区、段划分，每一区、段的每一填筑层为一个单元工程。

（2）单元工程量：填写本单元砂砾石工程量（m³）。

（3）项次1、项次4的质量标准是"符合施工规范和设计要求"。

（4）检测数量：干密度按填筑 400～2000m³ 取一个试样，但每层测点不少于 10 个，渐至坝顶处每层（单元工程）不宜少于 5 个，测点中应至少有 1～2 个点分布在设计边线以内 30cm 或与岸坡接合处附近。允许的偏差项目：项次1铺料厚度按 20m×20m 布置测点，每单元工程不少于 10 点。断面尺寸：每层不少于 10 点。

（5）单元工程质量标准。

合格：保证项目符合相应的质量评定标准；基本项目符合相应合格质量标准；允许偏差项目每项应有大于等于 70% 的测点应在相应的允许偏差质量标准范围内。

优良：保证项目符合相应的质量评定标准；基本项目必须达到优良质量标准；允许偏差项目每项须有大于等于 90% 的测点在相应的允许偏差质量标准范围内。

表 5-52　　　　　　　　　砂砾坝体填筑单元工程质量评定表

单位工程名称		××坝		单元工程量		砂砾料填筑 2540m³	
分部工程名称		砂砾石坝体第一分部		施工单位		×××工程局	
单元工程名称、部位		2 号单元，▽504.5～▽505.3		评定日期		×年×月×日	
项次	保证项目		质量标准		检验记录		
1	颗粒级配、砾石含量、含泥量		符合《施工规范》和设计规定		颗粒级配、砾石含量、含泥量符合设计要求		
2	坝体每层填筑时		前一填筑层已验收合格		每一填筑层填筑后验收合格		
3	铺料、碾压		均匀不得超厚；无漏压、欠压和出现弹簧土		铺料基本均匀，局部略超厚，无漏压和欠压，局部地方出现弹簧土，已作处理		
4	纵横向接合部位；与岸坡接合处的填料		符合《施工规范》和设计要求；无分离、架空现象，对边角加强压实		接合部位填料符合设计要求，砂砾料未出现分离、架空现象，对边角处加强压实		
5	设计断面边缘压实质量；填筑时每层上下游边线		按规定留足余量		填筑过程中每层上下游边线均按规定留足余量 1.0m		

项次	基本项目	质量标准		检验记录	质量等级	
		合格	优良		合格	优良
1	压实控制指标干密度（干容重）	干密度合格率大于等于 90%，不合格干密度不得低于设计值的 0.98，不合格试样不得集中	干密度合格率大于等于 95%，不合格干密度不得低于设计值的 0.98，不合格试样不得集中	设计干密度 2.15g/cm³；实测干密度 10 组，其值为 2.15～2.30g/cm³，10 组全部合格，合格率 100%		√

项次	允许偏差 项目		设计值	允许偏差 /cm	实测值 /cm	合格数 /点	合格率 /%
1		铺料厚度	60cm	0~10	65, 68, 66, 70, 72, 70, 69, 65, 68, 69, 70	10	91.0
2	断面尺寸	上、下游设计边坡超填值	上游1m 下游0.8m	±20	上游：110, 120, 125, 120, 100, 110, 115, 100, 90, 105, 100, 105	11	91.7
					下游：80, 85, 90, 100, 95, 85, 90, 75, 70, 80, 85	11	100
		坝轴线与相邻填料接合面尺寸	5.0m	±30	480, 485, 480, 490, 500, 505, 501, 503, 504, 510, 525, 530, 510, 525, 530, 530, 536	17	94.4
评定意见						单元工程质量等级	
保证项目全部符合质量标准；基本项目达到**优良**质量标准；允许偏差项目各项实测点合格率均大于90.0%						**优良**	
施工单位	××× ×年×月×日			建设（监理） 单位		××× ×年×月×日	

表5-53 堆石坝体填筑单元工程质量评定表填表说明

填表时必须遵守《填表基本规定》，并符合以下要求。

（1）单元工程划分：按设计或施工确定的填筑区、段划分，每一区、段的每一填筑层为一个单元工程。

（2）单元工程量：填写本单元工程堆石填筑量（m³）。

（3）项次1、项次4的质量标准是"符合《施工规范》和设计要求"的规定，填表时应写出执行的规范编号及名称、设计的具体要求。因内容较多，需另附页，故在栏中填写（见附页）。基本项目项次4应注明设计干密度。允许偏差项目断面尺寸分为有护坡要求和无护坡要求两类，本例为有护坡要求，故在该处用"√"标明。

（4）检测数量：基本项目项次1、2按20m×20m方格网的角点为测点，每一填筑层的有效检测总点数不少于20点。项次4主堆区每5000~50000m³取样一次，过度层区每1000~5000m³取样一次。允许的偏差项目：断面尺寸不少于10点。

（5）单元工程质量标准。

合格：保证项目符合相应的质量评定标准；基本项目符合相应合格质量标准；允许偏差项目每项应有大于等于70%的测点应在相应的允许偏差质量标准范围内。

优良：保证项目符合相应的质量评定标准；基本项目中的各项必须达到相应合格质量标准，且其中必须有大于等于50%的项目符合优良质量标准，同时，项次4分层压实干密度合格率必须达到优良标准；允许偏差项目每项有大于等于90%的测点在相应的允许偏差质量标准范围内。

表5-53 　　　　　　**堆石坝体填筑单元工程质量评定表**

单位工程名称	××水库	单元工程量	**堆石填筑3700m³**
分部工程名称	**堆石料填筑，▽496.5~▽497.3**	施工单位	**×××工程局**
单元工程名称、部位	**主堆区Ⅰ-(3)**	评定日期	**×年×月×日**

续表

项次	保证项目	质量标准	检验记录
1	填坝材料	必须符合《施工规范》和设计要求（见附页）	填坝材料满足设计要求（见附页）
2	坝体每层填筑	在前一填筑层（含坝基岸坡处理）验收合格后进行	每填筑层完成后检测验收合格
3	堆石填筑	按选定的碾压参数进行施工；铺筑厚度不得超厚、超径；含泥量、洒水量符合规范和设计要求	按设计碾压参数施工，铺筑厚度均未超厚，填料个别超径已捡出；含泥量、洒水量符合设计要求
4	填坝材料的纵横向接合部位	符合《施工规范》和设计要求；与岸坡接合处的料物不得分离、架空，对边角加强压实	按设计要求进行施工，岸坡结合部分料物无分离、架空，边角用小型机具加强压实

项次	基本项目	质量标准		检验记录	质量等级	
		合格	优良		合格	优良
1	坝体填筑层铺料厚度	每一层须有大于等于90%的测点达到规定的铺料厚度	每一层须有大于等于95%的测点达到规定的铺料厚度	设计值100（+0−10）cm，共测25点，实测值92～100cm，合格率100%		√
2	坝体压实后的厚度	每一填筑层有大于等于90%的测点达到规定的压实厚度	每一填筑层有大于等于95%的测点达到规定的压实厚度	设计值80（+0−5）cm，共测25点，实测值78～81cm，合格率96.0%		√
3	堆石填筑层面的外观	层面基本平整，分区能基本均衡上升，大粒径料无较大面积集中现象	层面平整，分区能均衡上升，大粒径料无集中现象	层面基本平整，分区能基本均衡上升，大粒径在局部有集中现象，严重部位处理，使之分散	√	
4	分层压实的干密度合格率	检测点的合格率大于等于90%，不合格值不得小于设计干密度的0.98	检测点的合格率大于等于95%，不合格值不得小于设计干密度的0.98	设计干密度2.25g/cm³，共测10点，实测值2.25～2.35g/cm³，合格率100%		√

项次	允许偏差项目		设计值/m	允许偏差/cm	实测值/m	合格数/点	合格率/%
断面尺寸	下游坡填筑边线距坝轴线距离	√有护坡要求	183.81	±20	183.8，183.91，183.98，184，183.8，184，183.95，184，183.9，184.05，184.16，183.8，183.85，184	12	85.7
		无护坡要求		±30			
	过度层与主堆区分界线距坝轴线距离		30.09	±30	30.4，30.38，30.35，30.25，30.09，30.08，30.08，29.9，29.99，29.98，29.95，30，30.05，30.08	13	92.9
	垫层与过度层分界线距坝轴线距离		11.48	−10～0	11.4，11.42，11.45，11.46，11.48，11.5，11.45，11.4，11.39，11.43，11.45，11.39，11.4，11.35，11.38，11.39	14	87.5

评定意见		单元工程质量等级
保证项目全部符合质量标准；基本项目全部符合合格质量标准，其中75%的项目符合优良标准，压实干密度质量优良；允许偏差项目各项实测点合格率为85.7%～92.9%		合格
施工单位	××× ×年×月×日	建设（监理）单位　　××× ×年×月×日

表 5-54 浆砌石体基岩连接工程单元工程质量评定表填表说明

填表时必须遵守《填表基本规定》，并符合以下要求。

（1）单元工程划分：按施工检查验收的区、段划分，每一区、段为一个单元工程。

（2）单元工程量：填写本单元工程混凝土浇筑工程量（m³）。

（3）单元工程质量标准。

合格：保证项目符合相应的质量评定标准；基本项目基本符合质量标准。

优良：保证项目符合相应的质量评定标准；基本项目必须有大于等于 50％项目达到优良标准，其余须合格（或优良）。

表 5-54 浆砌石体基岩连接工程单元工程质量评定表

单位工程名称	××大坝		单元工程量		74.5m³	
分部工程名称	溢流坝段		施工单位		×××工程局	
单元工程名称、部位	6号单元，0+50～0+80		评定日期		×年×月×日	
项次	保证项目	质量标准		检验记录		
1	坝基及基岩面清理	尖角、松动岩块和杂物已清除，泥垢、油污清洗干净，地下水、地表水已排除或封堵		基岩面尖角撬除、松动岩块、杂物清除，泥垢清洗干净，地下水、地表积水排除，封堵较好		
2	垫层混凝土	抗压强度未达到 2.5MPa 前，不得在其面层上进行上层砌石的准备工作		垫层混凝土 3 天抗压强度达到 2.5MPa，开始面层上进行上层砌石工作		
项次	基本项目	质量标准		检验记录	质量等级	
		合格	优良		合格	优良
1	铺浆	铺浆厚度不大于 5cm，铺浆较均匀，基本无空白区	铺浆厚度 3～4cm，铺浆均匀，无空白区	铺浆厚度 3～4.5cm，铺浆均匀，无空白区		√
2	混凝土垫层浇筑	基本符合规定要求	符合规定要求	垫层混凝土浇筑符合设计规定要求		√
3	坝体与岸坡连接部位的垫层混凝土施工	基本符合规定的要求与程序	符合规定的要求与程序	基本符合规定的要求与程序	√	
评定意见					单元工程质量等级	
保证项目全部符合质量标准；基本项目全部符合合格质量标准，其中 66.7％项达到优良标准					优良	
施工单位	××× ×年×月×日			建设（监理）单位	××× ×年×月×日	

表 5-55 水泥砂浆砌石体单元工程质量评定表填表说明

填表时必须遵守《填表基本规定》，并符合以下要求。

（1）单元工程划分：根据施工安排，按段、块划分，以每段或块砌筑高 3～5m 为一个单元工程。全断面砌升者以 3～5m 高为一个单元工程。

（2）单元工程量：填写本单元工程砌石体工程量（m³）。

（3）本表是由施工单位按建设监理复核的工序质量结果填写（从表头至评定意见），单元工程质量等级由建设、监理复核评定。

（4）单元工程质量标准。

合格：各工序质量均合格。

优良：砌筑质量必须优良，层面处理合格（或优良）。

表 5–55   水泥砂浆砌石体单元工程质量评定表

单位工程名称	××大坝	单元工程量	砌石 45.3m³
分部工程名称	坝顶	施工单位	×××工程局
单元工程名称、部位	2 号单元，0+10～0+20	评定日期	×年×月×日
项次	工序名称	工序质量等级	
1	浆砌石体层面处理	优良	
2	△砌筑	优良	
评定意见		单元工程质量等级	
两个工序质量达到合格标准，其中砌筑工序质量优良		优良	
施工单位	××× ×年×月×日	建设（监理） 单位	××× ×年×月×日

表 5–56 水泥砂浆砌石体浆砌石体层面处理工序质量评定表填表说明

填表时必须遵守《填表基本规定》，并符合以下要求。

（1）表头单位工程、分部工程、单元工程及施工单位按照表 5–55 填写。

（2）单元工程量：先填写本单元工程砌石体工程量，再填写层面处理面积（m²）。

（3）基本项目栏中项次 2 凿毛面积应用尺量后计算。

（4）保证项目项次 1 质量标准栏中的"符合设计与《规定》要求"。

（5）单元工程质量标准。

合格：保证项目符合质量标准；基本项目合格。

优良：保证项目符合质量标准；基本项目均优良，或 1 项合格、1 项优良。

表 5–56   水泥砂浆砌石体浆砌石体层面处理工序质量评定表

单位工程名称		××大坝		单元工程量		砌石 45.3m³，层面处理 15m²		
分部工程名称		坝顶		施工单位		×××工程局		
单元工程名称、部位		2 号单元，0+10～0+20		检验日期		×年×月×日		
项次	保证项目	质量标准			检验记录			
1	前一层砌体表面	符合设计与《规定》要求，无松动石块			符合设计规定，砌筑前检查无松动石块			
项次	基本项目	质量标准		检验记录		质量等级	
		合格	优良			合格	优良
1	前一层砌体表面	浮渣基本清除干净，无积水和积渣	浮渣全部清除干净，无积水和积渣	前一层砌体表面检查，浮渣全部清除干净，无积水和积渣			√
2	局部光滑的砂浆表面	凿毛面积大于等于 80%	凿毛面积大于等于 85%	对局部光滑的砂浆表面，砌筑前凿毛，凿毛面积为 98.0%			√
评定意见						单元工程质量等级	
保证项目符合设计规定质量标准；基本项目全部符合质量标准，其中 2 项达到优良标准						优良	
施工单位		××× ×年×月×日		建设（监理） 单位		××× ×年×月×日		

表 5–57 水泥砂浆砌石体砌筑工序质量评定表填表说明

填表时必须遵守《填表基本规定》，并符合以下要求。

(1) 表头单位工程、分部工程、单元工程及施工单位按照表 5–55 填写。

(2) 单元工程量：本工序工程量与单元工程量相同。

(3) 项次 1、项次 2、项次 5 质量标准为"符合设计要求和规范规定"，本例在项次 1 中填写设计标号。项次 5 因内容多，另附页说明，填写（见附页）。基本项目栏中项次 1 须填写设计砂浆沉入度。项次 2 砌缝宽度，为粗料石、预制块或块石、本例为粗料石，在其旁用"√"标明。允许偏差项目中高程分重力坝或拱坝，支墩坝，本例为重力坝，在其旁用"√"标明。

(4) 检验方法及数量：保证项目项次 4 砂浆初凝前采用翻撬抽检，每砌筑层不少于 3 块；每砌筑 4~5m 高，进行一次钻孔压水试验；每 100m² 坝面钻孔 3 个，每次试验不少于 3 孔。项次 5 坝高 1/3 以下，每砌筑 10m 高挖试坑一组；坝高 1/3 以上，砌体试坑组数由设计、施工单位共同商定。基本项目砂浆沉入度每班不少于 3 次。砌缝宽度每砌筑 10m³ 抽检一处，每单元工程不少于 10 处，每处检查缝长不少于 1m。允许偏差项目（2）重力坝，沿坝轴线方向每 10~20m 测 1 点，每单元工程不少于 10 点。允许偏差项目（3）拱坝、支墩坝，沿坝轴线方向每 3~5m 测 1 点，每单元工程不少于 20 点。

(5) 工序质量标准。

合格：保证项目符合质量评定标准；基本项目合格；允许偏差项目总检测点数中有大于等于 70% 测点符合质量要求。

优良：保证项目符合质量评定标准；基本项目须有 1 项优良，另 1 项合格（或优良）；允许偏差项目总检测点数中大于等于 90% 测点符合质量要求。

表 5–57 　　　　　　　　　**水泥砂浆砌石体砌筑工序质量评定表**

单位工程名称	××大坝		单元工程量		45.3m³		
分部工程名称	坝顶		施工单位		×××工程局		
单元工程名称、部位	2 号单元，0＋10~0＋20		检验日期		×年×月×日		
项次	保证项目	质量标准		检验记录			
1	水泥砂浆的标号、配合比	符合设计要求和规范要求		符合设计要求，详见试验报告			
2	石料规格	符合规范要求		规格符合规范要求，砌石表面清洁干净湿润			
3	铺浆	均匀、无裸露石块		水泥砂浆铺筑均匀，基本无裸露石块			
4	砌缝灌浆	饱满密实，无架空		砌缝灌浆基本饱满密实，无架空现象			
5	砌石体的密度、空隙率、吸水率	符合设计要求（见附页）		砌石体的密度、空隙率、吸水率均符合设计规定			
项次	基本项目	质量标准		检验记录		质量等级	
		合格	优良			合格	优良
1	砂浆沉入度	总检测次数中大于等于 70% 符合质量要求	总检测次数中大于等于 90% 符合质量要求	设计沉入度 6~8cm，检测 10 次，实测值 6.1~8.0cm，均符合质量标准，合格率 100%			√

项次	基本项目			质量标准		检验记录	质量等级	
				合格	优良		合格	优良
2	砌缝宽度	平缝	√粗料石 15～20mm 预制块 10～20mm 块石 20～25mm	总检测次数中大于等于70%符合质量要求	总检测次数中大于等于90%符合质量要求	平缝：检查15处，实测值（mm）15，18，18，20，20，20，18，19，16，15，18，20，20，18，19；竖缝：检查19处，实测值（mm）25，25，28，28，30，30，29，28，25，23，27，26，29，30，23，25，24，27，30，实测值合格率100%		√
		竖缝	√粗料石 20～30mm 预制块 15～20mm 块石 20～40mm					

项次	允许偏差项目		设计值/m	允许偏差/cm	实测值/cm	合格数/点	合格率/%
1	轮廓线	平面	1.0	±4	98，99，100，101，103，98，99，101，102，104	10	94.1
2		高程 √重力坝	1563	±3	156298，156299，156300，156301，156303，156302，156305，	6	
3		拱坝、支墩坝		±2	/		

评定意见		单元工程质量等级
保证项目符合质量标准；基本项目全部符合合格标准，其中2项达到优良标准；允许偏差项目实测点合格率为94.1%		优良
施工单位	××× ×年×月×日	建设（监理）单位	××× ×年×月×日

表 5-58 混凝土砌石体单元工程质量评定表填表说明

填表时必须遵守《填表基本规定》，并符合以下要求。

（1）单元工程划分：按砌石体施工检查验收的层、段划分，每砌筑 3～5m 高和施工段为一个单元工程。

（2）单元工程量：填写本单元工程砌石体工程量（m³）。

（3）项次 2～4 质量标准为符合设计要求，因内容多，本例采取将具体要求另页写出附于表后，在相应栏中填写见附页。基本项目项次 2 质量标准分为粗料石砌筑和毛石砌筑两类，本例砌石为粗料石，在粗料石旁用"√"标明。允许偏差项目，高程项分重力坝、拱坝、支墩坝，本例为重力坝，故在重力坝旁用"√"标明。

（4）基本项目项次 4 的质量标准栏中的"符合《规定》质量"。

（5）检测数量：保证项目项次 3，采用翻撬检查每砌筑层不少于 3 块；每砌筑 4～5m 高，进行一次钻孔压水试验；每100m²坝面钻孔 3 个，每次试验不少于 3 孔。项次 4 坝高1/3 以下，每砌筑 10m 高挖试坑一组；坝高 1/3 以上，砌体试坑组数由设计、施工单位共同商定。

基本项目：项次 1 抽查 3 处，每处面积不少于 10m²。项次 2 每 100m² 坝面抽查 1 处，每处面积不少于 10m²，每单元工程不少于 3 处。项次 3 抽查 3 处，每处面积不少于 10m²。

允许偏差项目：重力坝，沿坝轴线方向每 $10\sim20m$ 测 1 点，每单元工程不少于 10 点。拱坝、支墩坝，沿坝轴线方向每 $3\sim5m$ 测 1 点，每单元工程不少于 20 点。

（6）单元工程质量标准。

合格：保证项目符合质量评定标准；基本项目和允许偏差项目均符合相应合格质量标准。

优良：保证项目符合质量评定标准；基本项目全部符合相应合格质量标准，其中必须有大于等于 50％ 的项目符合优良质量标准，同时基本项目项次 3 与允许偏差项目必须优良。

表 5 - 58　　　　　　　　　　混凝土砌石体单元工程质量评定表

单位工程名称	××大坝		单元工程量		45.3m³	
分部工程名称	坝顶		施工单位		×××工程局	
单元工程名称、部位	2 号单元，0＋10～0＋20		检验日期		×年×月×日	
项次	保证项目	质量标准		检验记录		
1	石料	石料表面泥垢、青苔、油质等已冲洗干净，软弱边、尖角已敲除，保持湿润状态		上坝前石料表面泥垢、青苔已冲洗干净，对软弱边及尖角已敲除，保持湿润状态		
2	混凝土标号、配合比	符合设计要求（见附页）		混凝土抗压强度及配合比均符合设计要求（见附页）		
3	砌石体的密度、空隙率	符合设计要求（见附页）		规格符合规范：密度 2.56g/cm³，孔隙率 6.57%		
4	混凝土砌石体密实性、压水试验	符合设计要求（见附页）		符合设计要求（见附页）		
5	砌石体砌筑	采用铺浆法		采用铺浆法，先铺浆，再砌石、振捣		
项次	基本项目	质量标准		检验记录	质量等级	
		合格	优良		合格	优良
1	混凝土砌石体施工缝处理	基本无乳皮、残渣杂物、积水，砌筑面冲洗干净，局部光滑的混凝土面凿毛	无乳皮、残渣杂物、积水，砌筑面冲洗干净，局部光滑的混凝土面凿毛	施工缝基本无乳皮、残渣杂物和积水，砌筑面用高压水枪冲洗干净，对光滑的混凝土面凿毛 90%	√	
2	砌石体腹石摆放	√粗料石筑砌，宜一丁一顺，或一丁多顺，毛石筑砌，石块之间基本无线或面接触	完全符合《规定》质量要求	粗料石筑砌，一丁一顺，局部为一丁多顺，均符合质量要求		√
3	竖缝混凝土浇灌和捣插	一次填入高度不超过 40cm，分层振捣，无漏振、混凝土表面无孔洞	一次填入高度不超过 40cm，填major均匀，分层振捣无漏振、混凝土表面无孔洞，砌体密实	一次填入高度约 40cm，进行分层振捣，基本无漏振、混凝土表面无孔洞	√	
4	砌体冬、夏季和雨天砌筑	基本符合《规定》质量要求	完全符合《规定》质量要求	雨季砌筑施工符合规定要求		√

项次	允许偏差项目			设计值 /m	允许偏差 /cm	实测值 /cm	合格数 /点	合格率 /%
1	结构尺寸位置	平面		20	±4	1998，1999，2000，2002，2005，2004，2003，1999，1998，1995，1998，1999，2001，2002	19	90.5
		高程	√重力坝	1520.3	±3	152029，152030，152033，152031，152028，152029，152031		
			拱坝、支墩坝		±2	/		

评定意见	单元工程质量等级
保证项目全部符合质量标准；基本项目全部符合合格标准，其中有 50.0% 达到优良标准，项次 3 质量合格；允许偏差项目实测点合格率为 90.5%	合格

施工单位	××× ×年×月×日	建设（监理）单位	××× ×年×月×日

表 5-59 浆砌石坝混凝土面板单元工程质量评定表填表说明

填表时必须遵守《填表基本规定》，并符合以下要求。

（1）单元工程划分：按混凝土浇筑块划分单元工程。

（2）单元工程量：填写本单元工程混凝土浇筑量（m³）。

（3）本表是由施工单位按照建设监理复核的工序质量结果填写（从表头至评定意见），单元工程质量等级由建设监理复核评定。

（4）单元工程质量标准。

合格：项次 1～6 工序全部合格。

优良：除项次 6 面板混凝土浇筑质量必须优良外，其他 5 项中必须有 3 项为优良，余 2 项合格（或优良）。

表 5-59	浆砌石坝混凝土面板单元工程质量评定表

单位工程名称	××水库大坝	单元工程量	混凝土 250m³
分部工程名称	非溢流坝段第 1 分部	施工单位	×××工程局
单元工程名称、部位	20 号单元，0+60～0+70，▽400.0～▽423.0	评定日期	×年×月×日

项次	工序名称	工序质量等级
1	面板与浆砌石接触面处理	优良
2	混凝土施工缝处理	优良
3	模板	合格
4	钢筋（质量标准同表 5-12）	优良
5	止水及伸缩缝	优良
6	△面板混凝土浇筑	优良

评定意见	单元工程质量等级
全部工序质量达到合格标准，其中主要工序质量优良，其他 5 项中有 4 项为优良	优良

施工单位	××× ×年×月×日	建设（监理）单位	××× ×年×月×日

表 5-60 面板与浆砌石接触面处理工序质量评定表填表说明

填表时必须遵守《填表基本规定》，并符合以下要求。

（1）表头单位工程、分部工程、单元工程和施工单位按照表 5-59 填写。

（2）单元工程量：先填本单元工程混凝土浇筑量（m³），再填接触面处理面积（m²）。

（3）检验方法：现场观察、检查。

（4）工序质量标准。

合格：保证项目符合质量标准；基本项目合格。

优良：保证项目符合质量标准；基本项目优良。

表 5-60   面板与浆砌石接触面处理工序质量评定表

单位工程名称		××水库大坝		单元工程量	混凝土 250m³，接触面处理 236m²	
分部工程名称		非溢流坝段第 1 分部		施工单位	×××工程局	
单元工程名称、部位		20 号单元，0+60~0+70，▽400.0~▽423.0		检验日期	×年×月×日	
项次	保证项目	质量标准		检验记录		
1	面板与砌体接触表面	松动石块已清除干净；局部突出石块已凿平		松动石块、杂物被清除干净；局部突出处用钻子凿平，保证接触表面的平顺和良好接触		
项次	基本项目	质量标准		检验记录	质量等级	
		合格	优良		合格	优良
1	面板与砌体接触表面	浮渣、泥垢基本冲洗干净，保持湿润	浮渣、泥垢冲洗干净，保持湿润	面板与砌体接触表面的浮渣、泥垢用高压水枪冲洗干净，并随时洒水保持湿润		√
评定意见					工序质量等级	
保证项目全部符合质量标准；基本项目全部符合优良标准					优良	
施工单位	××× ×年×月×日		建设（监理）单位		××× ×年×月×日	

表 5-61 混凝土施工缝处理工序质量评定表填表说明

填表时必须遵守《填表基本规定》，并符合以下要求。

（1）表头单位工程、分部工程、单元工程和施工单位按照表 5-59 填写。

（2）单元工程量：先填本单元工程混凝土浇筑量（m³），再填施工缝处理面积（m²）。

（3）检验方法：现场全面检查并检核施工记录。

（4）工序质量标准。

合格：两项均合格。

优良：两项均优良，或一项优良一项合格。

表 5-61   混凝土施工缝处理工序质量评定表

单位工程名称	××水库大坝	单元工程量	混凝土 250m³，施工缝处理 236m²
分部工程名称	非溢流坝段第 1 分部	施工单位	×××工程局
单元工程名称、部位	20 号单元，0+60~0+70，▽400.0~▽423.0	检验日期	×年×月×日

项次	基本项目	质量标准		检验记录	质量等级	
		合格	优良		合格	优良
1	施工缝表面处理	浮皮清除，基本凿毛，冲洗无积水，无积渣、杂物	浮皮清除干净，全部凿毛，冲洗干净，无积水，无积渣、杂物	施工缝表面浮皮清除干净，并全部凿毛，用高压水枪冲洗干净，检查无积水，无积渣和其他杂物		√
2	老混凝土面上铺水泥砂浆	厚度2～3cm，基本无空白区出露	厚度2～3cm，无空白区出露，铺浆均匀	铺厚度3cm左右的水泥砂浆，检查基本无空白区出露，铺浆基本均匀	√	

评定意见		工序质量等级
基本项目全部符合合格标准，其中有项达到优良标准		优良

施工单位	××× ×年×月×日	建设（监理）单位	××× ×年×月×日

表5－62 模板工序质量评定表填表说明

填表时必须遵守《填表基本规定》，并符合以下要求。

（1）表头单位工程、分部工程、单元工程和施工单位按照表5－59填写。

（2）单元工程量：先填本单元工程混凝土浇筑量（m³），再填模板安装面积（m²）。

（3）保证项目质量标准为"符合设计要求"，本例采取另附页方式，故栏中填写（见附页）。允许偏差按模板性质分为3类，本例是外表面模板、钢模。故在钢模处用"√"标明。

（4）检验方法及数量。

1）保证项目和基本项目以现场全面检查为主。基本项目根据检查结果应在相应质量栏内用"√"标明。

2）允许偏差项目：每10m² 模板抽检2～3点。

（5）工序质量标准。

合格：保证项目符合质量标准；其他项目合格。

优良：保证项目符合质量标准；基本项目、允许偏差项目有1项优良，余项合格。

表5－62　　　　　　　　　　　模板工序质量评定表

单位工程名称	××水库大坝	单元工程量	混凝土250m³，模板170m²
分部工程名称	非溢流坝段第1分部	施工单位	×××工程局
单元工程名称、部位	20号单元，0+60～0+70，▽400.0～▽423.0	检验日期	×年×月×日

项次	保证项目	质量标准	检验记录		
1	模板稳定性、刚度、强度	符合设计要求（见附页）	全面检查所立模板支撑牢固、稳定、刚度、强度均符合设计要求		

项次	基本项目	质量标准		检验记录	质量等级	
		合格	优良		合格	优良
1	模板表面	基本光洁，无污物，板上无空洞，接缝基本严密	光洁，无污物，板上无空洞，接缝严密	钢模板表面光洁，无污物，板面无空洞，接缝严密		√

项次	允许偏差项目	允许偏差/mm 混凝土外表面（迎水面）		混凝土内表面（浇筑块侧面）	实测值/mm	合格数/点	合格率/%
		✓钢模	木模				
1	相邻板面高差	2	3		1.0、1.2、1.4、1.5、1.8、2.0、2.2、2.0、2.0、2.1、2.1、2.0、1.9、1.9、1.8、1.6、1.4、1.2、0.8、0.8、0.6、0.5、0.8、1.0、1.1、1.2	23	88.5
2	局部不平	2	5	10	0.5、0.9、1.0、1.5、2.0、2.0、1.8、2.2、2.3、2.0、1.9、1.8、1.5、1.0、0.5、0.6、1.0、1.2、1.7、1.8、1.9	19	90.5
3	板面缝隙	1		2	0.3、0.1、0.2、0.4、0.8、0.1、0.3、1.0、1.5、1.2、1.1、1.0、0.5、0.4、0.6、0.5、0.4、0.8、0.9、1.0、1.1	17	81.0
4	轮廓边线与设计边线偏差	10	10	15	5、5、4、8、7、6、3、0、0、2、7、9、11、12、10、8、7、4、5、2	18	90.0
评定意见						工序质量等级	
保证项目全部符合质量标准；基本项目全部符合**优良**标准；允许偏差项目实测点合格率87.5%						**优良**	
施工单位	××× ×年×月×日			建设（监理）单位		××× ×年×月×日	

表5-63 浆砌石坝面板混凝土浇筑工序质量评定表填表说明

填表时必须遵守《填表基本规定》，并符合以下要求。

（1）表头单位工程、分部工程、单元工程和施工单位按照表5-59填写。

（2）单元工程量：本工序工程量与单元工程量相同。

（3）保证项目栏中项次1质量标准为"符合设计规定"，因内容多，本例采取另附页方式，故栏中填写（见附页）。基本项目项次1，须填写设计混凝土坍落度值。允许偏差项目外表面平整度允许偏差指2m内，最大凹凸不超过±20mm。

（4）基本项目质量标准栏中的符合SD 120—84《浆砌石坝施工技术规定》要求。

（5）检验方法及数量。

1）保证项目：现场观察，检查原材料合格证或试验报告及施工记录。

2）基本项目：项次1每班抽检不少于3次；项次2、3现场观察，检查施工记录。

3）允许偏差项目：折模后用2m靠尺抽查1/5表面积。

（6）工序质量标准。

合格：保证项目符合相应质量标准；基本项目合格；允许偏差项目抽检总点数中大于等于70%在允许偏差范围内。

优良：保证项目符合相应质量标准；基本项目中混凝土坍落度检查优良，其他项目半数以上优良，余项合格；允许偏差项目抽检总点数中大于等于90%点在允许偏差范围内。

表 5－63　　　　　　　　　　　**浆砌石坝面板混凝土浇筑工序质量评定表**

单位工程名称	××水库大坝		单元工程量	混凝土 250m³
分部工程名称	非溢流坝段第 1 分部		施工单位	×××工程局
单元工程名称、部位	20 号单元，0＋60～0＋70，▽400.0～▽423.0		检验日期	×年×月×日

项次	保证项目	质量标准	检验记录
1	原材料、标号、相应的配合比	符合设计规定，无不合格混凝土入仓（见附页）	所用原材料、混凝土强度及配合比均符合设计要求（详见附页）无不合格混凝土入仓
2	混凝土浇筑	振捣密实、无蜂窝、洞穴，麻面不超过总面积的 0.5%	混凝土振捣密实、无蜂窝、洞穴，麻面不超过总面积的 0.3%
3	浇筑后的混凝土	无深层及贯穿裂缝，表面无露筋	折模后混凝土表面无裂缝，无露筋

项次	基本项目	质量标准		检验记录	质量等级	
		合格	优良		合格	优良
1	混凝土坍落度	符合《规定》要求，总检测次数中有大于等于 70%符合质量要求	符合《规定》要求，总检测次数中有大于等于 90%符合质量要求	设计坍落度 5～7cm，检测 10 次，实测值 5～10cm，有 9 次符合质量标准，有 90%符合		√
2	混凝土入仓	摊铺基本均匀，每层厚度不超过 50cm，分层清楚，基本无骨料集中现象	摊铺均匀，每层厚度不超过 50cm，分层清楚，无骨料集中现象	入仓混凝土摊铺基本均匀，每层摊铺厚度在 50cm，局部超厚 10cm，分层清楚，基本无骨料集中现象	√	
3	泌水	基本无外部水流入，泌水排除及时	无外部水流入，泌水排除及时	无外部水流入，泌水排除及时		√
4	养护	及时，基本保持湿润至规范规定的养护期	及时，保持湿润至规范规定的养护期	专人洒水养护 14d，一直保持湿润		√

项次	允许偏差项目	设计值	允许偏差/mm	实测值/mm	合格数/点	合格率/%
1	外表面（迎水面）的平整度		±20	10，5，8，11，14，21，20，18，15，10，7，8，25，13，15，11，14，8，10，12	18	90.0

评定意见		工序质量等级
保证项目符合质量标准；基本项目合格，其中混凝土坍落度**优良**，其他项目有 **2** 项优良，**1** 项合格；允许偏差项目实测点合格率 **90.0%**		优良

施工单位	××× ×年×月×日	建设（监理）单位	××× ×年×月×日

表 5－64 浆砌石坝水泥砂浆勾缝单元工程质量评定表填表说明

填表时必须遵守《填表基本规定》，并符合以下要求。

（1）单元工程划分：按勾缝的砌体面积或相应的砌体分段、分块划分单元工程。

（2）单元工程量：填写本单元工程水泥砂浆勾缝面积（m²）。

（3）项次 1 质量标准为"砂浆质量符合规定"，本例采取另附页说明，表中填（见附页）。

（4）检验方法及数量：保证项目，现场检查拌和记录，试验报告及施工记录。基本项目项次 1 每 10m² 砌体表面抽检不少于 5 处，每处不少于 1m 缝长，项次 2 砂浆初凝前通过压触对比抽检勾缝密实度，每 100m² 砌体表面至少抽检 10 点。

（5）单元工程质量标准。

合格：保证项目符合相应质量标准；其他项目合格。

优良：保证项目符合相应质量标准；基本项目中除勾缝密实度检查必须优良外；其他项目中任一项须为优良，余为合格（或优良）。

表 5－64　　　　　　　浆砌石坝水泥砂浆勾缝单元工程质量评定表

单位工程名称	××水库大坝		单元工程量	M7.5 水泥砂浆，55m²
分部工程名称	大坝联接段		施工单位	×××工程局
单元工程名称、部位	2 号单元，1＋10～1＋15，▽402.0～▽404.0		检验日期	×年×月×日

项次	保证项目	质量标准	检验记录
1	勾缝砂浆	单独拌制，砂浆质量符合规定（见附页）	砂浆单独拌制，砂浆强度、配合比、拌和时间均符合设计要求及规定，离差系数 C_V＝0.21（见试验资料）
2	砂浆用原材料	符合规范规定，砂料宜用细砂，水泥宜用普通硅酸盐水泥	水泥检验质量合格；砂料质量检验各项指标符合标准规定
3	缝槽处理	清洗干净，无残留灰渣和积水，保持缝面湿润	缝槽清洗干净，无残留灰渣、积水、始终使缝墙面保持湿润

项次	基本项目	质量标准		检验记录	质量等级	
		合格	优良		合格	优良
1	清缝宽度	不小于砌缝宽度	不小于砌缝宽度	经检查各清缝宽度均大于砌缝宽度，即大于等于 50mm		√
1	清缝深度（水平缝）竖缝深度	≥40mm ≥50mm 总检测数中有大于等于 70%符合质量要求	不小于 40mm 不小于 50mm 总检测数中有大于等于 90%符合质量要求	水平缝：检测 20 点，测值在 38～60mm，其中有 2 点测值小于 40mm，有 90%符合质量标准。竖缝：检测 20 点，其值 45～58mm，其中有 3 点测值小于 50mm，有 85%符合质量标准	√	
2	砂浆勾缝密实度	分次填充、压实、密实度符合要求。检测总点数中有大于等于 70%测点符合质量要求	分次填充、压实、密实度符合要求。检测总点数中有大于等于 90%测点符合质量要求	分数次进行填充、压实、检测密实度 20 处，其中有 3 处不密实，即检测总点数中 85%符合质量要求	√	
3	缝面养护	基本及时养护，基本保持 21d 湿润	及时养护，保持 21d 湿润	养护及时，保持 21d 湿润		√

评定意见					工序质量等级	
保证项目符合质量标准；基本项目中砂浆勾缝密实度质量合格，其他项目有 2 项优良，1 项合格					合格	

施工单位	×××　　×年×月×日	建设（监理）单位	×××　　×年×月×日

表 5－65 浆砌石溢洪道溢流面砌筑工序质量评定表填表说明

填表时必须遵守《填表基本规定》，并符合以下要求。

（1）项次 1、2、5 质量标准中有"符合设计要求"，本例项次 1 将石料设计标号（饱和抗压强度）40.0MPa 填写在检验记录栏；项次 2、5，因内容多，采用另附页方式，故在相应质量标准栏内填写（见附页）。

（2）检验方法及数量。

1）保证项目，逐块检查。

2）基本项目：每 100m² 抽查 1 处，每处 10m²，每单元不少于 3 处。

3）允许偏差项目，每 100m² 抽查 20 个点。

（3）工序质量标准。

合格：保证项目符合质量标准；基本项目符合相应合格质量标准；允许偏差项目检测总点数中大于等于 70%测点在允许偏差范围内。

优良：保证项目符合质量标准；基本项目符合优良质量标准；允许偏差项目检测总点数中有大于等于 90%测点在允许偏差范围内。溢流面砌筑质量必须优良，另一项合格（或优良）。

表 5－65 浆砌石溢洪道溢流面砌筑工序质量评定表

单位工程名称	××溢洪道工程			单元工程量	浆砌石 78.5m³		
分部工程名称	溢流堰第 1 分部工程			施工单位	×××工程局		
单元工程名称、部位	3 号单元，0＋60～0＋80，▽1545.5～▽1552.0			检验日期	×年×月×日		

项次	保证项目	质量标准			检验记录			
1	石料	强度符合设计，长度大于等于 600mm，高大于 250mm，长厚比小于等于 3，棱角分明，表面平整，同一面最大高差 10mm，外露面平面高差小于等于 2mm			设计强度不小于 40MPa，检验结果符合设计要求，长度 600～650mm，高 250～270mm，长厚比 2.9～3，棱角分明，表面平整，同一面最大高差 6～10.5mm，外露面高差 1.8～2mm（见附页）			
2	砂浆强度配合比	符合设计要求与规范规定（见附页）			砂浆强度、配合比均符合设计要求（见附页）			
3	铺浆	均匀、无裸露石块			砌体铺筑基本均匀、无裸露石块			
4	砌体灌缝	密实、饱满，无架空现象			砌缝灌浆密实、饱满，无架空现象			
5	砌体密实度、空隙率	符合设计要求（见附页）			符合设计要求			

项次	基本项目	质量标准		检验记录	质量等级	
		合格	优良		合格	优良
1	砂浆沉入度（设计 10mm）	70%及其以上测点符合设计要求	90%及其以上测点符合设计要求	检测 10 次，测值为 8～11mm，即有 80%测点符合要求	√	
2	砌缝宽度（15～20mm）	基本符合要求	符合要求	检测 20 点，其测值为 16～21mm，18 点符合要求，即有 90%测点符合		√
3	砌体组砌形式	上下错缝，全部丁砌，或一丁一顺。相邻砌面高差小于等于 5mm	上下错缝，全部丁砌，或一丁一顺。相邻砌面高差小于等于 3mm	上下错缝，一丁一顺。相邻砌面高差最大 5.5mm 基本符合质量标准	√	

项次	允许偏差项目		设计值/m	允许偏差/cm	实测值/cm	合格数/点	合格率/%
1	平面尺寸	溢流堰顶	19.5	±1	1950，1951，1951，1951.5，1949.5，1949.9，1950.5	7	100
2		轮廓尺寸		±2			

项次	允许偏差项目		设计值/m	允许偏差/cm	实测值/cm	合格数/点	合格率/%
3	高程	堰顶	1555.7	±1	155570，155569，155571，155571，155569，155569.5，155570.5	7	100
4		其他部位		±2			
5	表面平整度			2	1，2，2，3，1，1，2，1，1，1	9	90.0
				评定意见		工序质量等级	
保证项目全部符合质量标准；基本项目全部符合合格标准；允许偏差项目实测点合格率为96.7%						合格	
施工单位		××× ×年×月×日		建设（监理）单位		××× ×年×月×日	

<h3 style="text-align:center">表 5-66 浆砌石墩（墙）砌筑工序质量评定表填表说明</h3>

填表时必须遵守《填表基本规定》，并符合以下要求。

（1）单元工程量：本工序工程量与单元工程量相同。

（2）项次1、2质量标准为"符合设计要求及规范规定"，本例采用另附页方式，故在相应质量标准栏内填写（见附页）。

（3）检验方法及数量。

1）保证项目：全面现场观察检查，查阅试验报告。

2）基本项目：全面检查，现场观察检查，项目2按墩、墙长度每20m抽查1处，每处3延米长，但每个单元工程不得少于3处。

3）允许偏差项目：按墩（墙）长度每20延米抽查1处，每处各测5点，每个单元工程不少于3处。

（4）工序质量标准。

合格：保证项目符合相应质量标准；基本项目符合合格质量标准；允许偏差项目中每项应有大于等于70%测点在相应允许偏差范围内。

优良：保证项目符合相应质量标准；基本项目符合合格质量标准；其中基本项目2必须优良；允许偏差项目中每项须有大于等于90%测点在允许偏差范围内。

表 5-66　　　　　　　　　　浆砌石墩（墙）砌筑工序质量评定表

单位工程名称		××拦河坝	单元工程量	浆砌石 78.5m³
分部工程名称		消能防冲段引导墙	施工单位	×××工程局
单元工程名称、部位		1号单元，0+10～0+30，▽1562.0～▽1565.0	检验日期	×年×月×日
项次	保证项目	质量标准	检验记录	
1	砂浆或混凝土标号，配合比	符合设计及规范要求（见附页）	砂浆标号、配合比均符合设计要求（见附页）	
2	石料质量、规格	符合设计要求和施工规范规定（见附页）	石料质量、规格均符合设计要求（见石料试验报告，附页）	
3	浆砌石墩（墙）的临时间断处	间断处的高低差不大于1m并留有平缓阶台	临时间断处高低差在0.6～1.0m，施工中留有平缓阶台	

项次	基本项目	质量标准		检验记录	质量等级	
		合格	优良		合格	优良
1	浆砌石墩（墙）的砌筑次序	基本符合：先砌筑角石，再砌筑镶面石，最后砌筑填腹石，镶面石的厚度不小于30cm	全部符合：先砌筑角石，再砌筑镶面石，最后砌筑填腹石，镶面石的厚度不小于30cm	**基本符合：先砌筑角石，再砌筑镶面石，最后砌筑填腹石，且镶面石的厚度均大于30cm**	√	
2	浆砌石墩（墙）的组砌形式	组砌形式基本符合：内外搭砌，上下错缝，丁砌石分布均匀，面积不小于墩（墙）砌体全部面积的1/5，长度大于60cm	组砌形式全部符合：内外搭砌，上下错缝，丁砌石分布均匀，面积不小于墩（墙）砌体全部面积的1/5，长度大于60cm	**组砌形式基本符合：内外搭砌，上下错缝，丁砌石分布均匀，面积大于墙砌体全部面积的1/5，长度大于60cm**	√	

项次	允许偏差项目		设计值/m	允许偏差/cm	实测值/cm	合格数/点	合格率/%
1	轴线位置		**1.2**	1	**120，121，120，121，120，121，121，120，121.5，121.6**	10	100
2	顶面标高		**56.2**	±1.5	**5619，5620，5621，5620，5619，5620**	6	100
3	厚度	有闸门部位	**1.5**	±1	**149，150，151，149.5，150.5，151.5，149.5，149.8，150.8，150.9**	9	90.0
		无闸门部位		±2			

评定意见		工序质量等级
保证项目全部符合质量标准；基本项目全部符合合格标准，其中基本项目2为**合格**；允许偏差项目各项实测点合格率为**90.0%～100%**		合格

施工单位	××× ×年×月×日	建设（监理）单位	××× ×年×月×日

3. 堤防工程

表5-67 堤基清理单元工程质量评定表填表说明

填表时必须遵守《填表基本规定》并符合以下要求。

（1）单元工程划分：按相应填筑单元工程划分。

（2）检验数量。

检查项目：全面检查。

检测项目：①堤基清理范围应根据工程级别、沿堤线长度每20～50m测量一次，每个单元工程不少于10次；②压实质量按清基面积每400～800m²取样一次测试干密度。

（3）检测项目合格率为合格点数除以总测点数。

合格：检查项目达到质量标准，清理范围检测合格率不小于70%，压实质量合格率不小于80%。

优良：检查项目达到质量标准，清理范围检测合格率不小于90%，压实质量合格率不小于90%。

表 5－67　　　　　　　　　　　　堤基清理单元工程质量评定表

单位工程名称		××河堤防加固	单元工程量	堤脚 980m²，堤坡 535m²		
分部工程名称		堤基处理	检验日期	×年×月×日		
单元工程名称、部位		2 号单元，76K＋200～76K＋320	评定日期	×年×月×日		
项次		项目名称	质量标准	检验结果		评定
检查项目	1	基面清理	堤基表层没有不合格土，杂物全部清除	堤脚基耕植层已推平，堤坡植物已清除并已开挖成阶梯状		达到标准
	2	一般堤基处理	堤基上的坑塘洞穴已按要求处理	堤脚基面坑塘均已填平		达到标准
	3	堤基平整压实	表面无显著凹凸，无松土，无弹簧土	清理基面无松土，表面平整，已碾压		达到标准
检测项目	1	堤基清理范围	堤基清理边界超过设计基面边线 0.3m	总测点数	合格点数	合格率	优良
				14	14	100%	
	2	堤基表面压实	设计干密度不小于 1.56t/m³	总测点数	合格点数	合格率	优良
				12	11	91.7%	
施工单位自评意见		质量等级	监理单位复核意见	核定质量等级		
检查项目全部达到质量标准，清理范围检测合格率 100%，压实合格率 91.7%		优良	经复核，施工单位自评结果无误	优良		
施工单位名称		×××××工程局	监理单位名称	××监理公司×× 监理站		
测量员	初检负责人	终检负责人				
××× ×年×月×日	××× ×年×月×日	××× ×年×月×日	核定人	××× ×年×月×日		

表 5－68 土料碾压筑堤单元工程质量评定表填表说明

填表时必须遵守《填表基本规定》，并符合以下要求。

（1）单元工程划分：按填筑层、段划分，每一填筑层、段为一单元工程。

（2）检验数量。

检查项目：全面检查。

检测项目：①铺料厚度每 100～200m² 测 1 次；②铺填边线沿堤轴线长度每 20～50m 测 1 次；③压实指标为主要检测项目，每层填筑 100～150m³ 取样 1 个测干密度，每层不少于 5 次。对加固的狭长作业面，可按每 20～30m 长取样 1 个测干密度。

（3）检测项目合格率为合格点数除以总测点数。

（4）铺边线对人工、机械要求不同，本单元工程系采用机械铺料，故在"机械"前用 "√"标明。

（5）单元工程质量标准。

合格：检查项目达到质量标准，铺料厚度和铺填边线偏差合格率不小于 70%。土体压实干密度合格率符合表 5－69 规定。

优良：检查项目达到质量标准，铺料厚度和铺填边线偏差合格率不小于 90%。检测土体压实干密度合格率超过表 5－69 数值 5% 以上。

表 5－68　　　　　　　　　　土料碾压筑堤单元工程质量评定表

单位工程名称		××河堤防加固		单元工程量		1500m³
分部工程名称		堤身填筑		检验日期		×年×月×日
单元工程名称、部位		2号单元，76K＋200～76K＋320，▽84.3～▽84.5		评定日期		×年×月×日
项次		项目名称	质量标准	检验结果		评定
检查项目	1	△上堤土料土质、含水率	无不合格土，含水率适中	上堤土料符合质量标准（见附页）		达到标准
	2	土块粒径	根据压实机具，土块限制在10cm以内	无坚硬土块，粒径小于10cm		达到标准
	3	作业段划分、搭接	机械作业不少于100m，人工作业不少于50m，搭接无界沟	机械作业，段长110～120m搭接处水平上升，无界沟		达到标准
	4	碾压作业程序	碾压机械行走平行于堤轴线，碾迹及搭接碾压符合要求	碾压作业符合要求		达到标准

检测项目	1	铺料厚度	允许偏差：0～－5cm（设计铺料厚度25cm）	总测点数	合格点数	合格率	优良
				54	49	90.7%	
	2	铺料边线	允许偏差：人工＋10～＋20cm，√机械＋10～＋30cm	总测点数	合格点数	合格率	优良
				12	12	100%	
	3	△压实指标	设计干密度不小于1.56t/m³	总测点数	合格点数	合格率	优良
				16	16	100%	

施工单位自评意见	质量等级	监理单位复核意见	核定质量等级
检查项目达到质量标准；铺料厚度和铺料边线合格率为95.35%，压实干密度合格率100%	优良	经复核，施工单位自评结果无误	优良

施工单位名称		×××工程公司		监理单位名称	××监理公司××监理站
测量员	初检负责人	终检负责人			
×××	×××	×××		核定人	×××
×年×月×日	×年×月×日	×年×月×日			×年×月×日

表 5－69　　　　　　　　　　土体压实干密度合格率表

项　次	填筑类型	筑堤材料	压实干密度合格下限/%	
			1级、2级土堤	3级土堤
1	新填筑堤	黏性土	85	80
		少黏性土	90	85
2	老堤加高、培厚	黏性土	85	80
		少黏性土	85	80

注　不合格样干密度值不得低于设计值的96%；不合格样不得集中在局部范围内。

表 5－70　土料吹填筑堤单元工程质量评定表填表说明

填表时必须遵守《填表基本规定》并符合以下要求。

（1）单元工程划分：按围堰、仓、段划分，每一围堰、仓、段为一个单元工程。

（2）检验数量。

检查项目：全面检查。

检测项目：按吹填区每50～100m测一横断面，每个断面测点不应少于4个。吹填区土料固结干密度按每200～400m² 取一个土样。

（3）检测项目合格率为合格点数除以总测点数。

（4）吹填平整度，对细粒土、粗粒土要求不同，本单元工程为细粒土，故在"细粒土0.5～1.2m"前面用"√"标明.

（5）单元工程质量标准。

合格：检查项目达到质量标准，吹填高程、宽度、平整度合格率不小于70%，初期固结干密度合格率达到表5-69规定。

优良：检查项目达到质量标准，吹填高程、宽度、平整度合格率不小于90%，初期固结干密度合格率超过表5-69要求5%以上。

表 5-70　　　　　　　　　　**土料吹填筑堤单元工程质量评定表**

单位工程名称	××河堤防填筑			单元工程量		20000m³	
分部工程名称	堤身填筑			检验日期		×年×月×日	
单元工程名称、部位	1号单元，43K+100～43K+385			评定日期		×年×月×日	
项次	项目名称	质量标准		检验结果			评定
检查项目 1	吹填土质	符合设计要求（见附页）		符合设计要求（见附页）			达到标准
检查项目 2	吹填区围堰	符合设计要求，无严重溃堤塌方事故		围堰质量符合设计要求，无塌方事故			达到标准
检查项目 3	泥砂颗粒分布	吹填区沿程沉积泥砂颗粒级配无显著差异		吹填区土质较均匀			达到标准
检测项目 1	吹填高程	允许偏差：0～+0.3m		总测点数	合格点数	合格率	优良
				12	11	91.6%	
检测项目 2	吹填区宽度	区宽小于50m，允许偏差±0.5m；区宽大于50m，允许偏差±1.0m		总测点数	合格点数	合格率	优良
				3	3	100%	
检测项目 3	吹填平整度	√细粒土±0.5～1.2m 粗粒土±0.8～1.6m		总测点数	合格点数	合格率	优良
				12	12	100%	
检测项目 4	吹填干密度	设计干密度不小于1.5t/m³		总测点数	合格点数	合格率	优良
				22	20	90.9%	
施工单位自评意见		质量等级		监理单位复核意见		核定质量等级	
检查项目达到质量标准；吹填高程、吹填区宽度、平整度合格率为97.2%，吹填干密度合格率90.9%		优良		经复核，施工单位自评结果无误		优良	
施工单位名称	×××工程公司			监理单位名称		××监理公司××监理站	
测量员	初检负责人		终检负责人				
××× ×年×月×日	××× ×年×月×日		××× ×年×月×日	核定人		××× ×年×月×日	

表 5 - 71　土料吹填压渗平台单元工程质量评定表填表说明

填表时必须遵守《填表基本规定》并符合以下要求。

（1）单元工程划分：按围堰仓、段划分，每一仓、段为一个单元工程。

（2）检验数量。

检查项目：全面检查。

检测项目：按吹填区每 50～100m 测一横断面，每个断面测点不应少于 4 个。

（3）检查项目 1、2 项质量标准为"符合设计要求"，因该栏书写不下，另写在附页中，在表中注明"（见附页）"。检验结果如书写不下，也可另写在附页中，并注明"（见附页）"。

（4）检测项目合格率为合格点数除以总测点数。

（5）吹填平整度，对细粒土、粗粒土要求不同，本单元工程为细粒土，故在"细粒土 0.5～1.2m"前面用"√"标明。

（6）单元工程质量标准。

合格：检查项目达到质量标准，吹填高程、宽度、平整度合格率不小于 70%。

优良：检查项目达到质量标准，吹填高程、宽度、平整度合格率不小于 90%。

表 5 - 71　　　　　土料吹填压渗平台单元工程质量评定表

单位工程名称			××河段堤防加固		单元工程量		7000m³	
分部工程名称			压渗平台		检验日期		×年×月×日	
单元工程名称、部位			3 号单元，102K＋50～102K＋150		评定日期		×年×月×日	
项次		项目名称	质量标准		检验结果			评定
检查项目	1	吹填土质	符合设计要求（见附页）		按设计取土场实施（见附页）			达到标准
	2	吹填区围堰	符合设计要求，无严重溃堤塌方事故（见附页）		符合设计要求（见附页）			达到标准
	3	泥沙颗粒分布	吹填区沿程沉积泥沙颗粒级配无显著差异		泥沙颗粒分布较均匀			达到标准
检测项目	1	吹填高程	允许偏差：0～＋0.3m	总测点数	合格点数	合格率	优良
				8	8	100%	
	2	吹填区宽度	区宽小于 50m，允许偏差±0.5m；区宽大于 50m，允许偏差±1.0m	总测点数	合格点数	合格率	优良
				4	8	100%	
	3	吹填平整度	√细粒土±（0.5～1.2）m 粗粒土±(0.8～1.6)m	总测点数	合格点数	合格率	优良
				8	8	100%	
施工单位自评意见		质量等级		监理单位复核意见		核定质量等级	
检查项目达到质量标准，检测项目合格率 100%		优良		经复核，施工单位自评结果无误		优良	
施工单位名称		×××工程公司		监理单位名称		××监理公司××监理站	
测量员		初检负责人	终检负责人			×××	
××× ×年×月×日		××× ×年×月×日	××× ×年×月×日	核定人		××× ×年×月×日	

表 5-72 黏土防渗体填筑单元工程质量评定表填表说明

填表时必须遵守《填表基本规定》并符合以下要求。

（1）单元工程划分：按层、段划分，每一填筑层、段为一个单元工程。

（2）检验数量。

检查项目：全面检查。在 4 项检查项目中"上堤土料土质、含水率"是主要检查项目，必须符合设计和碾压试验确定的要求。

检测项目：铺料厚度、铺填宽度及压实密度可按堤轴线长度每 20～30m 取 1 个样，或按填筑面积 100～200m² 取 1 个样。

（3）检测项目合格率为合格点数除以总测点数。

（4）单元工程质量标准。

合格：检查项目达到质量标准，铺料厚度、铺填宽度合格率不小于 70%，土体压实干密度合格率不小于表 5-73 规定。

优良：检查项目达到质量标准，铺料厚度、铺填宽度合格率不小于 90%，土体压实干密度合格率超过表 5-73 规定的 5% 以上。

本例为 2 级堤防，故干密度合格率 90.0%，只能评为合格。

表 5-72　　　　　黏土防渗体填筑单元工程质量评定表

单位工程名称		××护岸工程		单元工程量		1200m³	
分部工程名称		堤身防护		检验日期		×年×月×日	
单元工程名称、部位		38 号单元，××河段		评定日期		×年×月×日	
项次		项目名称	质量标准	检验结果			评定
检查项目	1	△上堤土料土质、含水率	无不合格土，含水率适中	上堤土料符合设计要求			达到标准
	2	土块粒径	根据压实机具，土块限制在 10cm 以内	土料块径在 10cm 以内，个别大块土已敲碎			达到标准
	3	作业段划分、搭接	机械作业不少于 100m，人工作业不少于 50m，搭接无界沟	机械作业长度 100m 搭接无明显界沟			达到标准
	4	碾压作业程序	碾压机械行走平行于堤轴线，碾迹及搭接碾压符合要求	符合施工要求			达到标准
检测项目	1	铺料厚度	允许偏差：0～-5cm	总测点数	合格点数	合格率	优良
				29	28	96.6%	
	2	铺料边线	允许偏差：0～-10cm	总测点数	合格点数	合格率	优良
				30	30	100%	
	3	△压实指标	设计干密度不小于 1.56t/m³	总测点数	合格点数	合格率	合格
				30	27	90.0%	
施工单位自评意见			质量等级	监理单位复核意见		核定质量等级	
检查项目达到质量标准；铺料厚度和铺料边线合格率为 98.3%，压实干密度合格率 90.0%			合格	经复核，施工单位自评结果无误		合格	
施工单位名称		×××工程公司		监理单位名称		××监理公司××监理站	
测量员		初检负责人	终检负责人				
×××		×××	×××	核定人		×××	
×年×月×日		×年×月×日	×年×月×日			×年×月×日	

表 5 - 73 　　　　　　　　　　　　　　土体压实干密度合格率

工程名称	干密度合格率下限/%	
	1级、2级堤防	3级堤防
黏土防渗体	90	85

注　不合格样干密度不得低于设计干密度值的 96%；不合格样不得集中在局部范围内。

表 5 - 74 砂质土堤堤坡堤顶填筑单元工程质量评定表填表说明

填表时必须遵守《填表基本规定》并符合以下要求。

（1）单元工程划分：按层、段划分，每一填筑层、段为一个单元工程。

（2）检验数量。

检查项目：全面检查，在 4 项检查项目中"上堤土料土质、含水率"是主要检查项目，迎水坡和堤顶应选择黏性土，背水坡包边土质应符合设计要求。

检测项目：铺土厚度、宽度及压实干密度检测数量：包边沿堤每 20~30m 各测 1 次；盖顶每 200~400m² 各测 1 次。

（3）检查项目 2，按施工方法不同，质量标准各异，采用哪种施工方法，就在该方法上用"√"标明，本例采用人工运土，机械碾压筑堤，故在该处用"√"标明。

（4）检测项目：合格率为合格点数除以总测点数。

（5）单元工程质量标准。

合格：检查项目达到质量标准，铺筑厚度、宽度合格率不小于 70%，土体压实干密度合格率不小于表 5 - 69 规定。

表 5 - 74 　　　　　　　　　　砂质土堤堤坡堤顶填筑单元工程质量评定表

单位工程名称	××河堤加固			单元工程量	1800m³	
分部工程名称	吹填体包淤			检验日期	×年×月×日	
单元工程名称、部位	4 号单元，102K＋50~102K＋160			评定日期	×年×月×日	
项次	项目名称	质量标准		检验结果		评定
检查项目 1	△上堤土料土质、含水率	无不合格土，含水率适中		土料符合设计要求（见附页）		达到标准
检查项目 2	土块粒径	根据压实机具，土块限制在 10cm 以内		无大体积土块		达到标准
检查项目 3	作业段划分、搭接	机械作业不少于 100m，人工作业不少于 50m，搭接无界沟		机械作业长度 110m，搭接无明显界沟		达到标准
检查项目 4	碾压作业程序	碾压机械行走平行于堤轴线，碾迹及搭接碾压符合要求		符合施工规范要求		达到标准
检测项目 1	铺料厚度	允许偏差：0~−5cm	总测点数	合格点数	合格率	优良
			10	9	90.0%	
检测项目 2	砂质土堤堤坡堤顶宽度或厚度	人工、机械运土碾压筑堤允许偏差：−3cm；吹填筑堤允许偏差：−5cm	总测点数	合格点数	合格率	优良
			10	10	100%	
检测项目 3	△压实指标	设计干密度不小于 1.56t/m³	总测点数	合格点数	合格率	合格
			10	9	90.0%	

续表

施工单位自评意见		质量等级	监理单位复核意见	核定质量等级
检查项目达到质量标准；铺料厚度、堤顶宽度合格率为 95.0%，压实指标合格率 90.0%		合格	经复核，施工单位自评结果无误	合格
施工单位名称		×××工程公司	监理单位名称	××监理公司××监理站
测量员	初检负责人	终检负责人		
×××	×××	×××	核定人	×××
×年×月×日	×年×月×日	×年×月×日		×年×月×日

表 5-75 护坡垫层单元工程质量评定表填表说明

填表时必须遵守《填表基本规定》并符合以下要求。

（1）单元工程划分：按施工段划分。

（2）检查项目：项次1、3质量标准栏中按填表说明"一般规定"要求，应注明所采用的规范名称及编号。检查项目项次2质量标准栏空间有限，故将设计具体要求写于16开大小的纸上，作为本表附页。

（3）检验数量。

检查项目：全面检查。

检测项目：垫层厚度每 20m^2 测 1 次。

（4）检测项目：合格率为合格点数除以总测点数。

（5）单元工程质量标准。

合格：检查项目达到质量标准，检测项目合格率不小于 70%。

优良：检查项目达到质量标准；检测项目合格率不小于 90%。

表 5-75　　　　　　　　护坡垫层单元工程质量评定表

单位工程名称		××江河道整治工程		单元工程量		3600m³
分部工程名称		丁坝护坡		检验日期		×年×月×日
单元工程名称、部位		1号单元，1~3坝垫层		评定日期		×年×月×日
项次		项目名称	质量标准	检验结果		评定
检查项目	1	基面	按 SL 260—2014《堤防工程施工规范》验收合格	基面坚实，基本平整，无杂物		达到标准
	2	垫层材料	符合设计要求（见附页）	砂及碎石粒径级配符合要求		达到标准
	3	垫层施工方法和程序	符合 SL 260—2014《堤防工程施工规范》要求	按规范工艺施工		达到标准
检测项目	1	垫层厚度	偏小值不大于设计厚度的 15%（设计垫层厚度 20cm）	总测点数	合格点数	合格率	优良
				84	82	97.6%	
施工单位自评意见			质量等级	监理单位复核意见		核定质量等级
检查项目达到质量标准；检测项目合格率 97.6%			优良	经复核，施工单位自评结果无误		优良
施工单位名称			×××工程局	监理单位名称		××监理公司××监理站
测量员		初检负责人	终检负责人			
×××		×××	×××	核定人		×××
×年×月×日		×年×月×日	×年×月×日			×年×月×日

表 5 - 76 毛石粗排护坡单元工程质量评定表填表说明

填表时必须遵守《填表基本规定》并符合以下要求。

（1）单元工程划分：按施工检查验收的区、段划分，以每一区、段为一个单元工程。

（2）检测数量：厚度及平整度沿堤轴线长每 20m 应不少于一个测点。

（3）检测项目：砌体设计厚度按施工图填写。合格率为合格点数除以总测点数。

（4）单元工程质量标准。

合格：检查项目达到质量标准；检测项目合格率不小于 70%。

优良：检查项目达到质量标准；检测项目合格率不小于 90%。

表 5 - 76　　　　　毛石粗排护坡单元工程质量评定表

单位工程名称	××江河道整治工程		单元工程量		3000m³	
分部工程名称	丁坝护坡		检验日期		×年×月×日	
单元工程名称、部位	1 号单元，1～3 坝石护坡		评定日期		×年×月×日	
项次	项目名称	质量标准	检验结果			评定
检查项目 1	石料	质地坚硬无风化，单块质量大于等于 25kg，最小边长大于等于 15cm	进厂石料符合要求。抗压强度 50.0MPa，软化系数 0.8，单块质量及尺寸大小均符合要求			达到标准
检查项目 2	石料排砌	禁用小石、片石，不得有通缝	无小石、片石，结合平稳无通缝			达到标准
检查项目 3	缝宽	无宽度在 3cm 以上，长度在 0.5m 的连续缝	无 0.5m 以上连续缝			达到标准
检测项目 1	砌体厚度（设计 80cm）	允许偏差为设计厚度的 ±10%	总测点数 18	合格点数 18	合格率 100%	优良
检测项目 2	坡面平整度	2m 靠尺检测凹凸不超过 10cm	总测点数 25	合格点数 23	合格率 92.0%	优良
施工单位自评意见		质量等级	监理单位复核意见		核定质量等级	
检查项目达到质量标准；检测项目合格率 96.0%		优良	经复核，施工单位自评结果无误		优良	
施工单位名称	×××工程局			监理单位名称	××监理公司××监理站	
测量员	初检负责人	终检负责人				
××× ×年×月×日	初检负责人 ×年×月×日	终检负责人 ×年×月×日		核定人	××× ×年×月×日	

表 5 - 77 干砌石护坡单元工程质量评定表填表说明

填表时必须遵守《填表基本规定》并符合以下要求。

（1）单元工程划分：按施工检查验收的区、段划分，以每一区、段为一个单元工程。

（2）检测数量：厚度及平整度沿堤轴线长每 20m 应不少于一个测点。

（3）检测项目：砌石厚度设计值按施工图填写。合格率为合格点数除以总测点数。

（4）单元工程质量标准。

合格：检查项目达到质量标准；检测项目合格率不小于 70%。

优良：检查项目达到质量标准；检测项目合格率不小于90%。

表 5－77　　　　　　　　　干砌石护坡单元工程质量评定表

单位工程名称	××河险工改建工程		单元工程量		900m³	
分部工程名称	险工护岸		检验日期		×年×月×日	
单元工程名称、部位	25 护岸护坡，××河段		评定日期		×年×月×日	
项次		项目名称	质量标准	检验结果		评定
检查项目	1	面石用料	质地坚硬无风化，单块质量大于等于 25kg，最小边长大于等于20cm	石料符合设计要求。抗压强度55.0MPa，软化系数 0.78，单块质量、尺寸均符合要求		达到标准
	2	腹石砌筑	排紧填严，无淤泥杂质	腹石填充紧密		达到标准
	3	面石砌筑	禁止使用小块石，不得有通缝、对缝、浮石、空洞	面石无小块石、通缝、对缝、浮石、空洞		达到标准
	4	缝宽	无宽度在 1.5cm 以上，长度在 0.5m 的连续缝			
检测项目	1	砌石厚度（设计 50cm）	允许偏差为设计厚度的±10%	总测点数	合格点数	合格率	优良
				12	12	100%	
	2	坡面平整度	2m 靠尺检测凹凸不超过 5cm	总测点数	合格点数	合格率	优良
				12	11	91.7%	
施工单位自评意见			质量等级	监理单位复核意见		核定质量等级
检查项目达到质量标准；检测项目合格率95.8%			优良	经复核，施工单位自评结果无误		优良
施工单位名称		×××工程局		监理单位名称		××监理公司××监理站
测量员	初检负责人		终检负责人	核定人		×××
×××　×年×月×日	×××　×年×月×日		×××　×年×月×日			×××　×年×月×日

表 5－78 浆砌石护坡单元工程质量评定表填表说明

填表时必须遵守《填表基本规定》并符合以下要求。

（1）单元工程划分：按施工检查验收的区、段划分，以每一区、段为一个单元工程。

（2）检查数量：厚度及平整度沿堤轴线长每 10～20m 不少于一点。

（3）检测项目：厚度设计值系按施工图填写，合格率为合格点数除以总测点数。

（4）单元工程质量标准。

合格：检查项目达到质量标准；检测项目合格率不小于 70%。

优良：检查项目达到质量标准；检测项目合格率不小于 90%。

表 5－78　　　　　　　　　浆砌石护坡单元工程质量评定表

单位工程名称	××河险工改建工程	单元工程量	1800m³
分部工程名称	险工护岸	检验日期	×年×月×日
单元工程名称、部位	7 号单元，11～13 垛	评定日期	×年×月×日

续表

项次		项目名称	质量标准	检验结果			评定
检查项目	1	石料、水泥、砂	符合 SL 260—2014《堤防工程施工规范》要求	进厂材料检验合格			达到标准
	2	砂浆配合比	符合设计要求（见附页）	按试验配合比搅拌			达到标准
	3	浆砌	空隙用小石填塞，不得用砂浆充填，坐浆饱满，无空隙	填充密实、无空隙			达到标准
	4	勾缝	无裂缝、脱皮现象	无裂缝、无脱皮现象			达到标准
检测项目	1	砌石厚度（设计 40cm）	允许偏差为设计厚度的±10%	总测点数 18	合格点数 17	合格率 94.4%	优良
	2	坡表平整度	2m 靠尺检测凹凸不超过 5cm	总测点数 18	合格点数 18	合格率 100%	优良
施工单位自评意见			质量等级	监理单位复核意见		核定质量等级	
检查项目达到质量标准，检测项目合格率 97.2%			优良	经复核，施工单位自评结果无误		优良	
施工单位名称		×××××工程局		监理单位名称		××监理公司 ××监理站	
测量员		初检负责人	终检负责人				
××× ×年×月×日		××× ×年×月×日	××× ×年×月×日	核定人		××× ×年×月×日	

表 5-79 混凝土预制块护坡单元工程质量评定表填表说明

填表时必须遵守《填表基本规定》并符合以下要求。

（1）单元工程划分：按段、块（或变形缝）划分，以每一段、块（或相邻两变形缝间）砌体为一个单元工程。

（2）检测数量：坡面平整度沿堤线或每 10m 不小于 1 点。

（3）检测项目合格率为合格点除以总测点数。

（4）单元工程质量标准。

合格：检查项目达到质量标准；坡面平整度合格率不小于 70%。

优良：检查项目达到质量标准；坡面平整度合格率不小于 90%。

表 5-79　　　　　　　　混凝土与预制块护坡单元工程质量评定表

单位工程名称		××河堤护坡工程	单元工程量		4200m²	
分部工程名称		堤防护坡	检验日期		×年×月×日	
单元工程名称、部位		12 号单元、24K+300～24K+800	评定日期		×年×月×日	
项次	项目名称	质量等级	检验结果			评定
检查项目	1	预制块外观	尺寸准确、整齐统一、清洁平整	尺寸准确、表面平整		达到标准
	2	预制块铺砌	平整、稳定、缝线规则	铺砌平整、稳定、缝线规则		达到标准
检测项目	1	坡面平整度	2m 靠尺检测凹凸不超过 1cm	总测点数 34	合格点数 32	合格率 94.1%	优良

153

续表

施工单位自评意见	质量等级		监理单位复核意见	核定质量等级
检查项目达到质量标准，检测项目合格率**94.1**%	**优良**		**经复核、施工单位自评结果无误**	**优良**
施工单位名称	×××××**工程局**		监理单位名称	××**监理公司** ××**监理站**
测量员	初检负责人	终检负责人		
××× ×年×月×日	××× ×年×月×日	××× ×年×月×日	核定人	××× ×年×月×日

表 5-80 堤脚防护（水下抛石）单元工程质量评定表填表说明

填表时必须遵守《填表基本规定》并符合以下要求。

（1）单元工程划分：按施工段划分，以同一施工段为一个单元工程。

（2）检测项目。

1）"各种抗冲体工程量"，系指在本单元工程内，按照设计要求实际抛入各个网格中的块石（或柳石枕、铅丝笼、混凝土异形体），数量不得少于该网格的设计工程量。但允许适当多抛，多抛的数量允许偏差值为 0～+10%。因此，应将本单元工程内每个网格中，船只定位后实际抛入的块石数量逐个网格进行统计，找出其合格的网格数。将每个网格当作一个检测点看待，以检查抛投数量够不够、抛投是否均匀、是否满足抛石厚度要求。

2）"护脚坡面相应位置高程"，系指本单元工程抛石完成后，沿堤轴线方向每隔 20～50m 测量一横断面，测点的水平间距为 5～10m，并与设计断套绘以检查护脚坡面相应位置的高程差。考虑水下地形的动态变化较大，也可按抛石前每隔 20～50m 测得的水下横断面与抛石后测得的水下横断面对比，检查抛石分区厚度的偏差值。偏差值允许±0.30m。

设计数据按施工图填写，合格率为合格点数除以总测点数。

（3）检测数量：沿堤轴线方向每 20～50m 测一个横断面，测点水平间距宜为 5～10m。丁坝应检测纵断面，裹头部分的横断面应不少于 2 个。

（4）合格工程质量标准。

合格：检查项目达到质量标准；检测项目合格率不小于 70%。

优良：检查项目达到质量标准；检测项目合格率不小于 90%。

表 5-80　　　　堤脚防护（水下抛石）单元工程质量评定表

单位工程名称	××**江堤加固工程**		单元工程量	**1665 m³**
分部工程名称	**水下抛石护脚**		检验日期	×年×月×日
单元工程名称、部位	**18 号单元，32+000～32+080**		评定日期	×年×月×日
项次		项目名称	质量标准	检验结果	评定
检查项目	1	抗冲体结构、质量、强度	符合设计要求。比重大于 2.65t/m³，粒径大于 25cm，单块重量大于 25kg	**比重：2.70t，粒径：25～40cm。单块重量大于 25kg，湿抗压强度：40～71MPa**	达到标准
	2	抛投程序	符合设计要求。从下游向上游，由远岸向近岸	**从下游向上游，由远岸向近岸**	达到标准
	3	抛投位置和数量	按单元工程内各网格位置和数量抛投	**位置符合设计要求，实际抛投数量 1775m³**	达到标准

续表

项次		项目名称	质量标准	检验结果			评定
检测项目	1	各种抗冲体工程量	体积允许偏差＋10%，但不得偏小	总测点数	合格点数	合格率	优良
				16	16	100%	
	2	护脚坡面相应位置高程	允许偏差±0.3	总测点数	合格点数	合格率	合格
				16	14	87.5%	
施工单位自评意见			质量等级	监理单位复核意见			核定质量等级
检查项目达到质量标准。检测项目合格率93.7%			优良	经复核，同意施工单位自评意见			优良
施工单位名称		×××××水电工程公司		监理单位名称			××监理公司××监理站
测量员		初检负责人	终检负责人				
×××		×××	×××	核定人			×××
×年×月×日		×年×月×日	×年×月×日				×年×月×日

三、金属结构及启闭机安装工程单元工程质量评定表

1. 压力钢管部分

表5-81　压力钢管制作单元工程质量评定表填表说明

填表时必须遵守《填表基本规定》，并符合本部分说明及以下要求。

（1）单元工程划分：以一节钢管或一个管段为一个单元工程。

（2）单元工程量：填写本单元钢管重量（t）、管径 D、壁厚 δ。

（3）允许偏差按内径有不同要求，填表时，应根据本单元管径在相应位置加"√"，本例管内径 $D=4\text{m}$，故在 $2\text{m}<D\leqslant5\text{m}$ 处加"√"。

（4）测量部位、工具及数量见表5-82。

（5）焊缝错位，沿焊缝全长用钢板尺或焊接检验规测量。

（6）表面清除用肉眼检查。

（7）防腐蚀标准：

1）表面处理合格标准用肉眼检查，优良标准除用肉眼检查外，还应用标准图片或样板对照检查。

2）涂料涂装外观用肉眼检查或用5倍放大镜检查，涂层厚度用电磁或磁力测厚计检测，针孔用针孔探测器检测，黏附力检测用刀在涂层划一个"十"字型裂口，顺着裂口边缘剥撕。

（8）局部凹坑焊补用钢尺及肉眼检查。

（9）质量评定意见按以下格式填写"主要项目全部符合质量标准，一般项目检查实测点合格率××.×%，其余基本符合质量标准。优良项目占全部项目××.×%。主要项目优良率××.×%。"以上全部由施工单位填写。

（10）单元工程质量标准。

合格：主要项目必须全部符合质量标准，一般项目检查的实测点有90%及其以上符合

质量标准，其余基本符合质量标准（基本符合质量标准指与标准有微小出入，但不影响安全运行和设计效益）。

优良：在合格基础上，优良项目占全部检查项目50%及其以上，且主要项目必须全部优良。

表 5 - 81　　　　　　　　　　　　　　压力钢管制作单元工程质量评定表

单位工程名称	引水隧洞工程	单元工程量	8.315t（$D=4.0$m，$\delta=14$mm）
分部工程名称	压力钢管制作	施工单位	×××水电安装公司
单元工程名称、部位	1号压力钢管制作	检验日期	1998 年 8 月 21 日

项次	项目	设计值/mm	允许偏差/mm 合格 钢管内径 D/m $D\leq2$	2<D≤5	D>5	优良 钢管内径 D/m $D\leq2$	2<D≤5	D>5	实测值/mm	合格数/点	合格率/%
1	瓦片与样板间隙		1.5	2.0	2.5	1.0	1.5	2.0	1.5，1.8，1.6	3	100
2	△实际周长与设计周长差	$L=$12654.3	±3D/1000 (12)			±2.5D/1000 (10)			8.0，9.0，10.0	3	100
3	△相临管节周长差板厚	$\delta<10$　$\delta\geq10$	6 10			6 8			8.0	1	100
4	纵缝、环缝对口错位		（纵1.4，环2.1）			（纵1.0，环1.5）			纵0.5～1.0，共5点 环1.0～1.5，共5点	10	100
5	△钢管管口平面度		$D\leq5$m 2.0	$D>5$m 3.0		$D\leq5$m 1.5	$D>5$m 2.0		1.5，1.0，0.5，1.2	4	100
6	焊缝外观检查		质量标准见相关规范						质量优良（详见附表）		
7	△一、二类焊缝内部焊接质量检查		质量标准见相关规范						质量优良（详见附表）		
8	纵焊缝后变形△h		4.0	4.0	6.0	2.0	3.0	4.0	3.0，2.5，2.5，3.0	4	100
9	钢管圆度	4000	3D/1000 (12)			2.5D/1000 (10)			3998 3997 4001 4002 4005 4006 4006 4001	4	100
10.1	支承环或加劲环与管壁的铅垂度	$H=150$	√支承环 $a\leq0.01H$，且≤3 (1.5)						1.0，1.1，1.1，1.0， 1.5，1.4，1.1，1.0	8	100
			加劲环 $a\leq0.02H$，且≤5								
10.2	支承环或加劲环所组成的平面与管轴线的铅垂度		√支承环 $b\leq2D$/1000，且≤6 (8)						4.0，5.0，5.5，4.0， 5.0，4.0，5.0，4.0	8	100
			加劲环 $b\leq4D$/1000，且≤12								

项次	项目	设计值/mm	允许偏差/mm						实测值/mm	合格数/点	合格率/%
			合格			优良					
			钢管内径 D/m			钢管内径 D/m					
			D≤2	2<D≤5	D>5	D≤2	2<D≤5	D>5			
10.3	相临两环的间距	C=1500	√ 支承环			±10			1509，1508，1507，1510，1508，1507，1508，1509	8	100
			加劲环			±30					
11.1	钢管内、外壁的表面清除		内、外壁上，凡安装无用的临时支撑、夹具和焊疤清除干净并磨光			内、外壁上，凡安装无用的临时支撑、夹具和焊疤清除干净并磨光			清除干净并磨光		
11.2	钢管内、外壁局部凹坑焊补		内、外壁上，深度大于板厚10%或大于2mm的凹坑应焊补			内、外壁上，深度大于板厚10%或大于2mm的凹坑应焊补并磨光			凹坑焊补并磨光，凹坑最大深度为1.6mm		
12	埋管防腐蚀标准		内壁除锈彻底，表面干净、露出灰白色金属光泽；涂装工艺符合厂家设计要求，外观良好			内壁除锈质量达到 Sa21/2 标准，表面粗糙率 40～70μm，涂层厚度、质量符合设计规范要求			除锈等级达到 Sa21/2 标准，抽查10点，粗糙率40～70μm，涂层厚度、表面质量及黏附力均符合质量标准	10	100
13	明管防腐蚀标准		表面处理要求同埋管；涂料涂装层数、厚度、时间符合设计要求及厂家规定，外观良好			表面处理要求同埋管；涂层厚度外观符合设计要求，无针孔，用刀划检查黏附力应不易剥离					

检验结果	主要项目共测 8 点，合格 8 点，合格率 100 %
	一般项目共测 55 点，合格 55 点，合格率 100 %

评定意见	单元工程质量等级
主要项目全部符合质量标准，一般项目实测点100%符合质量标准，项目优良率91.7%。其中主要项目优良率100%	优良

测量人	××× ×年×月×日	施工单位	××× ×年×月×日	建设（监理）单位	××× ×年×月×日

表 5－82　　　　　　　　　　测量部位、工具及数量

项次	项目	检验工具	检验位置	备注
1	瓦片与样板间隙	钢管内径小于或等于2m，用弦长为0.5D（且不小于500mm）样板，钢管内径大于2m、小于6m，用弦长为1.0m样板，钢管内径大于6m，用弦长为1.5m样板	卷板后，瓦片以自由状态立于平台上，在瓦片上、中、下3个断面上测量	

157

项次	项目	检验工具	检验位置	备注
2	实际周长与设计周长差	钢尺		
3	相临管节周长差	钢尺	通过计算两节管口实测值而得	
4	钢管管口平面度	线绳和塞尺或钢板尺		
5	纵缝焊后变形	用弦长为 $D/10$ 样板且不小于 500mm，不大于 800mm	上下两端管口	D 钢管内径
6	钢管圆度	钢尺	在两端管口至少测 2 对直径；圆度为相互垂直的两直径差	
7.1	支承环或加劲环与管壁的铅垂度	钢尺、钢板尺		每圆周测 8 点
7.2	支承环或加劲环所组成多平面与管轴线的铅垂度	钢尺、钢板尺		每圆周测 8 点
7.3	相临两环的间距 C	钢尺、钢板尺		每圆周测 8 点

表 5-83 压力钢管岔管制造单元工程质量评定表填表说明

填表时必须遵守《填表基本规定》，并符合本部分说明及以下要求。

（1）单元工程划分：以一个岔管为一个单元工程。

（2）单元工程量：填写岔管重量（t）。

（3）项次 1~7、9~11 检验同钢管制作检验。

（4）项次 8 用钢尺、垂球、钢板尺、水准仪、经纬仪测量。

（5）水压试验：基本规定水压试验的试验压力值应按图样或设计技术文件规定执行。明管或岔管试压时，应缓缓升压至工作压力，保持 10min；对钢管进行检查，情况正常，继续升至试验压力，保持 5min，再下降至工作压力，保持 30min，并用 0.5～1.0kg 小锤在焊缝两侧各 15～20mm 处轻轻敲击，整个试验过程中应无渗水和其他异常情况。岔管水压试验下列岔管应用水压试验：首次使用新钢种制造的岔管；新型结构的岔管；高水头分管；高强钢制造的岔管。一般常用岔管是否需要作水压试验按设计规定执行。

（6）单元工程质量标准。

合格：主要项目必须全部符合标准。一般项目检查的实测点有 90% 及其以上符合标准，其余基本符合标准（指虽与标准有微小出入，但不影响安全运行和设计效益）。

优良：在合格的基础上，优良项目占全部项目 50% 及其以上，且主要项目优良率达到 100%。

表 5 – 83　　　　　　　　　压力钢管岔管制造单元工程质量评定表

单位工程名称		引水隧洞工程		单元工程量		12.5t（$\delta = 16mm$）		
分部工程名称		压力钢管制作		施工单位		×××水电建筑安装公司		
单元工程名称、部位		岔管制作		检验日期		×年×月×日		
项次	项目	质量标准/mm		实测值/mm			合格数/点	合格率/%
		合格	优良					
1	岔管瓦片与样板间隙	质量标准见相关规范	质量标准见相关规范	1.0，1.2，1.0，1.5			4	100
2	相临管节周长差	$\delta < 10$，为 6 $\delta \geq 10$，为 10	$\delta < 10$，为 6 $\delta \geq 10$，为 8	5.0			1	100
3	△纵缝、环缝对口错位	纵 1.6，环 2.4	纵 0.8，环 1.6	纵 1.0～1.4，共 15 点；环 1.6～2.0，共 15 点			30	100
4	焊缝外观检查	质量标准见相关规范		质量优良（详见附表）				
5	△一、二类焊缝内部焊接质量检查	质量标准见相关规范		质量优良（详见附表）				
6	△纵焊缝后变形	4.0	4.0	3.0，4.0，3.5，4.0			4	100
7	△与主、支管相临的岔管管口圆度	5D/1000	4D/1000	主管端（$D = 4000$）：7.0，8.0 支管端（$D = 2000$）：3.0，4.0，4.0，3.5			6	100
8	与主、支管相临的岔管管口中心偏差	5	4	主管端：3.0 支管端：4.0			2	100
9	岔管内、外管壁表面清除和局部凹坑焊补	质量标准见相关规范		临时支撑、夹具和焊疤清除干净并磨光；深度 $\geq 10\%\delta$ 的凹坑已焊补并磨光				
10	岔管管壁防腐蚀表面处理	除锈彻底，表面干净，露出灰白和金属光泽	表面处理质量达到 Sa21/2 标准，表面粗糙率 40～70μm	表面处理质量达到 Sa21/2 标准，表面粗糙率 50～70μm				

续表

项次	项目	质量标准/mm		实测值/mm	合格数/点	合格率/%
		合格	优良			
11	岔管管壁防腐蚀涂料涂装	涂装符合厂家设计规定，外观良好	涂层厚度、质量符合设计、规范要求	涂装厚度，表面质量均符合设计要求，涂层黏附力强		
12	△水压试验	无渗水及其他异常现象	无渗水及其他异常现象	无渗水及其他异常现象		

检验结果	主要项目共测 40 点，合格 40 点，合格率 100 %
	一般项目共测 7 点，合格 7 点，合格率 100 %

评定意见	单元工程质量等级
主要项目全部符合质量标准，一般项目实测点 100%符合质量标准。项目优良率 97.7%，其中主要项目优良率 100%	优良

测量人	××× ×年×月×日	施工单位	××× ×年×月×日	建设（监理）单位	××× ×年×月×日

表 5－84 压力钢管埋管安装单元工程质量评定表填表说明

填表时必须遵守《填表基本规定》，并符合本部分说明及以下要求。

（1）单元工程划分：以一个混凝土浇筑段的钢管安装或一个部位钢管安装为一个单元工程。

（2）单元工程量：填写本单元钢管重量（t）（管内径 mm 及壁厚 mm）或安装长度（加内径、壁厚）。

（3）单元工程表是在各项目检查评定后由施工单位按照建设（监理）单位复核的质量结果填写（从表头至评定意见），单元工程质量等级由建设、监理单位复核评定。

（4）表中主要项目及一般项目中的合格个数指达到合格及其以上质量标准的项目个数。

（5）项次 4 无主要项目。故在相应栏内划"／"线。

（6）优良项目占全部项目的百分数＝（主要项目优良个数 ＋ 一般项目优良个数)/（主要项目合格个数 ＋ 一般项目合格个数)×100%。

（7）单元工程质量标准。

合格：主要项目全部符合质量标准。一般项目检查的实测点有 90%及其以上符合本标准，其余基本符合本标准。

优良：在合格的基础上，优良项目占全部项目 50%及其以上，且主要项目优良率必须全部达到 100%。

表 5－84	压力钢管埋管安装单元工程质量评定表		
单位工程名称	引水隧洞工程	单元工程量	20.8t（$D=4000$mm，$\delta=14$mm）
分部工程名称	压力钢管安装	施工单位	×××水电建筑安装公司
单元工程名称、部位	第一段埋管安装 0＋200 ～ 0＋235	检验日期	×年×月×日

续表

项次	项目	主要项目/个		一般项目/个	
		合格	优良	合格	优良
1	管口中心、里程、圆度、纵缝、环缝对口错位	5	4	1	1
2	焊缝外观质量	3	3	6	5
3	一、二类焊缝焊接，表面清除及焊补	1	1	4	3
4	管壁防腐，灌浆孔堵焊	/	/	3	3
5	合计	9	8	14	12

优良项目占全部项目的百分数/%		87.0	
评定意见		单元工程质量等级	
主要项目全部符合质量标准，一般项目实测点100%符合质量标准。项目优良率87.0%，其中主要项目优良率88.9%		合格	

测量人	××× ×年×月×日	施工单位	××× ×年×月×日	建设（监理）单位	××× ×年×月×日

表 5-85 压力钢管埋管管口中心、里程、圆度、纵缝、环缝 对口错位质量评定表填表说明

填表时必须遵守《填表基本规定》，并符合本部分说明及以下要求。

（1）表头填写与表 5-84 相同。

（2）允许偏差按管径分为三级，填表时应在相应管理栏加"√"符号。

（3）设计值，按设计图填写。实测值填写实际测量值，数据多时，可填写实测值范围及组数。

（4）检测方法。项次 1～4 用钢尺、钢板尺、垂球或激光指向仪测量，始装节在上、下游管口测量，其余管节管口中心只测一端管口。其余项次检验同钢管制作检验。

（5）评定意见：填写主要项目个数、合格数（含优良个数）、其中优良个数；一般项目个数、合格数（含优良个数）、其中优良个数。

表 5-85 压力钢管埋管管口中心、里程、圆度、纵缝、环缝对口错位质量评定表

单位工程名称	引水隧洞工程						单元工程量		10.8t（$D=4000mm$，$\delta=14mm$）		
分部工程名称	压力钢管安装						施工单位		×××水电建筑安装公司		
单元工程名称、部位	第一段埋管安装 0+200～0+235						检验日期		×年×月×日		
项次	项目	设计值	允许偏差/mm						实测值/mm	合格数/点	合格率/%
			合格			优良					
			钢管内径 D/m			钢管内径 D/m					
			$D\leqslant3$	$3<D\leqslant5$	$D>5$	$D\leqslant3$	$3<D\leqslant5$	$D>5$			
1	△始装节管口里程		±5	±5	±5	±4	±4	±4	+3.5	1	100
2	△始装节管口中心		5	5	5	4	4	4	4.0，4.2	2	100

161

项次	项目	设计值	允许偏差/mm						实测值/mm	合格数/点	合格率/%
			合格			优良					
			钢管内径 D/m			钢管内径 D/m					
			D≤3	3<D≤5	D>5	D≤3	3<D≤5	D>5			
3	与蜗壳、蝴蝶阀、球阀、岔管连接的管节及弯管起点的管口中心		6	10	12	6	10	12	/		
4	其他部位管节的管口中心		15	20	25	10	15	20	12.0，15.0，13.0	3	100
5	△钢管圆度		5D/1000（20）			4D/1000（16）			8.0~12.0，共16点	16	100
6	△纵缝错位		小于或等于板厚10%，且不大于2；当板厚小于或等于10时为1（1.4）			小于或等于板厚5%，且不大于2；当板厚小于或等于20时为1			0.3~0.5，共20点	20	100
7	△环缝错位		小于或等于板厚15%，且不大于3；当板厚小于或等于10时为1.5（2.1）			小于或等于板厚10%，且不大于3；当板厚小于或等于15时为1.5			0.8~1.4，共20点	30	100
检测结果		主要项目共测		69		点，合格	69	点，合格率		100	％
		一般项目共测		3		点，合格	3	点，合格率		100	％
评定意见							质量等级				
主要项目5项，全部合格，其中4项优良；一般项目1项，优良							优良				
测量人	××× ×年×月×日	施工单位		××× ×年×月×日			建设（监理）单位		××× ×年×月×日		

表 5-86　焊缝外观质量评定表填表说明

填表时必须遵守《填表基本规定》，并符合本部分说明及以下要求。

（1）表头填写与表 5-84 相同。

（2）项次 6、7 分手工焊、埋弧焊两类。手工焊按板厚 δ 分为两项，不同类项质量标准不同。

（3）填表时应用"√"注明。本例为手工焊，$\delta=14mm$，故在手工焊 $12<\delta<25$ 处用"√"注明。

（4）检测部位及工具，表 5-87。检测数量，项次 5、6、8 各测 10 次以上，其余各项全面检查。

（5）检验记录：填写实际测量结果。

（6）检验结果合格项数，指达到合格及以上质量标准的项目个数。

（7）评定意见填写方法与表 5-85 相同。

表 5－86　　　　　　　　　　　　焊 缝 外 观 质 量 评 定

单位工程名称		引水隧洞工程	单元工程量	20.8t（$D=4000mm$，$\delta=14mm$）
分部工程名称		压力钢管安装	施工单位	×××水电建筑安装公司
单元工程名称、部位		第一段埋管安装 0＋200 ～ 0＋235	检验日期	×年×月×日

项次	项目		质量标准		检验记录
1	△裂纹		一、二、三类焊缝均不允许		无裂纹
2	表面夹渣		一、二类焊缝不允许，三类焊缝深不大于 0.1δ，长不大于 0.3δ，且不大于 10mm		无表面夹渣
3	△咬边		一、二类焊缝：深不超过 0.5mm，连续长度不超过 100mm，两侧咬边累计长度不大于 10%全长焊缝；三类焊缝：深不大于 1mm，长度不限		咬边深度：0.3～0.5mm，连续长度：最大 60mm，累计长度：9%全长焊缝
4	未焊满		一、二类焊缝：不允许；三类焊缝：不超过 0.2＋0.02δ 且不超过 1mm，每 100mm 焊缝内缺陷总长不大于 25mm		焊满
5	△表面气孔	钢管	一、二类焊缝不允许；三类焊缝：每 50mm 长的焊缝内允许有直径为 0.3δ、且不大于 2mm 的气孔 2 个，孔间距不小于 6 倍孔径		表面无气孔
		钢闸门	一类焊缝不允许；二类焊缝：1.0mm 直径气孔每米范围内允许 3 个，间距 ≥20mm；三类焊缝：1.5mm 直径气孔每米范围内允许 5 个，间距≥20mm		
6	焊缝余高 Δh	手工焊	一、二类焊缝　　　三类焊缝 $12<\delta<25$　　$\Delta h=0\sim2.5$　　$\Delta h=0\sim3$ $25<\delta<50$　　$\Delta h=0\sim3$　　$\Delta h=0\sim4$		$\Delta h=2.0\sim2.5mm$
		埋弧焊	一、二类焊缝 0～4mm，三类焊缝 0～5mm		盖过坡口 2～4mm，过渡平缓
7	对接接头焊缝宽度	手工焊	盖过每边坡口宽度 2～4mm，且平缓过渡		
		埋弧焊	盖过每边坡口宽度 2～7mm，且平缓过渡		
8	飞溅		清除干净		基本清除干净
9	焊瘤		不允许		无焊瘤
10	角焊缝厚度不足（按设计焊缝厚度计）		一类焊缝：不允许；二类焊缝：不超过 0.3＋0.05δ 且不超过 1mm，每 100mm 焊缝内缺陷总长不大于 25mm；三类焊缝：不超过 0.3＋0.05δ 且不超过 1mm，每 100mm 焊缝内缺陷总长不大于 25mm		／
11	角焊缝焊脚 K	手工焊	$K<12^{+3}$　　　　　　　　$K>12^{+4}$		／
		埋弧焊	$K<12^{+4}$　　　　　　　　$K>12^{+5}$		／
检验结果		项目共检测 9 项，合格 9 项，优良 9 项			
评定意见				质量等级	
主要项目 3 项，全部优良，一般项目 6 项，优良 5 项				优良	
测量人	××× ×年×月×日	施工单位	××× ×年×月×日	建设（监理）单位	××× ×年×月×日

注　δ—板厚，项次 6，新规范没有 $\delta<12$ 的标准，这里以旧规范 $\delta<10$，$\Delta h=0\sim2mm$ 代之。

表 5-87 　　　　　　　　　　　　　检 测 部 位 及 工 具

项次	项目	检验工具	检验位置	备注
1、2	裂纹、夹渣	肉眼检查，必要时用 5 倍放大镜检查	沿焊缝长度	
3	咬边			δ—板厚
4	表面气孔	肉眼检查，必要时用 5 倍放大镜检查		优良焊缝不允许表面有气孔
5	焊缝余高 Δh	钢板尺或是焊接检验规		
6	焊缝宽度			
7、8	角焊缝尺寸	钢板尺或是焊接检验规		K 为焊脚点

表 5-88　一、二类焊缝内部质量、表面清除及局部凹坑焊补质量评定表填表说明

填表时必须遵守《填表基本规定》，并符合本部分说明及以下要求。

（1）表头填写与表 5-84 相同。

（2）项次 1、2 焊缝无损探伤检验数量：焊缝无损探伤长度占焊缝全长的百分比应不少于表 5-89 中的规定，但如图样和设计文件另有规定，则按图样和设计文件规定执行。

（3）项次 3～6 全面检查。

（4）评定意见填写方法与表 5-85 相同。

5-88　　　　　一、二类焊缝内部质量、表面清除及局部凹坑焊补质量评定表

单位工程名称	引水隧洞工程	单元工程量	20.8t（$D=4000mm$，$\delta=14mm$）
分部工程名称	压力钢管安装	施工单位	×××水电建筑安装公司
单元工程名称、部位	第一段埋管安装 0＋200～0＋235	检验日期	×年×月×日

项次	项目	质量标准		检验记录
		合格	优良	
1	△一、二类焊缝 X 射线透照	按规范或设计规定的数量和质量标准透照、评定，将发现的缺陷修补完只限修补 2 次	一次合格率 85%	/
2	△一、二类焊缝超声波探伤	按规范或设计规定的数量和质量标准探伤、评定，将发现的缺陷修补完只限修补 2 次	一次合格率 95%	**一次合格率 95%**

项次	项目	质量标准		检验记录
		合格	优良	
3	埋管外壁的表面清除	外壁上临时支撑割除和焊疤清除干净	外壁上临时支撑割除和焊疤清除干净并磨光	清除干净并磨光
4	埋管外壁局部凹坑焊补	凡凹坑深度大于板厚10%或大于2mm应焊补	凡凹坑深度大于板厚10%或大于2mm应焊补并磨光	局部凹坑深度均小于1.0mm
5	埋管内壁的表面清除	内壁上临时支撑割除和焊疤清除干净	内壁上临时支撑割除和焊疤清除干净并磨光	清除干净并磨光
6	埋管内壁局部凹坑焊补	凡凹坑深度大于板厚10%或大于2mm应焊补	凡凹坑深度大于板厚10%或大于2mm应焊补并磨光	局部凹坑最大深度为2.4mm，已焊补并打磨

检验结果	主要项目检验　　1　　项，符合　　1　　项			
	主要项目检验　　4　　项，符合　　4　　项，基本符合　　/　　项			
评定意见			质量等级	
主要项目1项，优良，一般项目4项，全部优良。			优良	
测量人	××× ×年×月×日	施工单位	××× ×年×月×日	建设（监理）单位　××× ×年×月×日

表 5－89　　　　　　　　　焊缝无损探伤长度占焊缝全长的百分比

钢种	板厚/mm	射线探伤/%		超声波探伤/%	
		一类	二类	一类	二类
碳素钢	≥38	20	10	100	50
	<38	15	8	50	30
低合金钢	≥32	25	10	100	50
	<32	20	10	50	30
高强钢	任意厚度	40	20	100	50

表 5－90 压力钢管埋管内壁防腐蚀表面处理、涂料涂装、灌浆孔堵焊质量评定表填表说明

填表时必须遵守《填表基本规定》，并符合本部分说明及以下要求。

（1）表头填写与表5－84相同。

（2）检验方法。防腐蚀表面处理，涂料涂装检验同钢管制作检验。全部灌浆孔用肉眼或5倍放大镜检查。

（3）评定意见填写方法与表 5 - 85 相同。

表 5 - 90　压力钢管埋管内壁防腐蚀表面处理、涂料涂装、灌浆孔堵焊质量评定表

单位工程名称	引水隧洞工程		单元工程量	20.8t（$D = 4000mm$，$\delta = 14mm$）	
分部工程名称	压力钢管安装		施工单位	×××水电建筑安装公司	
单元工程名称、部位	第一段埋管安装 0 + 200 ～ 0 + 235		检验日期	×年×月×日	
项次	项目	质量标准			检验记录
		合格	优良		
1	埋管内壁防腐蚀表面处理	内管壁用压缩空气喷砂或喷丸除锈，彻底清除铁锈、氧化皮、焊渣、油污、灰尘、水分等，使之露出灰白色金属光泽	内管壁用压缩空气喷砂或喷丸除锈，使之达到美国《SSPC 表面预处理规范》（SSPC - Visl）标准规定的 SSPC - SP10 标准（或瑞典标准 SISO 55900—1976 规定的 Sa21/2 标准），表面粗糙度为 40～70μm		喷砂除锈达到 Sa21/2 标准，表面粗糙度为 50～70μm
2	埋管内壁涂料涂装	漆膜厚度应满足两个 85%，即 85%的测点厚度应达设计要求，达不到厚度的测点，其最小厚度值应不低于设计厚度的 85%	漆膜厚度应满足两个 90%，即 90%的测点厚度应达设计要求，达不到厚度的测点，其最小厚度值应不低于设计厚度的 90%		漆膜厚度，外表质量达设计要求，涂层粘附力较强
3	灌浆孔堵焊	堵焊后表面平整，无渗水现象	堵焊后表面平整，无渗水		
检验结果		主要项目检验　3　项，符合　3　项，基本符合　/　项			
评定意见					质量等级
一般项目 3 项，全部优良					优良
测量人	××× ×年×月×日	施工单位	××× ×年×月×日	建设（监理）单位	××× ×年×月×日

2. 闸门部分

表 5 - 91 平面闸门埋件安装单元工程质量评定表填表说明

填表时必须遵守《填表基本规定》，并符合本部分说明及以下要求。

（1）单元工程划分：以一扇闸门的埋件安装为一个单元工程。

（2）单元工程量：填写本单元埋件质量（t）。

（3）本表是在各项目检查评定后由施工单位按照建设（监理）单位复核的项目质量结果填写（从表头至评定意见），单元工程质量等级由建设、监理单位复核评定。

（4）表中主要项目及一般项目中的合格个数指达到合格及其以上质量标准的项目个数。

（5）项次 5、6、7 无主要项目，均以"/"线表示。

（6）优良项目占全部项目的百分数＝（主要项目优良个数　＋　一般项目优良个数）/（主要项目合格个数　＋　一般项目合格个数）×100％。

（7）单元工程质量标准。

合格：主要项目全部符合质量标准。一般项目检查的实测点有90％及其以上符合本标准，其余基本符合本标准。

优良：在合格的基础上，优良项目占全部项目50％及其以上，且主要项目优良率必须全部达到100％。

表 5-91　　　　　　　　　　平面闸门埋件安装单元工程质量评定表

单位工程名称		船闸工程	单元工程量		11.3t	
分部工程名称		闸门及启闭机械安装	施工单位		×××水电建筑安装公司	
单元工程名称、部位		廊道充水工作门埋件安装	检验日期		×年×月×日	
项次	项目		主要项目/个		一般项目/个	
			合格	优良	合格	优良
1	底槛、门楣安装		9	9	3	2
2	主轨、侧轨安装		1	1	3	1
3	反轨、侧止水座板安装		6	6	3	1
4	护角、胸墙安装		4	4	3	1
5	各埋件距离		/	/	5	2
6	防腐蚀表面处理（同一般检查项目）		/	/	1	1
7	防腐蚀涂料涂装、金属喷镀		/	/	1	1
合计			20	20	19	9
优良项目全部项目的百分数/%			83.7			
评定意见			单元工程质量等级			
主要项目全部符合质量标准，一般项目检测的实测点有90.0%符合质量标准，其他基本符合质量标准。项目优良率74.4%，其中主要项目优良率100%			优良			
测量人	××× ×年×月×日	施工单位	××× ×年×月×日	建设（监理）单位	××× ×年×月×日	

表 5-92 平面闸门门体安装单元工程质量评定表填表说明

填表时必须遵守《填表基本规定》，并符合本部分说明及以下要求。

（1）单元工程划分：以一扇门体安装为一个单元工程。

（2）单元工程量：填写门体重量（t）。

（3）本表是在各项目表检验评定后，由施工单位按照建设监理复核的项目质量结果填写（从表头到评定意见），单元工程质量等级由建设监理复核评定。

（4）主要项目和一般项目的合格个数指达到合格及其以上质量标准的项目数。

（5）优良项目占全部项目百分比＝（主要项目优良个数＋一般项目优良个数）/（主要项目合格个数＋一般项目合格个数）×100％。

（6）单元中未涉及的项目栏，用"/"标明。

（7）单元工程质量标准。

合格：主要项目全部符合质量标准，一般项目检验的实测点有90％及其以上符合质量标准，其余基本符合。

优良：在合格的基础上，优良项目占全部项目50％及其以上，且主要项目全部优良。

表5-92　　　　　　平面闸门门体安装单元工程质量评定表

单位工程名称	船闸工程	单元工程量		15.5t	
分部工程名称	闸门及启闭机械安装	施工单位		×××水电建筑安装公司	
单元工程名称、部位	廊道充水工作门埋件安装	检验日期		×年×月×日	
项次	项目	主要项目/个		一般项目/个	
		合格	优良	合格	优良
1	止水橡皮、反向滑块安装	3	3	1	1
2	焊缝对口错位	2	1	/	/
3	一、二类焊缝内部焊接质量、门体表面清除和局部凹坑焊补	1	0	2	2
4	焊缝外观质量	4	3	7	5
5	门体防腐蚀表面处理、涂料涂装	/	/	2	0
6	门体防腐蚀金属喷镀				
合计		/	10	7	12
优良项目占全部项目的百分数/%		68.2			
评定意见			单元工程质量等级		
主要项目全部符合质量标准，一般项目检测的实测点有93.5%符合质量标准，其他基本符合质量标准。项目优良率68.2%，其中主要项目优良率70.0%			合格		
测量人	×××　×年×月×日	施工单位	×××　×年×月×日	建设（监理）单位	×××　×年×月×日

3. 启闭机部分

表5-93启闭机械轨道安装单元工程质量评定表填表说明

填表时必须遵守《填表基本规定》，并符合本部分说明及以下要求。

（1）单元工程划分：以一台桥机的轨道安装为一个单元工程。

（2）单元工程量：填写本单元轨道型号及长度（m）。

（3）项次1、2项目栏按轨距L分为两种，填表时，在相应L范围用"√"标明。本例$L＝19$ m，故在$L＞10$ m前用"√"标明。

（4）检测方法。

1）项次1、2用钢尺、钢丝线检查，项次3、4用水准仪检验，项次5、6、7用钢板尺检验。

2）轨道中心线应根据启闭机起吊中心线，坝轴线或厂房中心线测定。

（5）实测值填写实际测量值，设计值按设计图填写。

（6）优良项目占全部项目百分数＝（项目优良个数）/（检验项目总数）×100％。本例共检测6项，全部合格，其中项次2、3、5均为优良。

（7）单元工程质量标准。

合格：主要项目符合质量标准，一般项目检查的实测点有90％及其以上符合本标准，其余基本符合本标准。

优良：在合格的基础上，优良项目占全部项目的50％及其以上。且主要项目全部优良。

表5-93　　　　　　　　　　　　启闭机械轨道安装单元质量评定表

单位工程名称			发电厂房工程		单元工程量		QU120，2×130m	
分部工程名称			闸门及启闭机械安装		施工单位		×××水电建筑安装公司	
单元工程名称、部位			桥式起重机轨道安装		评定日期		×年×月×日	
项次	项目	设计值/mm	允许偏差/mm		实测值/mm		合格数/点	合格率/％
			合格	优良	左	右		
1	△轨道实际中心线对轨道设计中心线位置的偏移 L≤10m，L>10m √		2 3	1.5 2.5	+2.0～+3.0 共测16点 偏向上游侧		16	100
2	△轨距 L≤10m，L>10m √	19000	±3 ±5	±2.5 ±4	18996～19003 共测20点		20	100
3	△轨道纵向直线度		1/1500 且全行程不超过2	1/1500 且全行程不超过2	0.5/m～0.7/m，共测78点，全行程，上游9.0，下游8.0		78	100
4	△同一断面上，两轨道高程相对差		8	8	7.0～8.0，共测39点 （L/800＝23.75）		39	100
5	轨道接头左、右、上三面错位		1	1	0.5～0.8，共测24点		24	100
6	轨道接头间隙		1～3	1～2	2.0～4.0，共测21点		19	90.5
7	伸缩节接头间隙		＋2 －1	±1	/ /		/	/
检验结果		主要项目共测153点，合格153点，合格率100％						
		一般项目共测45点，合格43点，合格率95.6％						
评定意见					单元工程质量等级			
主要项目全部符合质量标准。一般项目检查的实测点有95.6％符合质量标准，其余基本符合质量标准。优良项目占全部项目的33.3％，其中主要项目优良率为25.0％					合格			
测量人	××× ×年×月×日		施工单位	××× ×年×月×日	建设（监理）单位		××× ×年×月×日	

四、机电设备安装质量评定表

1. 水轮机

表 5-94 灯泡贯流式水轮机尾水管安装单元工程质量评定表填表说明

填表时必须遵守《填表基本规定》，并符合本部分说明及以下要求。

（1）单元工程划分：以一台机组的尾水管安装为一个单元工程。

（2）单元工程量：填写本单元尾水管安装量（t）。

（3）各项目的检验方法见表 5-95。

（4）允许偏差：按转轮直径划分，填表时，在相应转轮直径处加"√"标明。

（5）设计值按设计图填写，并将设计值用括号"（）"标出。实测值填写实际测量值。

（6）合格项目数，指达到合格及以上质量标准的项目个数。

（7）单元工程质量标准。

合格：主要检查项目全部符合规定，一般检查项目实测点有 90% 及以上符合规定。其余虽有微小出入，但不影响使用。

优良：检查项目全部符合合格标准，并有 50% 及以上检查项目达到优良标准（其中主要检查项目必须优良）。

表 5-94　　　　　灯泡贯流式水轮机尾水管安装单元工程质量评定表

单位工程名称	发电厂房工程		单元工程量		55.8t	
分部工程名称	1号水轮发电机组安装		施工单位		×××水电安装公司	
单元工程名称、部位	尾水管安装		检验日期		×年×月×日	

项次	检查项目	允许偏差/mm						实测值/mm	结论
		合格			优良				
		转轮直径			转轮直径				
		≤3000	>3000 ≤6000	>6000 ≤8000	≥8000	>3000 ≤6000	>6000 ≤8000		
1	△管口法兰最大与最小直径差	3	4	5	2	3	4	设计 φ7210，实测 最大 φ7210.7，最小 φ7209.8	优良
2	△中心及高程（中心：0＋306.1m；高程：△1.92m）	±1.5	±2.0	±2.5	±1.0	±1.5	±2.0	中心：0＋306.098m；高程：△1.922m	优良
3	管口法兰至转轮中心距离（设计1750mm）	±2.0	±2.5	±3.0	±1.5	±2.0	±2.5	1752.85	合格
4	△法兰面垂直度及平面度	0.4	0.5	0.6	0.3	0.4	0.5	垂直度 0.6 平面度 0.6	合格
5	相临两节管口内壁周长差	不超过10			不超过8			最大 10	合格

项次	检查项目	允许偏差/mm						实测值/mm	结论
		合格				优良			
		转轮直径				转轮直径			
		≤3000	>3000 ≤6000	>6000 ≤8000	≥8000	>3000 ≤6000	>6000 ≤8000		
6	各大节同心度	0.002D（D=11113.6）				0.0015D		最大 7	优良

检验结果	共检验 6 项，合格 6 项，其中优良 3 项，优良率 50.0 %

评定意见	单元工程质量等级
主要检查项目全部符合质量标准。一般检查项目中有 93.8%符合质量标准，其余虽有微小出入，但不影响使用。检查项目有 50.0%达到优良，其中主要检查项目 66.7%达到优良	合格

测量人	××× ×年×月×日	施工单位	××× ×年×月×日	建设（监理）单位	××× ×年×月×日

表 5-95　　　　灯泡贯流式水轮机尾水管安装单元工程质量评定各项目检验方法

项次	检 查 项 目	检 验 方 法	说 明
1	管口法兰最大与最小直径差	挂钢琴线用钢卷尺检查	有基础环的结构，指基础环上法兰
2	中心及高程	挂钢琴线用钢卷尺检查	测管口水平标记的高程和垂直标记的左右偏差
3	管口法兰至转轮中心距离	用钢卷尺检查	①若先装座环应以座环法兰面位置为基准；②测上下左右四点
4	法兰面垂直度及平面度	用经纬仪和钢板尺检查	
5	相临两节管口内壁周长差	用钢卷尺检查	
6	各大节同心度	挂钢琴线用钢卷尺检查	D 为管内径设计值（mm）

2. 水轮发电机

表 5-96 灯泡式水轮发电机主要部件组装单元工程质量评定表填表说明

填表时必须遵守《填表基本规定》，并符合本部分说明及以下要求。

（1）单元工程划分：以一台机组主要部件组装为一个单元工程。

（2）单元工程量：填写本单元主要部件组装量（t）。

（3）各项目检验方法见表 5-97。

（4）设计值按设计图填写，并将设计值用括号"（）"标出。实测值填写实际测量值。

（5）合格项目数，指达到合格及以上质量标准的项目个数。

（6）单元工程质量标准。

合格：主要检查项目全部符合规定，一般检查项目实测点有 90%及以上符合规定。其余虽有微小出入，但不影响使用。

优良：检查项目全部符合合格标准，并有 50% 及以上检查项目达到优良标准（其中主要检查项目必须优良）。

表 5 - 96　　　　灯泡式水轮发电机主要部件组装单元工程质量评定表（例表）

工程名称		发电厂房工程	单元工程量		212t	
分部工程名称		1号水轮发电机组安装	施工单位		×××水电安装公司	
单元工程名称、部位		主要部件组装	检验日期		×年×月×日	
项次	检查项目	允许偏差/mm		实测值/mm		结论
		合格	优良			
1	定子铁芯组合缝间隙	加垫后应无间隙，铁芯线槽底部径向错牙不大于 0.5		加垫后无间隙，槽底部径向错牙为 0.3		优良
2	△定子机座组合缝间隙	局部不超过 0.10，螺栓周围不超过 0.05		定子机座组合缝间隙最大 0.08，螺栓周围平均 0.02		优良
3	△定子铁芯圆度	+5%～−5%空气间隙（9mm）	+4%～−4%空气间隙	铁芯直径 ϕ7360.67 ～ ϕ7359.42		优良
4	转子组装	与立式水轮发电机转子组装及安装质量评定表要求相同		详见表 3.25 及转子组装记录		优良
5	机壳、顶罩各法兰圆度	+0.1%～−0.1%设计直径且最大不超过 5.0		机壳：ϕ8251.0～ϕ8248.5 泡头：ϕ8251.0～ϕ8249.0		优良
6	顶罩各组合缝间隙	符合 GB/T 8564—2003《水轮发电机组安装技术规范》要求		组合面光洁无毛刺，合缝用 0.05mm 塞尺检查不能通过，无错牙		优良
7	△机壳、顶罩焊缝	按 JB 1152—81《钢制压力容器对接焊缝超声波探伤》Ⅱ级焊缝要求		Ⅱ级焊缝一次合格率 91%		优良
检验结果		共检验 7 项，合格 7 项，其中优良 7 项，优良率 100 %				
评定意见				单元工程质量等级		
主要检查项目全部符合质量标准。一般检查项目中有 100%符合质量标准。检查项目有 100%达到优良，其中主要检查项目 100%达到优良				优良		
测量人	××× ×年×月×日	施工单位	××× ×年×月×日	建设（监理）单位	××× ×年×月×日	

表 5 - 97　　　灯泡式水轮发电机主要部件组装单元工程质量评定各项目检验方法

项　次	检　查　项　目	检　验　方　法	说　　明
1	定子铁芯组合缝间隙	用塞尺检查	
2	定子机座组合缝间隙	用塞尺检查	
3	定子铁芯圆度	挂钢琴线用测杆检查	等分八点测
4	转子组装		

续表

项次	检 查 项 目	检 验 方 法	说　　明
5	机壳、顶罩各法兰圆度	挂钢琴线用钢卷尺检查	等分八点，测直径
6	顶罩各组合缝间隙	用塞尺检查	
7	机壳、顶罩焊缝	用超声波探伤仪检查	

3. 附件

表 5－98 蝴蝶阀安装单元工程质量评定表填表说明

填表时必须遵守《填表基本规定》，并符合本部分说明及以下要求。

（1）单元工程划分：以一台蝴蝶阀安装为一个单元工程。本单元是主要单元工程。

（2）单元工程量：填写本单元蝴蝶阀安装量（t）。

（3）各项目检验方法见表 5－99。

（4）设计值按设计图填写，并将设计值用括号"（）"标出。实测值填写实际测量值。

（5）合格项目数，指达到合格及以上质量标准的项目个数。

（6）单元工程质量标准。

合格：主要检查项目全部符合规定，一般检查项目实测点有 90％及以上符合规定。其余虽有微小出入，但不影响使用。

优良：检查项目全部符合合格标准，并有 50％及以上检查项目达到优良标准（其中主要检查项目必须优良）。

表 5－98　　　　　　　　　蝴蝶阀安装单元工程质量评定表（例表）

单位工程名称	发电厂房工程		单元工程量		12.4t	
分部工程名称	1 号水轮发电机组安装		施工单位		×××水电安装公司	
单元工程名称、部位	蝴蝶阀安装		检验日期		×年×月×日	
项次	检查项目	允许偏差/mm		实测值/mm		结论
		合格	优良			
1	阀座与基础板组合缝	符合 GB/T 8564—2003《水轮发电机组安装技术规范》要求		组合面光洁无毛刺，合缝用 0.05mm 塞尺检查不能通过		优良
2	△阀体中心	±5	±6	3700^{-2}		优良
3	阀体横向中心	15	12	4500^{+13}		合格
4	△阀体水平度及垂直度	每米不超过 1.0	每米不超过 0.8	水平度：横向 0.65mm/m，纵向 0.7mm/m；垂直度：0.6mm/m		优良
5	阀壳各组合缝	符合规范要求		组合面光洁无毛刺，合缝用 0.04mm 塞尺检查不能通过，无错牙		优良
6	橡胶水封充气试验	通 0.05MPa 压缩空气无漏气		通过 0.05MPa 压缩空气，无漏气		优良

续表

项次	检查项目		允许偏差/mm		实测值/mm	结论
			合格	优良		
7	△活门关闭时间隙	充气状态	无间隙		充气状态：无间隙；未充气状态：平均间隙4.87，实测5.42～4.38	优良
		未充气状态	＋20％～－20％设计值（设计值5mm）	＋15％～－15％设计值		
8	△静水严密性试验		漏水量不超过设计值（设计值7l/min）		静水状态，漏水量为5.2L/min	优良
检验结果			共检验 8 项，合格 8 项，其中优良 7 项，优良率 87.5 %			
评定意见					单元工程质量等级	
主要检查项目全部符合质量标准。一般检查项目中有100％符合质量标准。检查项目有87.5％达到优良，其中主要检查项目100％达到优良					优良	
测量人	××× ×年×月×日		施工单位	××× ×年×月×日	建设（监理）单位	××× ×年×月×日

注 适用范围：主阀名义直径为1000～6000mm的蝴蝶阀。

表 5－99   蝴蝶阀安装单元工程质量评定各项目检验方法

项 次	检 查 项 目		检 验 方 法	说 明
1	阀座与基础板组合缝		用塞尺检查	
2	阀体中心		挂钢琴线用钢板尺检查	沿水流方向的中心线，应根据蜗壳及钢管的实际中心确定
3	阀体横向中心		用钢卷尺检查	
4	阀体水平度及垂直度		用方型水平仪检查	
5	阀壳各组合缝		用塞尺检查	
6	橡胶水封充气试验		充气在水中检查	
7	活门关闭时间隙	充气状态	用塞尺检查	
		未充气状态		
8	静水严密性试验		测量漏水量	

表 5－100 附件及操作机构安装单元工程质量评定表填表说明

填表时必须遵守《填表基本规定》，并符合本部分说明及以下要求。

（1）单元工程划分：以一台机组附件及操作机构安装为一个单元工程。

（2）单元工程量：填写本单元附件及操作机构重量（t）。

（3）各项目检验方法见表5－101。

（4）设计值按设计图填写，并将设计值用括号"（）"标出。实测值填写实际测量值。

（5）合格项目数，指达到合格及以上质量标准的项目个数。

（6）单元工程质量标准。

合格：主要检查项目全部符合规定，一般检查项目实测点有90％及以上符合规定。其余虽有微小出入，但不影响使用。

优良：检查项目全部符合合格标准，并有 50％及以上检查项目达到优良标准（其中主要检查项目必须优良）。

表 5-100　　　　　　　　附件及操作机构安装单元工程质量评定表（例表）

单位工程名称		发电厂房工程	单元工程量		4.9t	
分部工程名称		1 号水轮发电机组安装	施工单位		×××水电安装公司	
单元工程名称、部位		附件及操作机构安装	检验日期		×年×月×日	
项次	检查项目	允许偏差/mm		实测值/mm		结论
		合格	优良			
1	液压阀、旁通阀、空气阀及接力器严密性试验	符合 GB/T 8564—2003《水轮机发电机组安装技术规范》要求		注煤油，接力器保持 4.5h，液压阀、旁通阀、空气阀保持 20min，无渗漏		优良
2	旁通阀垂直度	每米不超过 2.0	每米不超过 1.5	1.8/m		合格
3	△接力器水平度或垂直度	每米不超过 1.0	每米不超过 0.8	控制环两耳中心连线，在水平位置时，接力器活塞杆垂直度 0.5/m		优良
4	接力器底座高程（△−3.525m）	±1.5	±1.0	△−3.526m		优良
5	接力器基础板中心	3.0	2.0	左边：横向 4545＋2　纵向 965＋0　右边：横向 4545＋1　纵向 965−1		优良
6	△动作试验（无水）	动作平稳，活门在全开位置的开度偏差不超过±1°（设计 38°）		工作平稳，活门在全开位置的开度为 37.5°		优良
7	主阀操作系统严密性试验	在 1.25 倍工作压力情况下 30min 无渗漏（工作压力 6.0MPa）		试验压力 7.5MPa，保持 30min 无渗漏		优良
检验结果		共检验　7　项，合格　7　项，其中优良　6　项，优良率　85.7　%				
评定意见				单元工程质量等级		
主要检查项目全部符合质量标准。一般检查项目中有 100％符合质量标准。检查项目有 85.7％达到优良，其中主要检查项目 100％达到优良				优良		
测量人	×××　×年×月×日		施工单位	×××　×年×月×日	建设（监理）单位	×××　×年×月×日

表 5-101　　　　附件及操作机构安装单元工程质量评定各项目的检验方法

项次	检 查 项 目	检 验 方 法
1	液压阀、旁通阀、空气阀及接力器严密性试验	水压或油压试验检查
2	旁通阀垂直度	用方形水平仪检查
△3	接力器水平度或垂直度	用方形水平仪检查
4	接力器底座高程	用水准仪钢板尺检查

续表

项 次	检 查 项 目	检 验 方 法
5	接力器基础板中心	用钢卷尺检查
△6	动作试验（无水）	操作活门全行程动作检查
7	主阀操作系统严密性试验	外观检查

4. 水力机械辅助设备安装工程单元工程质量评定表

表 5－102 空气压缩机安装单元工程质量评定表填表说明

填表时必须遵守《填表基本规定》，并符合本部分说明及以下要求。

（1）单元工程划分：以一台或数台同一工作压力的空气压缩机安装为一个单元工程。

（2）单元工程量：填写本单元空气压缩机台数及主要技术数据。

（3）各项目检验方法见表 5－103。

（4）设计值按设计图填写，实测值填写实际测量值。

（5）项次 7.5、7.6 的质量标准都是"符合设计要求"，在相应栏中应写出设计具体要求，如本例 7.5 各级排气温度、设计要求是小于 60℃，7.5 各级排气压力是 0.75MPa。

（6）检验结果合格项目数，指达到合格及其以上质量标准的项目个数。

（7）单元工程质量标准。

合格：每台设备的主要检查项目全部符合规定，一般检查项目的实测点有 90％及其以上符合规定，其余虽有微小超差但不影响使用，经试运转符合要求，组成单元工程的各台设备全部合格。

优良：每台设备的检查项目全部符合合格标准，并有 50％及其以上的检查项目达到优良等级，其中机身纵横水平度（项次 3）必须优良。组成单元工程的各台设备有 50％及其以上达到优良等级。

表 5－102　　　　　　空气压缩机安装单元工程质量评定表

单位工程名称	发电厂房工程		单元工程量	一台（0.7MPa，100L/min）	
分部工程名称	水力机械辅助设备安装		施工单位	×××水电安装公司	
单元工程名称、部位	1 号低压气机安装，▽14.75m 气压机室		检验日期	×年×月×日	
项次	检查项目	允许偏差/mm		实测值/mm	结论
		合格	优良		
1	设备平面位置	±10	±5	横向：(3000 ＋5) mm 纵向：(1000 ＋4) mm	优良
2	高程（14.75 m）	＋20　－10	＋10　－5	14.758 m	优良
3	机身纵、横向水平度	0.10/m	0.08/m	横向：0.08mm/m 纵向：0.07mm/m	优良

续表

项次	检查项目	允许偏差/mm		实测值/mm	结论
		合格	优良		
4	皮带轮端面垂直度	0.50/m	0.30/m	**0.30mm/m**	优良
5	两皮带轮端面有同一平面内	0.50	0.20	**0.40mm**	合格
6 无负荷试运转 （4～8h）	6.1 润滑油压	不低于 0.1MPa		**0.15MPa**	优良
	6.2 曲轴箱油温	不超过 60℃		**56℃**	
	6.3 运动部件振动	无较大振动		**轻微振动**	
	6.4 运动部件声音检查	声音正常		**声音正常**	
	6.5 各连接部件检查	应无松动		**无松动**	
7 带负荷试运转 （按额定压力 25% 运转 1h，50%、 75%各运转 2h， 100%运转 4～8h， 分别检测记录）	7.1 渗油	无		**无**	优良
	7.2 漏气	无		**无**	
	7.3 漏水	无		**无**	
	7.4 冷却水排水温度	不超过 40℃		**39℃**	
	7.5 各级排气温度	符合设计规定小于 60℃		**57℃**	
	7.6 各级排气压力	符合设计规定 0.75MPa		**0.7MPa**	
	7.7 安全阀	压力正确、动作灵敏		**压力正确、动作灵敏**	
	7.8 各级自动控制装置	灵敏可靠		**灵敏可靠**	
检验结果		共检验 7 项，合格 7 项，其中优良 6 项，优良率 85.7%			
评定意见				单元工程质量等级	
每台设备主要检查项目全部符合规定。一般检查项目的实测点 100% 符合规定。其余虽有微小出入，但不影响使用，85.7% 项目达到优良标准，组成单元工程的各台设备 100% 达到优良等级				优良	
测量人	××× ×年×月×日	施工单位	××× ×年×月×日	建设（监理）单位	××× ×年×月×日

注　适用范围：总装机容量大于等于 25 MW 或单机容量大于等于 3 MW 的水电站。

表 5－103　　空气压缩机安装单元工程质量评定各项目检验方法

项次	检查项目	检验方法
1	设备平面位置	用钢卷尺检查
2	高程	用水准仪和钢板尺检查
3	机身纵、横向水平度	方形水平仪检查

项次	检查项目	检验方法
4	皮带轮端面垂直度	方形水平仪及吊重垂线、钢板尺检查
5	两皮带轮端面有同一平面内	拉线用钢板尺检查

表 5－104 深井水泵安装单元工程质量评定表填表说明

填表时必须遵守《填表基本规定》，并符合本部分说明及以下要求。

（1）单元工程划分：以一台或数台检修排水泵安装为一个单元工程。

（2）单元工程量：填写本单元排水泵安装工作量，台数（Q、H）。

（3）各项目检验方法见表 5－105。

（4）设计值按设计图填写，实测值填写实际测量值。

（5）项次 8.4 电动机电流。在质量标准栏填出电流额定值。项次 8.5 水泵压力和流量，在质量标准栏内，填出 Q、P 设计值。项次 9.7 水泵轴的径向振动，在相应转速栏用"√"标明。

（6）检验结果：合格项数指达到合格及其以上质量标准的项目个数。

（7）单元工程质量标准。

合格：每台设备的主要检查项目全部符合规定，一般检查项目的实测点有 90％及其以上符合规定，其余虽有微小超差，但不影响使用，经试运转符合要求，组成单元工程的各台设备全部合格。

优良：每台设备的检查项目全部符合合格标准，并有 50％及其以上的检查项目达到优良等级。组成单元工程的各台设备有 50％及其以上达到优良等级。

表 5－104　　　　　　　　　　深井水泵安装单元工程质量评定表

单位工程名称	发电厂房工程	单元工程量	一台（$Q=550$ m³/h，$H=25\sim40$m）
分部工程名称	水力机械辅助设备安装	施工单位	×××水电安装公司
单元工程名称、部位	1 号检修排水泵安装	检验日期	×年×月×日

项次	检查项目	允许偏差/mm		实测值/mm	结论
		合格	优良		
1	设备平面位置	±10	±5	横向：（3100＋10）mm， 纵向：（3800－10）mm	合格
2	高程（设计 15.12 m）	＋20　－10	＋10　－5	15.115 m	合格
3	各级叶轮与密封环间隙	符合设计规定		厂内装配	/
4	叶轮轴向间隙	符合设计规定		厂内装配	/
5	△泵轴提升量	符合设计规定（1～2）		1.9mm	优良
6	泵轴与电动机轴线偏心	0.15	0.10	0.10mm	优良
7	泵轴与电动机轴线倾斜	0.5/m	0.2/m	0.25mm/m	合格

续表

项次	检查项目	允许偏差/mm		实测值/mm	结论
		合格	优良		
8	泵座水平度	0.10/m	0.08/m	横向：0.08mm/m 纵向：0.07mm/m	优良
9 水泵试运转（在额定负荷下，试运转不小于2h)	9.1 填料函检查	压盖松紧适当，只有滴状泄漏		有滴状泄漏	优良
	9.2 转动部分检查	运转中无异常振动和响声，各连接部分不应松动和渗漏		无异常振动和响声，各连接部分无松动和渗漏	
	9.3 轴承温度	滚动轴承不超过75℃，滑动轴承不超过70℃		滑动轴承68℃	
	9.4 电动机电流	不超过额定值（$I=110A$)		100A	
	9.5 水泵压力和流量	符合设计规定（$Q=550m^3/h$，$P=0.2MPa$)		$Q=550m^3/h$ $P=0.18MPa$	
	9.6 水泵止退机构	动作灵活可靠		动作灵活可靠	
	9.7 水泵轴的径向振动	转速双向振幅 >750～1000r/min　≤0.1mm ✓>1000～1500r/min　≤0.08mm >1500～3000r/min　≤0.06mm		横向振幅：0.06mm 纵向振幅：0.07mm	

检验结果	共检验7项，合格7项，其中优良4项，优良率57.1％

评定意见	单元工程质量等级
每台设备主要检查项目全部符合规定。一般检查项目的实测点100％符合规定。其余虽有微小出入，但不影响使用，57.1％项目达到优良标准，组成单元工程的各台设备100％达到优良等级	优良

测量人	××× ×年×月×日	施工单位	××× ×年×月×日	建设（监理）单位	××× ×年×月×日

表 5－105　　　　　　**深井水泵安装单元工程质量评定各项目检验方法**

项　次	检　查　项　目	检　验　方　法
1	设备平面位置	用钢卷尺检查
2	高程	用水准仪和钢板尺检查
3	各级叶轮与密封间隙	用游标卡尺测量检查
4	叶轮轴向间隙	用钢板尺检查
5	△泵轴提升量	用钢板尺检查

续表

项次	检 查 项 目	检 验 方 法
6	泵轴与电动机轴线倾斜	用钢板尺、塞尺检查
7	泵座水平度	方形水平仪检查

表 5-106 离心水泵安装单元工程质量评定表填表说明

填表时必须遵守《填表基本规定》，并符合本部分说明及以下要求。

（1）单元工程划分：以一台或数台离心泵安装为一个单元工程。

（2）单元工程量：填写本单元水泵安装量：台数（Q、H）。

（3）各项目检验方法见表 5-107。

（4）设计值按设计图填写，实测值填写实际测量值。

（5）项次 8.4 电动机电流。在质量标准栏填出额定电流值。项次 8.5 水泵压力和流量，在质量标准栏填出设计值（Q、P）。项次 8.7 在相应转速栏用"√"标明。

（6）检验结果：合格项数，指达到合格及其以上质量标准的项目个数。

（7）单元工程质量标准。

合格：每台设备的主要检查项目全部符合规定，一般检查项目的实测点有 90％及其以上符合规定，其余虽有微小超差，但不影响使用，经试运转符合要求，组成单元工程的各台设备全部合格。

优良：每台设备的检查项目全部符合合格标准，并有 50％及其以上的检查项目达到优良等级。组成单元工程的各台设备有 50％及其以上达到优良等级。

表 5-106　　　　　　　　　　离心水泵安装单元工程质量评定表

单位工程名称	发电厂房工程		单元工程量	一台（$Q=550\text{m}^3/\text{h}$，$H=25\sim40\text{m}$）
分部工程名称	水力机械辅助设备安装		施工单位	×××水电安装公司
单元工程名称、部位	1号生活供水泵，▽14.75m 技术供水泵房		检验日期	×年×月×日

项次	检查项目	允许偏差/mm		实测值/mm	结论
		合格	优良		
1	设备平面位置	±10	±5	横向：（6800＋3）mm 纵向：（1700－4）mm	优良
2	高程（15.05 m）	＋20　－10	＋10　－5	15.04 m	合格
3	泵体纵、横向水平度	0.10/m	0.08/m	横向：0.08mm/m 纵向：0.07mm/m	优良
4	△叶轮和密封环间隙	符合设计规定		厂内装配	/
5	多级泵叶轮轴向间隙	大于推力头轴向间隙		厂内装配	/
6	主、从动轴中心	0.10	0.08	0.08mm	优良
7	主、从动轴中心倾斜	0.20/m	0.10/m	0.15mm/m	合格

续表

项次	检查项目	允许偏差/mm		实测值/mm	结论
		合格	优良		
8 水泵试运转（在额定负荷下，试运转不小于2h）	8.1 填料函检查	压盖松紧适当，只有滴状泄漏		有滴状泄漏	优良
	8.2 转动部分检查	运转中无异常振动和响声，各连接部分不应松动和渗漏		无异常振动和响声，各连接部分无松动和渗漏	
	8.3 轴承温度	滚动轴承不超过75℃，滑动轴承不超过70℃		滑动轴承65℃	
	8.4 电动机电流	不超过额定值（$I=42.5A$）		38A	
	8.5 水泵压力和流量	符合设计规定（$Q=50.4m3/h$，$P=0.2MPa$）		$Q=50.4$ m³/h，$P=0.19$ MPa	
	8.6 水泵止退机构	动作灵活可靠		动作灵活可靠	
	8.7 水泵轴的径向振动	转速双向振幅 ＞750～1000r/min ≤0.1mm √＞1000～1500r/min ≤0.08mm ＞1500～3000r/min ≤0.06mm		横向振幅：0.07mm 纵向振幅：0.06mm	
检验结果		共检验6项，合格6项，其中优良4项，优良率66.7％			
评定意见				单元工程质量等级	
每台设备主要检查项目全部符合规定。一般检查项目的实测点100％符合规定。其余虽有微小出入，但不影响使用，66.7％项目达到优良标准，组成单元工程的各台设备100％达到优良等级				优良	
测量人	××× ×年×月×日	施工单位	××× ×年×月×日	建设（监理）单位	××× ×年×月×日

表 5-107 离心水泵安装单元工程质量评定各项目检验方法

项次	检 查 项 目	检 验 方 法
1	设备平面位置	用钢卷尺检查
2	高程	用水准仪和钢板尺检查
3	泵体纵、横向水平度	方形水平仪检查
4	叶轮和密封环间隙	用压铅法或塞尺检查
5	多级泵叶轮轴向间隙	用钢板尺或塞尺检查
6	主、从动轴中心	用钢板尺、塞尺或百分表检查
7	主、从动轴中心倾斜	塞尺或百分表检查

表 5-108 齿轮油泵安装单元工程质量评定表填表说明

填表时必须遵守《填表基本规定》，并符合本部分说明及以下要求。

（1）单元工程划分：以一台或数台齿轮油泵安装为一个单元工程。

（2）单元工程量：填写本单元齿轮油泵安装量，台数（Q、H）。

（3）各项目检验方法如表5-106方法。

（4）设计值按设计图填写，实测值填写实际测量值。

（5）项次8.6油泵输油量，在质量标准栏填写设计值（*Q*）。项次8.7油泵电动机电流，在质量标准栏填出额定电流值。项次8.8油泵停止观察的质量标准栏，应填写停泵观察项目及具体规定（可采用在附页中写出具体要求）设计值均用"（）"标明。

（6）检验结果：合格项数，指达到合格及其以上质量标准的项目个数。

（7）单元工程质量标准。

合格：每台设备的主要检查项目全部符合规定，一般检查项目的实测点有90%及其以上符合规定，其余虽有微小超差，但不影响使用，经试运转符合要求，组成单元工程的各台设备全部合格。

优良：每台设备的检查项目全部符合合格标准，并有50%及其以上的检查项目达到优良等级。其中主、从动轴中心（项次6）必须优良。组成单元工程的各台设备有50%及其以上达到优良等级。

注：整机到货的移动式油泵，不用填写项次1～7。

表 5–108　　　　　　　　　　齿轮油泵安装单元工程质量评定表

单位工程名称	发电厂房工程		单元工程量	一台（ *Q*＝150L/min，*H*＝38～45 m）	
分部工程名称	水力机械辅助设备安装		施工单位	×××水电安装公司	
单元工程名称、部位	1 号齿轮轴泵，▽13.38m 透平油处理室		检验日期	×年×月×日	
项次	检查项目	允许偏差/mm		实测值	结论
		合格	优良		
1	设备平面位置	±10	±5	横向：（6000＋10）mm 纵向：（2100－10）mm	合格
2	高程（13.38 m）	＋20 －10	＋10 －5	13.381m	优良
3	泵体水平度	0.20/m	0.10/m	横向：0.10mm/m 纵向：0.09mm/m	优良
4	△齿轮与泵体径向间隙	0.13～0.16		0.15mm	优良
5	齿轮与泵体轴向间隙	0.02～0.03		0.3mm	合格
6	△主、从动轴中心	0.10	0.08	0.07mm	优良
7	主、从动轴中心倾斜	0.20/m	0.10/m	0.17mm/ m	合格
8 油泵试运转（在无压情况下运行1h 及额定负荷的 25%、50%、75%、100% 各运行 15min）	8.1 振动	运转中无异常振动		运转中无异常振动	优良
	8.2 响声	无异常响声		无异常响声	
	8.3 各连接部分检查	不应松动及渗漏		无松动及渗漏	
	8.4 温度	油泵轴承处外壳温度不超过60℃		49℃	
	8.5 油泵的压力波动	小于设计值的±1.5%（设计值0.33MPa）		0.004 MPa	
	8.6 油泵输油量	不小于设计值 （*Q*＝150 L/min）		150 L/min	
	8.7 油泵电动机电流	不超过额定值（*I*＝6.8A）		6.6A	
	8.8 油泵停止观察	符合规定（见附页）		停泵检查正常	

检验结果	共检验 **8** 项，合格 **8** 项，其中优良 **5** 项，优良率 **62.5** ％		
评定意见		单元工程质量等级	
每台设备主要检查项目全部符合规定。一般检查项目的实测点 **100** ％符合规定。其余虽有微小出入，但不影响使用，**62.5** ％项目达到优良标准，组成单元工程的各台设备 **100** ％达到优良等级		**优良**	
测量人	××× ×年×月×日	施工单位	××× ×年×月×日	建设（监理）单位	××× ×年×月×日

表 5 - 109 水力测量仪表安装单元工程质量评定表填表说明

填表时必须遵守《填表基本规定》，并符合本部分说明及以下要求。

（1）单元工程划分：以每台机的水力测量仪表安装为一个单元工程。

（2）单元工程量：填写本单元水力测量仪表安装量、套。

（3）各项目检验方法见表 5 - 110。

（4）设计值按设计图填写，并用"（ ）"标明。实测值填写实际测量值。

（5）检验结果合格项目数，指达到合格及其以上质量标准的项目个数。

（6）单元工程质量标准。

合格：一般检查项目的实测点有 90％及其以上符合规定，其余虽有微小出入，但不影响使用，试运转符合要求。

优良：检查项目全部符合合格标准，并有 50％及其以上的检查项目达到优良等级。

表 5 - 109 水力测量仪表安装单元工程质量评定表

单位工程名称	**发电厂房工程**		单元工程量	**8 套**	
分部工程名称	**1 号水轮发电机组安装**		施工单位	**×××水电安装公司**	
单元工程名称、部位	**水力测量仪表安装，▽6.9m，交通廊道**		检验日期	**×年×月×日**	
项次	检查项目	允许偏差/mm		实测值/mm	结论
		合格	优良		
1	仪表设计位置	10	5	距墙边：设计 110，实测：111～117	合格
2	仪表盘设计位置	20	10	横向：800＋8，纵向：110－7 横向：3190－8，纵向：110－6	优良
3	仪表盘垂直度	3/m	2/m	1.6mm/m，2.0mm/m，1.9mm/m， 2.0mm/m，1.8mm/m	优良
4	仪表盘水平度	3/m	2/m	1.5mm/m，2.0mm/m，1.8mm/m， 1.7mm/m，2.0mm/m	优良
5	仪表盘高程（设计－5.749 m）	±5	±3	－5.749 m，－5.753 m，－5.752 m， －5.748 m，－5.752 m，	优良
6	取压管位置	±10	±5	横向：300＋4mm，纵向：3190－8mm	合格
检验结果	共检验 **6** 项，合格 **6** 项，其中优良 **4** 项，优良率 **66.7** ％				

续表

评定意见		单元工程质量等级
一般检查项目的实测点 100％符合规定。66.7％项目达到优良标准，组成单元工程的各台设备 100％达到优良等级		优良

测量人	××× ×年×月×日	施工单位	××× ×年×月×日	建设（监理）单位	××× ×年×月×日

表 5－110　　　　　　**水力测量仪表安装单元工程质量评定各项目检验方法**

项　次	检　查　项　目	检　验　方　法	备　　注
1	仪表设计位置	用钢卷尺检查	有位置限制要求的，填写实测值
2	仪表盘设计位置	用钢卷尺检查	
3	仪表盘垂直度	吊线垂钢板尺检查	
4	仪表盘水平度	用水平尺检查	
5	仪表盘高程	用水准仪和钢板尺检查	
6	取压管位置	用钢卷尺检查	

5．运转实验

表 5－111 机组空载试验单元工程质量评定表填表说明

填表时必须遵守《填表基本规定》，并符合本部分说明及以下要求。

（1）单元工程划分：以一台机组空载试验为一个单元工程。本单元是主要单元工程。

（2）检验记录：填写实际试验结果。

（3）检验结果合格项目数，指达到合格及以上质量标准的项目个数。

（4）单元工程质量标准。

合格：按启动委员会批准的试运行大纲完成各项试验和检查，机组各部无异常，主要数据达到设计要求，各项记录准确、齐全。

优良：在合格的基础上，各项试验一次成功率在 90％及以上。

表 5－111　　　　　　　　**机组空载试验单元工程质量评定表**

单位工程名称	**发电厂房工程**		单元工程量	**一台机组空载试验**	
分部工程名称	**1 号水轮发电机组安装**		施工单位	**×××水电安装公司**	
单元工程名称、部位	**机组空载试验**		检验日期	**×年×月×日**	
项次	检查项目	质量标准	检验记录		结论
1 首次手动开机进行检查和测试	1.1 记录起动、空载开度及上、下游水位	符合规定	上游水位▽24.0m，下游水位▽12.0m 起动开度：1.5％ 空载开度：9.8％		优良
	1.2 测量各部轴承瓦温、油温及水温，记录轴承油面波动情况	应符合设计要求	正推力瓦温 45.2℃，反推力瓦温 40.5℃，润滑油温 38.4℃，水温 28.8℃，轴承油面 34～50mm		

项次	检查项目	质量标准	检验记录	结论
1 首次手动开机进行检查和测试	1.3 测量水导、上导摆度。测量支持盖、上机架、推力支架、定子铁芯机座的振动值	摆度应小于轴承间隙，振动值应符合"标准"规定	水导摆度：0.08mm，上导摆度：0.08mm，上机架径向振动：0.02mm，定子径向振动：0.02mm，定子轴向振动：0.02mm，下机架轴向振动：0.03mm	优良
	1.4 记录水轮机各部压力值和真空值	符合规定	符合要求，详见试验记录	
	1.5 测定顶盖排水泵运行周期，检查水导主轴密封工作情况	符合规定	主轴密封工作正常	
	1.6 测定油压装置油泵输油周期	符合规定	23 分钟 15 秒	
	1.7 测量手动运行时的机组周波摆动值	符合规定	49.95～50.05Hz	
	1.8 测量永磁机电压和频率关系曲线，测量各相电压及相序	符合规定	/	
	1.9 测量发电机残压及相序	符合规定	线压 168V，相序正确	
	1.10 检查自动控制和温度巡检回路	应正常工作	工作正常	
	1.11 检查主（副）励磁机输出极性及电压调节情况	符合规定	/	
	1.12 停机过程中检查转速继电器制动加闸整定值，记录加闸停机时间	符合设计要求	空定值符合要求，机械制动加闸至停机时间为 20 秒，符合设计要求	
2 手动自动切换试验	2.1 测定导叶接力器摆动值及摆动周期	接力器应无明显摆动	接力器无明显摆动	优良
	2.2 在自动调节状态下，机组转速波动相对值测量	大型调速器不超过±0.15%；中型调速器不超过±0.25%	转速波动相对值－0.08%～＋0.10%	
3	空载扰动试验检查	转速最大超调量不超过扰动量的 30%；超调次数不超过两次，调节时间应符合设计规定	扰动量为 4Hz，最大超调量为 0.6Hz。超调次数为 1 次，调节时间为 18 秒	优良
4 机组过速试验检查	4.1 测量机组各部摆度振动值	应符合"标准"规定	振动值：0.03～0mm	优良
	4.2 测量各部轴承温度	应符合"标准"规定	推力轴承：49.4℃，水导轴承：44.4℃，上导：45℃	
	4.3 校核整定过速保护装置的动作值	应符合设计规定	电气：161.9% 额定转速；机械 181% 额定转速	
	4.4 停机检查机组各部位	应无异常	停机检查无异常	

项次	检查项目	质量标准	检验记录	结论
5 自动开机试验检查	5.1 检查开、停机程序及时间	应符合设计要求	开、停机程序正确，开机时间25s，停机时间40s	优良
	5.2 高压油顶起装置	应能自动投入及退出，油压正常	能自动投入及退出，油压正常	
	5.3 调速器及各自动化元件	动作应正确	动作正确	
	5.4 制动系统检查	能动作正确，可靠	动作正确，可靠	
6 发电机短路时的试验和检查	6.1 检查发电机保护及测量电流互感器二次电流	三相应平衡，电气仪表指示正确，各继电器动作整定值正确	三相平衡，电气仪表指示正确，各继电器动作整定值正确	优良
	6.2 录制发电机三相短路特性，测量发电机轴电压	应符合设计要求	发电机轴电压4V	
	6.3 测量灭磁开关的时间常数	应符合设计要求	符合要求，0.808″	
	6.4 检查励磁机整流子碳刷换向情况	换向情况正常	/	
	6.5 复励及调差部分试验	应符合设计要求	/	
	6.6 模拟机组电气事故停机	动作程序应符合设计要求	动作程序正确	
7	发电机定子检查性直流耐压试验	应符合"标准"规定	安装过程无异常，直流耐压试验符合要求	合格
8	发电机升压时的检查和试验	应符合"标准"规定	分阶段升压至最高电压，设备带电情况正常，U_e时轴电压1.3V	优良
9	发电机单相接地试验	保护继电器动作整定值正确	整定值正确，单相接地动作值3kV	优良
10 发电机空载时励磁调节器试验	10.1 励磁装置处于手动位置时的起励检查	工作应正常，且符合设计要求	工作正常	优良
	10.2 励磁装置手动和自动位置时的电压调整范围检查	最低可调电压值应符合设计要求	手动（80%～130%）U_e，自动（90%～110%）U_e	
	10.3 各种工况下的稳定性和超调量的检查	摆动次数一般为2～3次。电机励磁超调量一般不超过20%；可控硅励磁超调量一般不超过10%	摆动次数2次，超调5%	
	10.4 测量励磁调节器的开环放大倍数	应符合设计要求	/	
	10.5 在等值负载情况下录制励磁调节器各部特征	应符合设计要求	/	

项次	检查项目	质量标准	检验记录	结论
10 发电机空载时励磁调节器试验	10.6 测定发电机转速与电压的变化特性	频率每变化 1% 时，其发电压变化；对半导体型，不超过额定电压的 ±0.25%；对电磁型，不超过额定电压的 ±2%	符合要求 0.2%U_e/0.5Hz（表示频率变化 0.5 周，发电机电压变化 0.2%）	优良
	10.7 可控硅励磁系统各种保护的模拟动作试验及调整	动作应正确	动作正确	
	10.8 带有逆变灭磁的静止励磁装置模拟停机工况逆变灭磁试验	应符合设计要求	逆变灭磁工况正常，灭磁时间 0.807s	
检验结果	共检验 10 项，合格 10 项，其中优良 9 项，优良率 90.0 %			
评定意见			单元工程质量等级	
所有检查项目均符合质量标准，各项记录准确、齐全，全部试验一次成功。			优良	
测量人	×××　×年×月×日	施工单位	×××　×年×月×日	建设（监理）单位　×××　×年×月×日

注　表中所需符合标准为 DL/T 507—2014《水轮发电机组启动实验规程》。

五、电气工程质量评定表

1. 发电电器设备

表 5-112　20kV 及以下油断路器安装单元工程质量评定表填表说明

填表时必须遵守《填表基本规定》，并符合本部分说明及以下要求。

（1）单元工程划分：以一组油断路器安装为一个单元工程。

（2）单元工程量：填写本单元断路器全型号（包括主要技术数据）、台数（1 台）。

（3）检验记录：填写实际检验结果及实际测量数据（必要时附试验报告）。

（4）检验结果：合格项数，指达到合格及以上质量标准的项目个数。

（5）单元工程质量标准。

合格：主要检查项目全部符合质量标准，一般检查项目基本符合质量标准，操作试验达到合格标准。

优良：主要检查项目和一般检查项目都必须全部符合质量标准（其中有"优良"标准者应达到优良标准）。操作试验达到优良标准。

表 5-112	20kV 及以下油断路器安装单元工程质量评定表		
单位工程名称	发电厂房	单元工程量	SN3-10/3000　1 台
分部工程名称	电气一次设备安装	施工单位	×××水电安装公司
单元工程名称、部位	1G 发电机油断路器安装	检验日期	×年×月×日

项次	检查项目	质量标准（或允许偏差 mm）		检验记录	结论
		合格	优良		
1	一般规定	金属构架安装应正确，牢固质量符合要求。所有部件应齐全，无锈蚀，支持绝缘子或绝缘套瓷件应清洁，无裂纹、破损，瓷铁件粘合牢固。绝缘件应无变形和受潮		构架安装符合设计，所有部件应齐全，无锈蚀，无损伤，瓷铁件粘合牢固。绝缘件无变形和受潮	优良
2	基础部分允许偏差	中心距及高度≤±10，预留孔中心≤±10，基础螺栓中心±2		$\Delta L_1 \leqslant +8$，$\Delta H \leqslant +6$，$\Delta \phi \leqslant +9$，$\Delta L_2 \leqslant +1$	优良
3 箱体安装	3.1 外观检查	安装垂直，固定牢固，底座与基础之间的垫片不宜超过 3 片，总厚度不应＞10，各垫片间焊接牢固		安装垂直，固定牢靠，垫片数≤2 片，已焊接牢固	优良
	△3.2 允许偏差 同相各支柱中心线 三相底座或油箱中心线	≤5 ≤5	≤2.5 ≤2.5	$\Delta A \leqslant 2$，$\Delta B \leqslant 2.2$，$\Delta C \leqslant 2$，$\Delta L_1 \leqslant 2$，$\Delta L_2 \leqslant 2.1$	
	3.3 油箱	内部清洁，无杂质，绝缘衬套干燥，无损伤，放油阀畅通。顶部及法兰等处衬垫完好，有弹性，密封良好，箱体焊缝无渗油，油漆完整		内部清洁，衬套干燥，无损伤，放油阀畅通。衬垫完好，无渗油，油漆完好	
4	△灭弧室检查	部件应完整，绝缘件应干燥，无变形，安装位置应准确		无变形，绝缘件干燥，安装正确	优良
5	提升杆及导向板检查	应无弯曲及裂纹，绝缘漆层完好，绝缘电阻符合产品要求（出厂：$R \geqslant 1300M\Omega$）		无变形，漆层完好，$R_A = 1300M\Omega$，$R_B = 1200M\Omega$，$R_C = 1200M\Omega$	优良
6 △导电部分检查	6.1 触头	表面清洁，镀银部分不得挫磨，铜钨合金不得有裂纹或脱焊，动静触头应对准，分合闸过程无卡阻，合闸时触头的线行接触，用 0.05×10mm 塞尺检查，应塞不进去		表面清洁，无挫磨，无裂纹，分合过程无卡阻现象，线行接触时，0.05mm 塞尺塞不进去	优良
	6.2 横杆、导电杆	应无裂纹，导电杆应平直，端部光滑平整		无裂纹，平直，端部光滑	
	6.3 铜线或软铜片	应无断裂，铜片间无锈蚀，固定螺栓齐全，紧固		无损伤，无锈蚀，紧固	
7 缓冲器	7.1 动作	固定牢固，动作灵活，无卡阻回跳现象		灵活，无回跳现象	优良
	7.2 油质、油位	应符合产品要求		油质报告，显示符合要求	
	7.3 行程	应符合产品技术规定（5mm）		5mm	

续表

项次	检查项目	质量标准（或允许偏差 mm）		检验记录	结论
		合格	优良		
8 与母线或者电缆线连接	8.1 部位	应清洁平整，无毛刺或锈蚀，连接螺栓紧固		清洁平整，无锈蚀，紧固	优良
	8.2 接触面：线接触	<0.05		三相：0.05mm 塞尺塞不进	
	8.3 接触面：面接触接触面宽度≤50mm 接触面宽度>60mm	<4 <6	<2 <3	力矩扳手检查合格	
9 操作机构和传动装置安装	9.1 部件	齐全完整，连接牢固，各锁片、防松螺母均应拧紧，开口销张开		齐全、紧固，开口销张开	优良
	9.2 分合闸线圈	绝缘完好，铁芯动作应灵活，无卡阻		绝缘完好，铁芯动作无卡阻	
	△9.3 合闸接触器和辅助开关	动作应准确可靠，接点接触良好，无烧损或锈蚀		动作可靠，接点接触良好，无锈蚀	
	△9.4 操作机构调整	应满足动作要求，检查活动部件与固定部件的间隙、移动距离、转动角度等均应在产品允许的误差范围内		均已调整在厂家允许误差范围内	
	△9.5 联动动作检查	应正常，无卡阻现象，分合闸位置指示器指示正确		联动正常，无卡阻现象，分合指示正确	
10	排气装置的安装	应符合 GB 50147—2010《电气装置安装工程高压电器施工及验收规范》要求		内部清洁，有罩盖、不影响	优良
11	油标油位指示器检查	指示正确，无渗油		指示正确，无渗油现象	优良
12	接地部位检查	接触牢固、可靠		牢固、可靠	优良
13	△测量每相导电回路电阻	应符合产品的技术要求（出厂：58μΩ，56μΩ，K56μΩ）		58μΩ，56μΩ，K56μΩ	优良
14	测量断路器分合闸状态时的绝缘电阻	绝缘电阻值>1200MΩ		1900MΩ	优良
15	测量二次回路绝缘电阻	绝缘电阻值≥1MΩ		2.2MΩ	优良
16	测量分合闸线圈的直流电阻及绝缘电阻	直流电阻值应符合产品技术要求，绝缘电阻值>10MΩ		直流电阻：合闸线圈 2.8Ω，分闸线圈 90Ω，绝缘电阻 15MΩ	优良
17	△交流耐压试验	应符合《规范》要求		合闸时，27kV/min 无异常	优良
18	△测量分合闸时间	均应符合产品技术规定		合：0.48s，分：0.12s	优良
19	测量分合闸速度	应符合产品技术规定		刚合：1.3m/s，刚分：2m/s，最大合：1.5m/s，最大分：3m/s	优良

项次	检查项目	质量标准（或允许偏差 mm）		检验记录	结论
		合格	优良		
20	测量分合闸同时性	符合产品技术要求（≤4ms）		≤2ms	优良
21	绝缘油试验	应符合《规范》有关规定		试验报告，满足要求，耐压 35kV	优良
22	检查操作机构最低动作电压	分闸电磁铁：$30\%U_n < U < 65\%U_n$ 合闸接触器：$(85\% \sim 110\%)U_a$		分闸 131V，合闸 205V	优良
23	操作试验	在额定操作电压值下进行分合闸操作各 3 次，断路器动作正常		DC 220V 时，分合 3 次，动作正常	优良
检验结果		共检验 23 项，其中合格 23 项，优良 23 项，优良率 100 %			
评定意见				单元工程质量等级	
主要检查项目全部符合质量标准，一般检查项目符合质量标准。试验结果优良				优良	
测量人	××× ×年×月×日	施工单位	××× ×年×月×日	建设（监理）单位	××× ×年×月×日

2. 升压变电电气设备

表 5−113 主变压器安装单元工程质量评定表填表说明

填表时必须遵守《填表基本规定》，并符合本部分说明及以下要求。

（1）单元工程划分：以一变压器安装为一个单元工程。本单元工程是主要单元工程。

（2）单元工程量：填写本单元工程主变全型号（包括主要技术数据）、台数（1 台）。

（3）检验记录：填写实际测量及检查结果。

注：项次 18 如果无有载调压部分，此项不填写。

（4）检验结果合格项数，指达到合格及以上质量标准的项目个数。

（5）质量评定应在变压器全部安装完毕，并进行启动试运行后进行。

（6）启动试运行的合格、优良标准。

合格：运行过程中发现的缺陷经处理后已消除，达到 GB 50148—2010《电气装置安装工程电力变压器、油浸电抗器、互感器施工及验收规范》第二章中关于工程交接验收的有关要求（表 5−113 中简称《规范》）；或虽有个别小缺陷，但不影响运行使用要求。

优良：运行过程中未出现异常现象，且各项技术指标均达到 GB 50148—2010 的有关规定。

（7）单元工程质量标准。

合格：主要检查项目应符合质量标准，一般检查项目基本符合质量标准要求，启动试运行达到合格标准。

优良：主要检查项目和一般检查项目都必须全部符合质量标准要求。启动试运行达到优良标准。

表 5－113　　　　　　　　　　主变压器安装单元工程质量评定表

单位工程名称		升压变电站	单元工程量	SF8－20000/12I　1台	
分部工程名称		主变压器安装	施工单位	×××水电安装公司	
单元工程名称、部位		1号主变压器安装	检验日期	×年×月×日	
项次	检查项目	质量标准	检验记录		结论
1	一般规定	油箱及所有的附件应齐全，无锈蚀或机械损伤，无渗漏现象。各连接部位螺栓应齐全，固定良好。套管表面无裂缝、伤痕，充油套管无渗油现象，油位指示正常	附件齐全，无损伤，无渗漏。连接固定良好。油位指示正确		优良
2 器身检查	△2.1 铁芯	应无变形和多点接地。铁轭与夹件，夹件与螺杆等处的绝缘应完好，连接部位应紧固	铁芯无变形和多点接地。绝缘完好，连接紧固		优良
	△2.2 线圈	绝缘层应完好无损，各组线圈排列应整齐，间隙均匀，油路畅通。压钉应紧固，绝缘良好，防松螺母锁紧	绝缘完好，排列整齐，间隙均匀，油路畅通。压钉紧固，绝缘良好，防松螺母锁紧		优良
	2.3 引出线	△绝缘包扎应紧固，无破损、拧弯现象。固定牢固，校核绝缘距离符合设计要求。引出线裸露部分应无毛刺或尖角，焊接良好。△引出线与套管的接线应正确，连接牢固	包扎紧固，绝缘距离符合设计要求。裸露部分无毛刺，焊接良好。与套管接线正确，牢固		优良
	2.4 电压切换装置	△无激磁电压切换装置各分接点与线圈的连接应紧固正确。接点接触紧密，转动部位应转动灵活，密封良好，指示器指示正确。有载调压装置的各开关接点接触良好。分接线连接牢固、正确、切换部分密封良好	连接紧固正确。接点接触紧密良好，转动部位灵活，密封良好，指示正确		优良
	2.5 箱体	△各部位无油泥、金属屑等杂物。有绝缘围屏者，其围屏应绑扎牢	无油泥、金属屑等杂物		优良
3	变压器干燥的检查	检查干燥记录，应符合《规范》有关要求	检查干燥记录，符合《规范》要求		优良
4 本体及附件安装	4.1 轨道检查	两轨道间距离允许误差应＜2mm，轨道对设计标高允许误差应＜±2mm，轨道连接处水平允许误差应＜1mm	距离误差：1mm，高程误差：－2mm，水平误差：0.50mm		优良
	4.2 本体就位	轮距与轨距中心应对正，滚轮应加制动装置且该装置应固定牢固。装有气体继电器的箱体顶盖应有1%～1.5%的升高坡度	中心对正，滚轮能拆卸，制动装置固定箱体顶盖沿电气继电器气流方向升高坡度为1%		优良
	△4.3 冷却装置安装	安装前应进行密封试验无渗漏。与变压器本体及其他部位的连接应牢固，密封良好。管路阀门操作灵活，开闭位置正确。油泵运转正常。风扇电动机应安装牢固，转动灵活、运转正常、无振动或过热现象。冷却装置安装完毕试运行正常，联动正确	试验检查无渗漏。连接牢固，密封良好。阀门操作灵活，油泵运转正常。风扇电动机良好，冷却装置试运行正常，联动正确		优良

续表

项次	检查项目	质量标准	检验记录	结论
4 本体及附件安装	4.4 有载调压装置的安装	△传动机构应固定牢固，操作灵活无卡阻。切换开关的触头及其连接线应完整，接触良好。限流电阻完整无断裂。△切换装置的工作顺序及切换时间应符合产品要求，机械联锁与电气联锁动作正确。△位置指示器动作正常，指示正确。油箱应密封良好，油的电气绝缘强度应符合产品要求。电气试验符合"标准"要求	传动机构牢固，操作灵活。切换开关连接完整，接触良好。限流电阻完整，切换装置符合产品要求，联锁动作正确。油箱密封良好，油的电气试验符合标准	优良
	4.5 储油柜及吸潮器安装	储油柜应清洁干净，固定牢固。△油位表应动作灵活，指示正确。吸潮器与储油柜的连接管应密封良好，吸潮剂应干燥	清洁、牢固。油位表动作灵活，油位指示正确。连接管密封良好，吸潮剂干燥	优良
	△4.6 套管的安装	套管应试验合格。各连接部位接触紧密，密封良好。充油套管不渗漏油，油位正常	套管试验合格。密封良好不渗油，油位正常	优良
	4.7 升高座的安装	安装正确，边相倾斜角应符合制造要求，与电流互感器中心应一致。绝缘筒应安装牢固位置正确	安装正确，中心一致。绝缘筒安装牢固，正确	
	4.8 气体继电器的安装	安装前应检查整定。安装水平，接线正确。与连通管的连接应密封良好	安装水平，接线正确。与管连接密封良好	
	4.9 安全气道的安装	内壁清洁干燥，隔膜的安装位置及油流方向正确	清洁干燥，安装正确	
	4.10 测温装置的安装	温度计应经校验，整定值符合要求，指示正确	温度计整定值符合要求，指示正确	
	4.11 保护装置的安装	配备应符合设计要求，各保护应经校验，整定值符合要求。操作及联动试验过程中保护装置应动作正确	联动试验动作正确，整定值符合要求	
5	△变压器油	符合"标准"要求。	（1）在冲击合闸前和运行 24 小时的油中气体色普分析两次测得的氢、乙炔、总烃含量无差别； （2）油中微水含量为 10ppm； （3）$\tan\delta = 0.24$（90℃）； （4）击穿电压 56kV	优良
6	变压器与母线或电缆的连接	应符合《规范》的有关规定。	采用铜铝过渡板，铜端搪锡，连接紧固，符合《规范》要求	优良
7	各接地部位	应牢固可靠，并按规定涂漆。接地引下线及引下线与主接地网的连接应满足设计要求（铁芯 1 点，外壳 2 点）	接地可靠、涂漆标志明显。连接满足设计要求	优良
8	△变压器整体密封检查	符合"标准"要求。	静压 0.03MPa，24 小时无渗漏，无损伤	优良

续表

项次	检查项目	质量标准	检验记录	结论
9	测量绕组连同套管一起的直流电阻	符合"标准"要求，相间相互差别不大于2%，线间不大于1%	低压　高压　1　　　2 Ab 0.0213 A0 1.871, 1.819 bc 0.02009 B0 1.875, 1.831 ca 0.0215 C0 1.871, 1.831	优良
10	检查分接头的变压比	额定分接头变压比允许偏差为±0.5%，其他分接头与铭牌数据相应无明显差别，且应符合变压比规律	实测误差　　1　　2　　3 AB/ab 0.23, 0.18, 0.16 BC/bc 0.24, 0.18, 0.17 CA/ca 0.24, 0.21, 0.18	优良
11	△检查三相变压器的接线组别和单相变压器的极性	应与铭牌及顶盖上的符号相符（Y_N，D_{II}）	用电压比电桥测定接线组别为 Y_N，D_{II}	优良
12	测量绕组连同套管一起的绝缘电阻和吸收比	符合"标准"要求（绝缘电阻不低于出厂值的70%，吸收比≥1.3）	20℃： 高-低地：5000/28000＝1.78 低-高地：3700/1500＝2.47 高低-地：3700/2300＝1.61，符合要求	优良
13	△测量绕组连同套管一起的正切值 tanδ	符合"标准"要求（不大于出厂值的130%）	高-低地：tanδ%＝0.4 低-高地：tanδ%＝0.5 高低-地：tanδ%＝0.7，与出厂值同	优良
14	测量绕组连同套管直流泄露电流	符合"标准"要求（20℃时，110kV，<50μA，30℃时，<74μA）	见试验报告，26℃时，低-高地：7μA，高-低地：9μA，高低-地：10μA	优良
15	工频耐压试验	试验电压标准。试验中应无异常	高-低地：免做；低-高地：35kV，60s 无异常	优良
16	与铁芯的各紧固件及铁芯引出套管与外壳的绝缘电阻测量	用2500V兆欧表测量，时间1min，应无闪络及击穿现象	2500VMΩ 表测量时间1min，无闪络及击穿现象	优良
17	非纯瓷套管试验	应符合《规范》的有关规定	绝缘电阻1600～4000MΩ，tanδ%＝0.5～0.65（20℃），电容值与出厂比较，最大差值＋8%	优良

续表

项次	检查项目	质量标准	检验记录	结论
18 有载调压装置的检查试验	18.1 测量限流元件的电阻	与产品出厂测量值比较应无显著差别	与出厂测量值一致	
	18.2 检查开关动、静触头动作顺序	应符合产品技术要求	有载调压开关动、静触头动作顺序正确	
	18.3 检查切换装置的切换过程	全部切换过程，应无开路现象	全部切换均无开路	
	18.4 检查切换装置的调压情况	电压变化范围和规律与产品出厂数据相比，应无显著差别	电压变化范围和规律与出厂数据基本一致	
19	额定电压下的冲击合闸试验	试验五次，应无异常现象	试验五次，无异常	优良
20	△相位检查	必须与电网相位一致	与电网相位一致	优良
检验结果	共检验 19 项，合格 19 项，其中优良 19 项，优良率 100 %			
评定意见			单元工程质量等级	
主要检查项目全部符合质量标准。一般检查项目符合质量标准。启动试运行达到优良标准			优良	

测量人	××× ×年×月×日	施工单位	××× ×年×月×日	建设（监理）单位	××× ×年×月×日

注　适用范围：额定电压≤330kV，额定容量≥6300kVA 的油浸式变压器安装。

第二节　水利水电工程单元工程施工质量验收资料

　　为了加强水利水电工程施工质量管理，统一水利水电工程的单元工程施工质量验收评定标准，规范单元工程验收评定工作，水利部批准 SL 631—2012《水利水电工程单元工程施工质量验收评定标准——土石方工程》、SL 632—2012《水利水电工程单元工程施工质量验收评定标准——混凝土工程》、SL 633—2012《水利水电工程单元工程质量验收评定标准——地基处理与基础工程》、SL 634—2012《水利水电工程单元工程施工质量验收评定标准——堤防工程》、SL 635—2012《水利水电工程单元工程施工质量验收评定标准——水工金属结构安装工程》、SL 636—2012《水利水电工程单元工程施工质量验收评定标准——水轮发电机组安装工程》、SL 637—2012《水利水电工程单元工程施工质量验收评定标准——水力机械辅助设备系统安装工程》七个标准的实施。适用于大中型水利水电工程施工质量验收评定，小型水利水电工程可参照执行。对于不符合规范规定的单元工程不应通过验收。

一、一般要求

　　单元工程按工序划分情况应分为划分工序单元工程和不划分工序单元工程。

（1）划分工序单元工程应先进行工序施工质量验收评定。应在工序验收评定合格和施工项目实体质量检验合格的基础上，进行单元工程施工质量验收评定。

（2）不划分工序单元工程的施工质量验收评定，应在单元工程中所包含的检验项目检验合格和施工项目实体质量检验合格的基础上进行。

检验项目应分为主控项目和一般项目。

工序和单元工程施工质量等各类项目的检验，应采用随机布点和监理工程师现场指定区位相结合的方式进行。检验方法及数量应符合本标准和相关标准的规定。

工序和单元工程施工质量验收评定表及其备查资料的制备应由工程施工单位负责，其规格宜采用国际标准 A4（210mm×297mm），验收评定表一式四份，备查资料一式两份，其中验收评定表及其备查资料各一份应由监理单位保存，其余应由施工单位保存。

二、工序施工质量验收评定

单元工程中的工序分为主要工序和一般工序。主要工序和一般工序的划分应按相关规定执行。

1. 工序施工质量验收评定应具备的条件

（1）工序中所有施工项目（或施工内容）已完成，现场具备验收条件。

（2）工序中所包含的施工质量检验项目经施工单位自检全部合格。

2. 工序施工质量验收评定的程序

（1）施工单位应首先对已经完成的工序施工质量按本标准进行自检，并做好检验记录。

（2）施工单位自检合格后，应填写工序施工质量验收评定表（表 5-114），质量责任人履行相应签认手续后，向监理单位申请复核。

表 5-114　　　　　　　　　　　工序施工质量验收评定表

单位工程名称			工序编号	
分部工程名称			施工单位	
单位工程名称、部位			施工日期	年　月　日～年　月　日
项次		检验项目	质量标准	检查（测）记录	合格数	合格率
主控项目	1					
	2					
	3					
	4					
一般项目	1					
	2					
	3					
	4					
施工单位自评意见	主控项目检验点100%合格，一般项目逐项检验点的合格率　　　%，且不合格点不集中分布。 工序质量等级评定为： （签字，加盖公章）　年　月　日					

续表

监理单位复核意见	经复核，主控项目检验点100％合格，一般项目逐项检验点的合格率　　％，且不合格点不集中分布。 工序质量等级评定为： <div align="right">（签字，加盖公章）　年　月　日</div>

（3）监理单位收到申请后，应在4h内进行复核。复核包括下列内容：

1）核查施工单位报验资料是否真实、齐全。

2）结合平行检测和跟踪检测结果等，复核工序施工质量检验项目是否符合标准的要求。

3）在施工单位提交的工序施工质量验收评定表中填写复核记录，并签署工序施工质量评定意见，核定工序施工质量等级，相关责任人履行相应签认手续。

3．工序施工质量验收评定应包括的资料

（1）施工单位报验时，应提交下列资料：

1）各班（组）的初检记录、施工队复检记录、施工单位专职质检员终检记录。

2）工序中各施工质量检验项目的检验资料。

3）施工单位自检完成后，填写的工序施工质量验收评定表。

（2）监理单位应提交下列资料：

1）监理单位对工序中施工质量检验项目的平行检测资料。

2）监理工程师签署质量复核意见的工序施工质量验收评定表。

4．工序施工质量验收评定等级标准

工序施工质量验收评定分为合格和优良两个等级，其标准应符合下列规定：

（1）合格等级标准：

1）主控项目，检验结果应全部符合标准的要求。

2）一般项目，逐项应有70％及以上的检验点合格，且不合格点不应集中。

3）各项报验资料应符合本标准的要求。

（2）优良等级标准：

1）主控项目，检验结果应全部符合标准的要求。

2）一般项目，逐项应有90％及以上的检验点合格，且不合格点不应集中。

3）各项报验资料应符合本标准的要求。

三、单元工程施工质量验收评定

1．单元工程施工质量验收评定应具备的条件

（1）单元工程所含工序（或所有施工项目）已完成，施工现场具备验收的条件。

（2）已完工序施工质量经验收评定全部合格，有关质量缺陷已处理完毕或有监理单位批准的处理意见。

2．单元工程施工质量验收评定的程序

（1）施工单位应首先对已经完成的单元工程施工质量进行自检，并填写检验记录。

（2）施工单位自检合格后，应填写单元工程施工质量验收评定表，向监理单位申请复核。

（3）监理单位收到申报后，应在 8h 内进行复核。复核应包括下列内容：

1）核查施工单位报验资料是否真实、齐全。

2）对照施工图纸及施工技术要求，结合平行检测和跟踪监测结果等，复核单元工程质量是否达到标准要求。

3）检查已完单元遗留问题的处理情况及施工单位提交的单元工程施工质量验收质量评定意见，核定单元工程施工质量等级，相关责任人履行相应签认手续。

4）对验收中发现的问题提出处理意见。

（4）重要隐蔽单元工程和关键部位单元工程施工质量的验收评定应由建设单位（或委托监理单位）主持，应由建设、设计、监理、施工等单位的代表组成组合小组，共同验收评定，并应在验收前通知工程质量监督机构。

3. 单元工程施工质量验收评定应包括的资料

（1）施工单位申请验收评定时，应提交下列资料：

1）单元工程中所含工序（或检验项目）验收评定的检验资料。

2）原材料、拌和物与各项实体检验项目的检验记录资料。

3）施工单位自检完成后，填写的单元工程施工质量验收评定表。

（2）监理单位应提交下列资料：

1）监理单位对单元工程施工质量的平行检测资料。

2）监理工程师签署质量复核意见的单元工程施工质量验收评定表。

4. 划分工序单元工程施工质量评定等级标准

划分工序单元工程施工质量评定分为合格和优良两个等级，其评定表见表 5-115，其标准应符合下列规定：

（1）合格等级标准：

1）各工序施工质量验收评定应全部合格。

2）各项报验资料应符合《水利水电工程单元工程施工质量验收评定标准》规定。

（2）优良等级标准：

1）各工序施工质量验收评定应全部合格，其中优良工序应达到 50% 及以上，且主要工序应达到优良等级。

2）各项报验资料应符合标准的要求。

表 5-115　　　　　　　　　单元工程施工质量验收评定表（划分工序）

单位工程名称		工序编号	
分部工程名称		施工单位	
单位工程名称、部位		施工日期	年　月　日～年　月　日
项次	工序编号	工序质量验收评定等级	
1			
2			
3			

项次	工序编号	工序质量验收评定等级
施工单位自评意见	各工序施工质量全部合格，其中优良工序占　　％，且主要工序达到　　等级。 单位工程质量等级评定为： （签字，加盖公章）　　年　月　日	
监理单位复核意见	经抽查并查验相关检验报告和检验资料，各工序施工质量全部合格，其中优良工序占　　％，且主要工序达到　　等级。 单位工程质量等级评定为： （签字，加盖公章）　　年　月　日	

注 1. 对关键部位单元工程和重要隐蔽单元工程的施工质量验收评定应有设计、建设等单位的代表签字，具体要求应满足规定要求。

2. 本表所填"单元工程量"不作为施工单位工程量结算计量的依据。

5. 不划分工序单元工程施工质量评定等级标准

不划分工序单元工程施工质量验收评定分为合格和优良两个等级，其评定表见表 5-116，其标准应符合下列规定：

（1）合格等级标准：

1）主控项目，检验结果应全部符合标准的要求。

2）一般项目，逐项应有 70% 及以上的检验点合格，且不合格点不应集中。

3）各项报验资料应符合本标准的要求。

（2）优良等级标准：

1）主控项目，检验结果应全部符合标准的要求。

2）一般项目，逐项应有 90% 及以上的检验点合格，且不合格点不应集中。

3）各项报验资料应符合本标准的要求。

表 5-116　　　　　　**单元工程施工质量验收评定表（不划分工序）**

单位工程名称			工序编号		
分部工程名称			施工单位		
单位工程名称、部位			施工日期	年　月　日～年　月　日	
项次	检验项目	质量标准	检查（测）记录	合格数	合格率
主控项目	1				
	2				
	3				
	4				

续表

项次		检验项目	质量标准	检查（测）记录	合格数	合格率
一般项目	1					
	2					
	3					
	4					
施工单位自评意见		主控项目检验点100％合格，一般项目逐项检验点的合格率　　　％，且不合格点不集中分布。 单元质量等级评定为： （签字，加盖公章）　年　月　日				
监理单位复核意见		经抽检并查验相关检验报告和检验资料，主控项目检验点100％合格，一般项目逐项检验点的合格率　　　％，且不合格点不集中分布。 单元质量等级评定为： （签字，加盖公章）　年　月　日				

注　1. 对关键部位单元工程和重要隐蔽单元工程的施工质量验收评定应有设计、建设等单位的代表签字，具体要求应满足规定要求。

　　2. 本表所填"单元工程量"不作为施工单位工程量结算计量的依据。

6. 处理后的单元工程施工质量评定验收

单元工程施工质量验收评定未到达合格标准时，应及时进行处理，处理后应按下列规定进行验收评定：

（1）全部返工重做的，重新进行验收评定。

（2）经加固补强并经设计和监理单位鉴定能达到设计要求时，其质量评定为合格。

（3）处理后的单元工程部分质量指标仍未达到设计要求时，经原设计单位复核，建设单位及监理单位确认能满足安全和使用功能要求，可不再进行处理；或经加固补强后，改变了建筑物外形尺寸或造成工程永久缺陷的，经建设单位、设计单位及监理单位确认能基本满足设计要求，其质量可评定为合格，并按规定进行质量缺陷备案。

第六章 水利水电工程监理资料

监理机构是独立于建设单位和施工单位的第三方，监理资料是对工程建设情况最公正、最直接的反映，特别是在工程建设过程出现了质量认定分歧、索赔争议时会发挥特别重要的作用，所以监理资料的管理工作更加重要。

第一节 监 理 资 料 概 述

根据 SL 288—2014《水利工程施工监理规范》的规定对水利工程建设项目中的资料信息管理做了如下规定，监理机构应建立包括下列内容的监理信息管理体系：

（1）设置信息管理人员并制定相应岗位职责。

（2）制定包括文档资料收集、分类、整编、归档、保管、传阅、查阅、复制、移交、保密等的制度。

（3）制定包括文件资料签收、送阅与归档程序，文件起草、打印、校核、签发、传递程序等文档资料的管理程序。

（4）文件、报表格式。

1）常用报告、报表格式应采用 SL 288—2014《水利工程施工监理规范》所列的和水利部印发的其他标准格式。

2）文件格式应遵守国家及有关部门发布的公文管理格式，如文号、签发、标题、关键词、主送与抄送、密级、日期、纸型、版式、字体、份数等。

（5）建立信息目录分类清单、信息编码体系，确定监理信息资料内部分类归档方案。

（6）建立信息采集、分析、整理、保管、归档、查询系统及计算机辅助信息管理系统。

可见在水利工程建设中，监理资料的编制工作极其重要。

一、监理文件规定

（1）按规定程序起草、打印、校核、签发监理文件。

（2）监理文件应表述明确、数字准确、简明扼要、用语规范、引用依据恰当。

（3）按规定格式编写监理文件，紧急文件应注明"急件"字样，有保密要求的文件应注明密级。

（4）通知与联络应符合下列规定：

1）监理机构与发包人和承包人以及与其他人的联络应以书面文件为准。特殊情况下可先口头或电话通知，但事后应按施工合同约定及时予以书面确认。

2）监理机构发出的书面文件，应加盖监理机构公章和总监理工程师或其授权的监理工程师签字并加盖本人注册印鉴。

3）监理机构发出的文件应做好签发记录，并根据文件类别和规定的发送程序，送达对方指定联系人，并由收件方指定联系人签收。

4）监理机构对所有来往文件均应按施工合同约定的期限及时发出和答复，不得扣压或拖延，也不得拒收。

5）监理机构收到政府有关管理部门和发包人、承包人的文件，均应按规定程序办理签收、送阅、收回和归档等手续。

6）在监理合同约定期限内，发包人应就监理机构书面提交并要求其做出决定的事宜予以书面答复；超过期限，监理机构未收到发包人的书面答复，则视为发包人同意。

7）对于承包人提出要求确认的事宜，监理机构应在约定时间内做出书面答复，逾期未答复，则视为监理机构认可。

（5）文件的传递应符合下列规定：

1）除施工合同另有约定外，文件应按下列程序传递：①承包人向发包人报送的文件均应报送监理机构，经监理机构审核后转报发包人；②发包人关于工程施工中与承包人有关事宜的决定，均应通过监理机构通知承包人。

2）所有来往的文件，除书面文件外还宜同时发送电子文档。

3）不符合文件报送程序规定的文件，均视为无效文件。

（6）监理日志、报告与会议纪要应符合下列规定：

1）监理人员应及时、认真地按照规定格式与内容填写好监理日志。总监理工程师应定期检查。

2）监理机构应在每月的固定时间，向发包人、监理单位报送监理月报。

3）监理机构应根据工程进展情况和现场施工情况，向发包人、监理单位报送监理专题报告。

4）监理机构应按照有关规定，在各类工程验收时，提交相应的验收监理工作报告。

5）在监理服务期满后，监理机构应向发包人、监理单位提交项目监理工作总结报告。

6）监理机构应对各类监理会议安排专人负责做好记录和会议纪要的编写工作。会议纪要应分发与会各方，但不作为实施的依据。监理机构及与会各方应根据会议决定的各项事宜，另行发布监理指示或履行相应文件程序。

（7）档案资料管理应符合下列规定：

1）监理机构应督促承包人按有关规定和施工合同约定做好工程资料档案的管理工作。

2）监理机构应按有关规定及监理合同约定，做好监理资料档案的管理工作。凡要求立卷归档的资料，应按照规定及时归档。

3）监理资料档案应妥善保管。

4）在监理服务期满后，对应由监理机构负责归档的工程资料档案逐项清点、整编、登记造册，向发包人移交。

二、监理资料的组成

水利工程建设项目监理资料主要由以下几种文件组成：

（1）合同文件。工程项目建设过程中，涉及合同的有关信息及文件资料，主要包括施工监理招投标文件；建设工程委托监理合同；施工招投标文件以及建设工程施工合同、分包合同、各类订货合同。

（2）设计文件。工程项目设计阶段形成的相关文件资料，如施工图纸、岩土工程勘察报告和测量基础资料等。

（3）工程项目监理规划及监理实施细则。

（4）工程变更文件。

（5）监理月报。

（6）会议纪要。

（7）施工组织设计（施工方案）。

（8）工程分包资质资料。

（9）工程进度控制资料。

（10）工程质量控制资料。

（11）工程投资控制资料。

（12）监理通知及回复。

（13）合同其他事项管理资料。

（14）工程竣工验收资料。

（15）其他往来函件。

（16）监理日志、日记。

（17）监理工作总结

三、监理资料的分类

监理资料的分类一般采用分级分类的方式进行搜集整理。

1. 一级目录按资料来源分类

（1）业主及设计方资料：是指由业主或设计方产生或由其提供给监理的资料，一般属于监理依据性资料，在监理过程中收集整理，项目结束时一般只在监理公司档案室归档。业主及城建档案馆的资料由业主自行办理。

（2）监理部资料：主要是指在监理过程中由监理机构产生的资料，这部分监理资料是各种监理工作的综合反映。

（3）施工报审类资料：是指一切由施工方产生需由监理方审核签认的资料，是监理控制工作的重要体现，这是在监理过程中数量最大的一部分资料。在监理过程中必须留一份在监理部，而项目结束时一般只在监理公司档案室归档。业主及城建档案馆的资料由承包商办理。

2. 二级目录按资料内容分类

由于监理文件综合性比较强，一个文件往往涉及质量、投资、安全等多个方面，不便细分，所以只把具体文件进行了罗列。

3. 三级目录按工程单元划分

三级目录按工程单元划分为建设项目、单位工程、分部工程、分项工程、检验批，按资料的隶属性归到相应的单元中，如监理合同隶属于整个项目，所以按工程项目组卷，而工程质量报验资料往往以检验批为单元，所以工程质量类报验资料一般以单位、分部、分项、检验批的顺序整编。考虑到建设工程竣工验收备案是以单位工程为单元的，所以，工程单元的顶级目录一般以单位工程为宜。

4. 工程资料类别简介

（1）房屋建筑工程的监理及施工资料一共分为三类：第一类分为监理公司、建设单位的资料；第二类为建设单位保存的资料；第三类为施工单位报送项目监理部审签发回施工单位保存并由施工单位上交建设单位移交档案馆备案的资料。

（2）资料管理份数要求：监理单位在建设工程开工前的第一次工地例会上，应当对监理及施工资料的要求与建设单位及施工单位协商一致，对监理单位及施工单位是向建设单位移交两套（建设单位及城建档案馆各一份），以便对资料的份数有一个明确的要求。通常情况下，按照节约的原则，只向建设单位提交一套资料，在特殊情况下，如果建设单位有明确要求，则按照相关规定执行。

四、监理资料的分数要求

对于第一类资料，一式两份即可。这类资料大多为监理资料。监理资料的内容在 GB/T 50319—2013《建设工程监理规范》第七章中有具体的规定，按照经济合理方便的原则，并不是所有的监理资料都需要由监理单位来保存的，只是那些代表监理业绩的资料如监理规划、评估报告、监理工作总结等，监理单位就必须保存，因为涉及资质升级、增项等都需要这类资料，监理单位自己使用起来比较方便。而其他的资料则只需交建设单位及城建档案馆保存即可。

对于第二类资料，建设单位只需要一份，如监理日记、旁站监理记录，这些资料在监理台账上面反映得十分清楚。

第三类为施工单位报送项目监理部审签发回施工单位保存并由施工单位备案的资料，这部分资料中，有一部分虽然按规范要求，监理单位可以不保存，但从监理工作的需要来讲又必须留存，比如施工组织设计，各项专项方案等，因为这些资料是项目监理部监理工作的重要依据。而有些内容，如检验批次以及分项目工程的验收资料，尽管规范要求监理单位保存，但一般认为这类资料监理单位保存的意义不大，不需要重复保存，只要做好登记就行了。

五、监理管理流程

水利工程建设项目监理资料管理流程如图 6-1～图 6-7 所示。

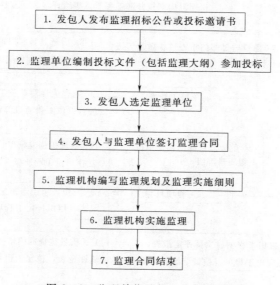

图 6-1 监理单位选择工作程序图

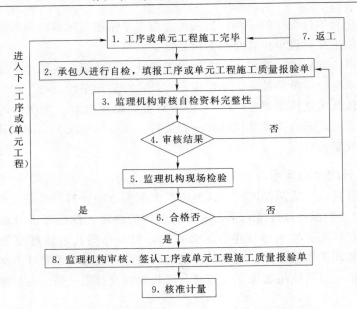

图 6-2　工序或单元工程质量控制监理工作程序图

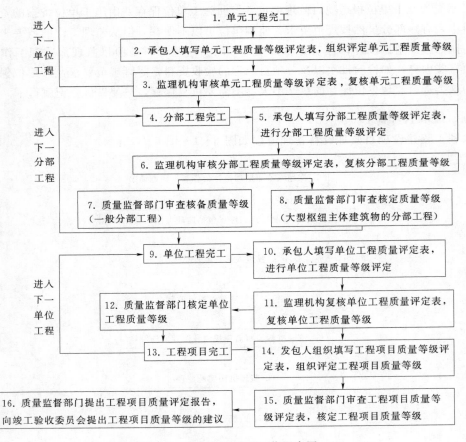

图 6-3　质量评定监理工作程序图

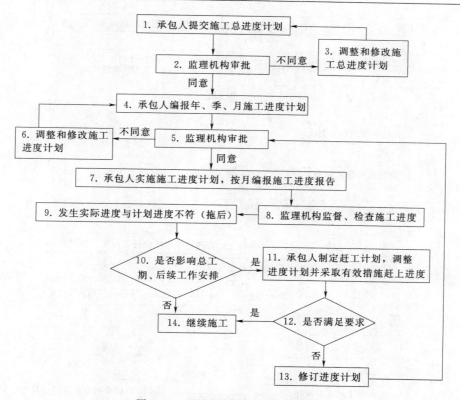

图 6-4 进度控制监理工作程序图

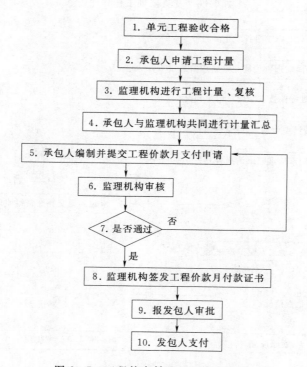

图 6-5 工程款支付监理工作程序图

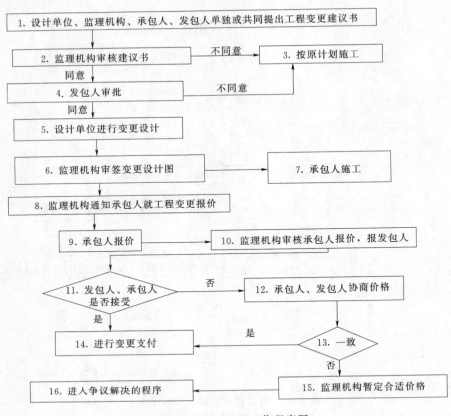

图 6-6　变更监理工作程序图

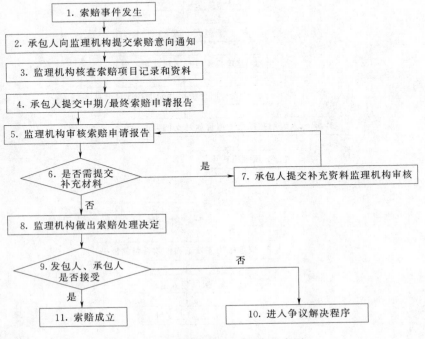

图 6-7　索赔处理监理工作程序图

第二节　施工监理工作常用表格

根据 SL 288—2014《水利工程施工监理规范》要求，监理表格要采用规范中所示范例。施工监理工作常用表格可分为以下两种类型：

（1）承包人用表。以 CB××表示。

（2）监理机构用表。以 JL××表示。

表头应采用以下格式：

"CB11 施工放样报验单

承包 ［　］放样　　　号"

注　1. "CB11"：表格类型及序号。

2. "施工放样报验单"：表格名称。

3. "承包 ［　］放样　　号"：表格编号。

其中：

（1）"承包"：指该表以承包人为填表人。当填表人为监理机构时，即以"监理"代之。

（2）当监理工程范围包括两个以上承包人时，为区分不同承包人的用表，"承包"可用其简称表示。

（3）［　］：年份。［2002］、［2003］表示 2002 年、2003 年的表格。

（4）"放样"：表格的使用性质，即用于"放样"工作。

（5）"　　号"：一般为 3 位数的流水号。

如承包人简称为"华安"，则 2003 年承包人向监理机构报送的第 3 次放样报表可表示为：

"CB11 施工放样报验单

华安 ［2003］放样 003 号"

一、表格使用说明

（1）监理机构可根据施工项目的规模和复杂程度，采用其中的部分或全部表格；如果表格种类不能满足工程实际需要时，可按照表格的设计原则另行增加。

（2）各表格脚注中所列单位和份数为基本单位和最少份数，工作中应根据具体情况和要求予以具体指定各类表格的报送单位和份数。

（3）相关单位都应明确文件的签收人。

（4）"CB01 施工技术方案申报表"可用于承包人向监理机构申报关于施工组织设计、施工措施计划、施工安全方案、施工工法、专项试验计划等。

（5）承包人的施工质量检验月汇总表、工程事故月报表除作为施工月报附表外，还应按有关要求另行单独填报。

（6）每一表格均应根据工程具体要求确定该表格原件的份数，并在表格底部注明；"设代机构"是代表工程设计单位在施工现场的机构，如设计代表、设代组、设代处等。

二、施工监理工作常用表格目录

1. 承包人用表目录

见第四章第二节表 4-1。

2. 监理机构用表目录

监理机构用表目录见表 6-1。

表 6-1　　　　　　　　　　　监 理 机 构 目 录

序号	表格名称	表格类型	表格编号
1	进场通知	JL01	监理〔　〕进场　　号
2	合同项目开工令	JL02	监理〔　〕合开工　号
3	分部工程开工通知	JL03	监理〔　〕分开工　号
4	工程预付款付款证书	JL04	监理〔　〕工预付　号
5	批复表	JL05	监理〔　〕批复　　号
6	监理通知	JL06	监理〔　〕通知　　号
7	监理报告	JL07	监理〔　〕报告　　号
8	计日工工作通知	JL08	监理〔　〕计通　　号
9	工程现场书面指示	JL09	监理〔　〕现指　　号
10	警告通知	JL10	监理〔　〕警告　　号
11	整改通知	JL11	监理〔　〕整改　　号
12	新增或紧急工程通知	JL12	监理〔　〕新通　　号
13	变更指示	JL13	监理〔　〕变指　　号
14	变更项目价格审核表	JL14	监理〔　〕变价审　号
15	变更项目价格签认单	JL15	监理〔　〕变价签　号
16	变更通知	JL16	监理〔　〕变通　　号
17	暂停施工通知	JL17	监理〔　〕停工　　号
18	复工通知	JL18	监理〔　〕复工　　号
19	费用索赔审核表	JL19	监理〔　〕索赔审　号
20	费用索赔签认单	JL20	监理〔　〕索赔签　号
21	工程价款月付款证书	JL21	监理〔　〕月付　　号
22	月支付审核汇总表	JL21 附表	监理〔　〕月总　　号

序号	表格名称	表格类型	表格编号	
23	合同解除后付款证书	JL22	监理〔　〕解付	号
24	完工/最终付款证书	JL23	监理〔　〕付证	号
25	工程移交通知	JL24	监理〔　〕移交	号
26	工程移交证书	JL25	监理〔　〕移证	号
27	保留金付款证书	JL26	监理〔　〕保付	号
28	保修责任终止证书	JL27	监理〔　〕责终	号
29	设计文件签收表	JL28	监理〔　〕设收	号
30	施工设计图纸核查意见单	JL29	监理〔　〕图核	号
31	施工设计图纸签发表	JL30	监理〔　〕图发	号
32	工程项目划分报审表	JL31	监理〔　〕项分	号
33	监理月报	JL32	监理〔　〕月报	号
34	完成工程量月统计表	JL32 附表 1	监理〔　〕量统月	号
35	工程质量检验月报表	JL32 附表 2	监理〔　〕质检月	号
36	监理抽检情况月汇总表	JL32 附表 3	监理〔　〕抽检月	号
37	工程变更月报表	JL32 附表 4	监理〔　〕变更月	号
38	监理抽检取样样品月登记表	JL33	监理〔　〕样品	号
39	监理抽检试验登记表	JL34	监理〔　〕试记	号
40	旁站监理值班记录	JL35	监理〔　〕旁站	号
41	监理巡视记录	JL36	监理〔　〕巡视	号
42	监理日记	JL37	监理〔　〕日记	号
43	监理日志	JL38	监理〔　〕日志	号
44	监理机构内部会签单	JL39	监理〔　〕内签	号
45	监理发文登记表	JL40	监理〔　〕监发	号
46	监理收文登记表	JL41	监理〔　〕监收	号
47	会议纪要	JL42	监理〔　〕纪要	号
48	监理机构联系单	JL43	监理〔　〕联系	号
49	监理机构备忘录	JL44	监理〔　〕备忘	号

三、施工监理工作常用表格样表

CB01 施工技术方案申报表

(承包 [ ] 技案 号)

合同名称: 合同编号:

承包人:

致:(监理机构)
我方已根据施工合同的约定完成了_____工程_____的编制,并经我方技术负责人审查批准,现上报贵方,请审批。

附:

□施工组织设计

□施工措施计划

□安全措施计划

□分部工程施工工法

□ 工程放样计划

□……

承包人:(全称及盖章)

项目经理:(签名)

日期: 年 月 日

监理机构将另行签发审批意见。

监理机构:(全称及盖章)

签收人:(签名)

日期: 年 月 日

说明:本表一式____份,由承包人填写,监理机构审核后,随同审批意见送承包人、监理机构、发包人、设代机构各一份。

CB02 施工进度计划申报表

（承包 [　　] 进度　　号）

合同名称：　　　　　　　　　　　　　合同编号：

承包人：

致：（监理机构）
我方今提交_____工程（名称及编码）的：

□工程总进度计划

□工程年进度计划

□工程月进度计划

□……

请贵方审查。

附件：1. 施工进度计划。

2. 图表、说明书共_____页。

3.……

承包人：（全称及盖章）

项目经理：（签名）

日期：　　　年　月　日

监理机构将另行签发审批意见。

监理机构：（全称及盖章）

签收人：（签名）

日期：　　　年　月　日

说明：本表一式____份，由承包人填写，监理机构审核后，随同审批意见送承包人、监理机构、发包人、设代机构各一份。

CB03 施工用图计划报告

（承包〔   〕图计   号）

合同名称：　　　　　　　　　　合同编号：

承包人：

致：（监理机构）

我方今提交_____工程（名称及编码）的：

□（总）用图计划

□时段用图计划

□……

请审查。

附件：1. 施工进度计划。

　　　2. 图表说明。

　　　3.……

承包人：（全称及盖章）

项目经理：（签名）

日期：　　　年　月　日

监理机构将另行签发审核意见。

监理机构：（全称及盖章）

签收人：（签名）

日期：　　　年　月　日

说明：本表一式____份，由承包人填写，监理机构审核后，随同审核意见送承包人、监理机构、发包人、设代机构各一份。

CB04 资金流计划申报表

(承包〔　　〕资金　　　号)

合同名称：　　　　　　　　　　　合同编号：
承包人：　　　　　　　　　　　　单位：

月度	工程和材料预付款	完成工作量付款	保留金扣留	其他	应得付款
1					
2					
3					
4					
5					
6					
7					
8					
9					
10					
11					
12					
13					
14					
合计		100			100

现提交_____工程项目的资金流计划，请审核。

附件：计划使用金额计算说明。

承包人：(全称及盖章)

项目经理：(签名)

日期：　　年　月　日

监理机构将另行签发审核意见。

监理机构：(全称及盖章)

签收人：(签名)

日期：　　年　月　日

说明：本表一式____份，由承包人填写，监理机构审核后，随同审核意见送承包人、监理机构、发包人
　　　各一份。

CB05 施工分包申报表

(承包 [　　] 分包　　号)

合同名称：　　　　　　　　　　合同编号：

承包人：

致：(监理机构)
根据施工合同约定和工程需要，我方拟将本申请表中所列项目分包给所选分包人，经考察所选分包人具备按照合同要求完成所分包工程的资质、经验、技术与管理水平、资源和财务能力，并具有良好的业绩和信誉，请审核。

分包人名称						
分包工程编码	分包工程名称	单位	数量	单价	分包金额/万元	占合同总金额的百分比/%
合计						

附件：分包人简况(包括分包人资质、经验、能力、信誉、财务，主要人员经历等资料)。

承包人：(全称及盖章)

负责人：(签名)

日期：　　　年　　月　　日

监理机构将另行签发审核意见。

监理机构：(全称及盖章)

签收人：(签名)

日期：　　　年　　月　　日

说明：本表一式____份，由承包人填写，监理机构审核、发包人批准后，随同审批意见送承包人、监理机构、发包人各一份。

CB06 现场组织机构及主要人员报审表

（承包 [ ] 机人 号）

合同名称：　　　　　　　　　　　　合同编号：

承包人：

序号	机构设置	负责人	联系方式	主要技术、管理人员（数量）	各工种技术工人（数量）	备注

　　现提交第____次现场机构及主要人员报审表，请审查。

附件：1. 组织机构图。

　　　2. 部门职责及主要人员分工。

　　　3. 人员清单及其资格或岗位证书。

承包人：（全称及盖章）

项目经理：（签名）

日期：　　年　　月　　日

监理机构将另行签发审核意见。

监理机构：（全称及盖章）

签收人：（签名）

日期：　　年　　月　　日

说明：本表一式____份，由承包人填写，监理机构审核后，随同审核意见送承包人、监理机构、发包人各一份。

CB07 材料/构配件进场报验单

（承包〔　　〕材验　　号）

合同名称：　　　　　　　　　　合同编号：　　　　　　　　　承包人：

致：（监理机构）

我方于＿＿＿＿年＿＿月＿＿日进场的工程材料/构配件数量如下表。拟用于下述部位：

1. ＿＿＿＿＿；2. ＿＿＿＿＿；3. ＿＿＿＿＿。

经自检，符合技术规范和合同要求，请审核，并准予进场使用。

附件：1. 出厂合格证；2. 检验报告；3. 质量保证书；4.……

序号	材料/构配件名称	材料/构配件来源、产地	材料/构配件规格	用途	本批材料/构配件数量	承包人试验				材料/构配件进场日期
						试样来源	取样地点、日期	试验日期、操作人	试验结果	

（填报说明）	（审核意见）
承包人：（全称及盖章） 负责人：（签名） 日期：　　年　　月　　日	监理机构：（全称及盖章） 专业监理工程师：（签名） 日期：　　年　　月　　日

说明：本表一式＿＿＿＿份，由承包人填写，监理机构检验、审核后，返回承包人两份，监理机构、发包人各一份。

CB08 施工设备进场报验单

（承包 [　　　] 设备　　　号）

合同名称：　　　　　　　　　　　　　合同编号：

承包人：

致：（监理机构）
我方于_____年___月___日进场的施工设备如下表。拟用于下述部位：
1.
2.
3.
经自检，符合技术规范和合同要求，请审核，并准予进场使用。
附件：

序号	设备名称	规格型号	数量	进场日期	计划	完好状况	拟用工程项目	设备权属	生产能力	备注
1										
2										
3										
4										
5										
6										

上述设备已按合同约定进场并已自检合格，特此报验审核。	（审核意见）
承包人：（全称及盖章） 项目经理：（全称及盖章） 日期：　　年　月　日	监理机构：（全称及盖章） 总监理工程师/监理工程师：（签名） 日期：　　年　月　日

说明：本表一式____份，由承包人填写，监理机构审签后，承包商人、监理机构、发包人各一份。

CB09 工程预付款申报表

（承包 [   ] 工预付   号）

合同名称：　　　　　　　　　　　　　　　合同编号：

承包人：

致：（监理机构）
我方承担的_____合同项目，依据施工合同约定，已具备工程预付款支付条件，现申请支付第_____次预付款，金额总计为（大写）_____（小写_____）。请审核。 　　附件：1. 已具备的条件。 　　　　　2. 计算依据及结果。 　　　　　3.……   　　　　　　　　　　　　　　　　　　　　　　　　承包人（全称及盖章）： 　　　　　　　　　　　　　　　　　　　　　　　　项目经理（签名） 　　　　　　　　　　　　　　　　　　　　　　　　日期：　　　年　月　日
通过审核后，监理机构将另行签发工程预付款付款证书。   　　　　　　　　　　　　　　　　　　　　　　　　监理机构：（全称及盖章） 　　　　　　　　　　　　　　　　　　　　　　　　签收人：（签名） 　　　　　　　　　　　　　　　　　　　　　　　　日期：　　　年　月　日

　　说明：本表一式____份，由承包人填写，监理机构审批后，随同审批意见送承包人两份，监理机构、发包人各一份。

CB10 工程材料预付款报审表

（承包 [   ] 材预付   号）

合同名称：   合同编号：

承包人：

致：（监理机构）

下列材料已采购进场，经自检和监理机构检验，符合技术规范和合同要求，特申请材料预付款。

项目号	材料、设备名称	规格	型号	单位	数量	单价	合价	付款收据编号	监理审核意见
小计									

附件：1. 材料、设备采购付款收据复印件____张。

　　　2. 材料、设备报验单____份。

承包人：（全称及盖章）

项目经理：（签名）

日期：　　　年　月　日

经审核，本批材料预付款额为（大写）_____（小写_____）。

监理机构：（全称及盖章）

总监理工程师：（签名）

日期：　　　年　月　日

说明：本表一式____份，由承包人填写，作为 CB 31 表的附表，一同流转，审批结算时用。

CB11 施工放样报验单

（承包 [　　] 放样　　号）

合同名称：　　　　　　　　　　　合同编号：

承包人：

致：（监理机构）
根据合同要求，我们已完成＿＿＿＿＿的施工放样工作，请查验。 　　附件：测量放样资料。

序号或位置	工程或部位名称	放样内容	备注

自检结果：   　　　　　　　　　　　　　　　　　　承包人：（全称及盖章） 　　　　　　　　　　　　　　　　　　技术负责人：（签名） 　　　　　　　　　　　　　　　　　　项目经理：（签字）： 　　　　　　　　　　　　　　　　　　日期：　　　年　月　日
审核意见：   　　　　　　　　　　　　　　　　　　监理机构：（全称及盖章） 　　　　　　　　　　　　　　　　　　监理工程师：（签名） 　　　　　　　　　　　　　　　　　　日期：　　　年　月　日

说明：本表一式＿＿＿份，由承包人填写，监理机构审核后，承包人两份，监理机构、发包人各一份。

CB12 联合测量通知单

（承包 [　　] 联测　号）

合同名称：　　　　　　　　　　**合同编号：**

承包人：

致：（监理机构）

根据工程进度情况和合同约定，拟进行工程测量工作，请贵方派员参加。

施测工程部位：

项目工作内容：

任务要点：

施测时间：_____年___月___日至_____年___月___日

承包人：（全称及盖章）

项目经理：（签名）

日期：　　　年　　月　　日

□ 拟于_____年___月___日派监理人员参加测量。

□ 不派人参加联合测量，你方测量后将测量结果报我方审核。

监理机构：（全称及盖章）

监理工程师：（签名）

日期：　　　年　　月　　日

说明：本表一式____份，由承包人填写，监理机构审核后，承包人、监理机构、发包人各一份。

CB13 施工测量成果报验单

（承包 〔　　〕测量　号）

合同名称：　　　　　　　　　　　合同编号：

承包人：

单位工程名称及编码		分部工程名称及编码	
单元工程名称及编码		施测部位	
施测内容			
施测单位		施测单位负责人（签字）： 日期：　　年　月　日	
施测说明			

承包人复查记录

复检人：（签名）

日期：　　年　月　日

附件：1.

　　　2.

　　　3.

上述成果经审核合格，特此申报。

承包人：（全称及盖章）

项目经理：（签名）

日期：　　年　月　日

审核意见：

监理机构：（全称及盖章）

监理工程师：（签名）

日期：　　年　月　日

说明：本表一式＿＿＿＿份，由承包人填写，监理机构审核后，承包人、监理机构、发包人各一份。

CB14 合同项目开工申请表

（承包 [   ] 合开工   号）

合同名称：

承包人：

合同编号：

致：（监理机构） 　　我方承担的_____合同项目工程，已完成了各项准备工作，具备了开工条件，现申请开工，请审核。 附件： 1. 开工申请报告。 2. 已具备的开工条件证明文件。   承包人：（全称及盖章） 项目经理：（签名） 日期：　　　　年　　月　　日
审核批准后另行签发开工令。   监理机构：（全称及盖章） 签收人：（签名） 日期：　　　　年　　月　　日

说明：本表一式____份，由承包人填写，监理机构审查后，随同"合同项目开工令"送承包人、监理机构、发包人、设代机构各一份。

CB15 分部工程开工申请表

(承包 [   ] 分开工   号)

合同名称: 合同编号:

承包人:

申请开工分部工程 名称、编码			
申请开工日期		计划工期	_____年____月____日至 _____年____月____日

	序号	检查内容	检查结果
承包人 施工 准备 工作 自检 记录	1	施工图纸、技术标准、施工技术交底情况	
	2	主要施工设备到位情况	
	3	施工安全、和质量保证措施落实情况	
	4	建筑材料、成品、构配件质量及检验情况	
	5	现场管理、劳动组织及人员组合安排情况	
	6	风、水、电等必须的辅助生产设施准备情况	
	7	场地平整、交通、临时设施准备情况	
	8	测量及试验情况	

附件:□分部工程施工工法
　　　□分部工程进度计划
　　　□……
本分部工程已具备开工条件,施工准备已就绪,请审批。

承包人:(全称及盖章)
项目经理:(签名)
日期:　　　年　　月　　日

开工申请通过审核后另行签发开工通知。

监理机构(全称及盖章):
签收人:(签名)
日期:　　　年　　月　　　日

说明:本表一式____份,由承包人填写,监理机构审签后,随同"分部工程开工通知"送承包人、监理
　　　机构、发包人、设代机构各一份。

CB16 设备采购计划申报表

（承包 ［   ］设采   号）

合同名称：　　　　　　　　　　　**合同编号：**

承包人：

致：（监理机构）

　　根据合同约定和工程建设需要，我方将按下表进行工程设备采购，请审核。

序号	名称	品牌	规格/型号	厂家/产地	数量	拟采购日期/计划进场日期	备注

（填报说明）	监理机构将另行签发审批意见。
承包人（全称及盖章）： 项目经理（签名）： 日期：　　年　月　日	监理机构（全称及盖章）： 签收人：（签名） 日期：　　年　月　日

说明：本表一式＿＿＿＿份，由承包人填写，监理机构审核后，随同审批意见承包人、监理机构、发包人、
　　　设代机构各一份。

CB17 混凝土浇筑开仓报审表

（承包 [   ] 开仓   号）

合同名称：　　　　　　　　　　合同编号：

承包人：

单位工程名称		分部工程名称	
单元工程名称		单元工程编码	

<table>
<tr><td rowspan="10">申
报
意
见</td><td>主要工序</td><td colspan="2" style="text-align:center">具备情况</td></tr>
<tr><td>备料情况</td><td colspan="2"></td></tr>
<tr><td>基面清理</td><td colspan="2"></td></tr>
<tr><td>钢筋绑扎</td><td colspan="2"></td></tr>
<tr><td>模板支立</td><td colspan="2"></td></tr>
<tr><td>细部结构</td><td colspan="2"></td></tr>
<tr><td>混凝土系统准备</td><td colspan="2"></td></tr>
<tr><td></td><td colspan="2"></td></tr>
<tr><td colspan="3">附：自检资料。</td></tr>
<tr><td colspan="3">混凝土浇筑准备就绪，请审批。

 承包人：（全称及盖章）
负责人：（签名）
日期：　　　年　月　日 </td></tr>
</table>

（审核意见）
          <div style="text-align:right">监理机构：（全称及盖章） 监理工程师：（签名） 日期：　　　年　月　日</div>

说明：本表一式____份，由承包人填写，监理机构审签后，承包人、监理机构、发包人各一份。

CB18 单元工程施工质量报验单

（承包 [   ] 质报   号）

合同名称：   合同编号：

承包人：

致：（监理机构）

_____单元工程已按合同要求完成施工，经自检合格，报请核验。

附：_____单元工程质量评定表。

承包人：（全称及盖章）

项目经理：（签名）

日期：   年   月   日

（核验意见）

监理机构：（全称及盖章）

监理工程师：（签名）

日期：   年   月   日

说明：本表一式____份，由承包人填写，监理机构审签后，承包人两份，监理机构、发包人各一份。

CB19 施工质量缺陷处理措施报审表

（承包［ ］缺陷 号）

合同名称：　　　　　　　　　　　　　　合同编号：

承包人：

单位工程名称		分部工程名称	
单元工程名称		单元工程编码	

质量缺陷 工程部位	
质量缺陷情 况简要说明	
拟采用的处 理措施简述	

附件目录	□ 处理措施报告 □ 修复图纸 □……	计划施工时段	＿＿＿＿年＿＿月＿＿日至 ＿＿＿＿年＿＿月＿＿日

现提交＿＿＿＿工程质量的缺陷处理措施，请审批。	（审批意见）
承包人：（全称及盖章） 项目经理：（签名） 日期：　　年　月　日	监理机构：（全称及盖章） 总监理工程师/监理工程师：（签名） 日期：　　年　月　日

说明：本表一式＿＿＿＿份，由承包方填写，监理机构审签后，承包人、监理机构、发包人各一份。

CB20 事故报告单

（承包 [ ] 事故 号）

合同名称： 合同编号：
承包人：

致：（监理机构） 　　　年　月　日时，在　　　　　　　　　发生　　　　　　　　　事故，现将事故发生情况报告如下，待调查结果出来后，再另行作详情报告。	
事故简述	
初步处理意见	
已采取的应急措施	

（填报说明）	监理机构将另行签发批复意见。
承包人：（全称及盖章） 项目经理：（签名） 日期： 年 月 日	监理机构：（全称及盖章） 签收人：（签名） 日期： 年 月 日

说明：本表一式____份，由承包人填写，监理机构签收后，承包人、监理机构、发包人各一份。

CB21 暂停施工申请

(承包 [　　] 暂停　　号)

合同名称：　　　　　　　　　　合同编号：

承包人：

致：（监理机构） 　由于发生本申请所列原因造成工程无法正常施工，依据有关合同约定，我方申请对所列工程项目暂停施工。		
暂停施工 工程项目		
暂停施工原因		
引用合同条款		
附注		
（填报说明）	监理机构将另行签发审批意见。	
	承包人：（全称及盖章） 项目经理：（签名） 日期：　　年　月　日	监理机构：（全称及盖章） 签收人：（签名） 日期：　　年　月　日

说明：本表一式＿＿份，由承包人填写，监理机构审批后，随同审批意见送承包人、监理机构、发包人各一份。

CB22 复工申请表

（承包 [　　] 复工 　　 号）

合同名称： 　　　　　　　　　　　　　　 合同编号：

承包人：

致：（监理机构）

　　　　　　　　　　工程项目，接到监理 [　] 停工 　　　　　 号暂停施工通知后，已于 　　　　 年 　　 月 　　 日 　　 时暂停施工。鉴于致使该工程的停工因素已经消除，复工准备工作业已就绪，特报请批准于 　　　　　 年 　　 月 　　 日 　　 时复工。

附件：具备复工条件的情况说明。

承包人：（全称及盖章）

项目经理：（签名）

日期： 　　 年 　　 月 　　 日

监理机构将另行签发审批意见。

监理机构：（全称及盖章）

签收人：（签名）

日期： 　　 年 　　 月 　　 日

说明：本表一式 　　 份，由承包人填写，报送监理机构审批后，随同审批意见送承包人、监理机构、发包人各一份。

CB23 变更申请报告

(承包 [　　] 变更　　号)

合同名称：　　　　　　　　　　　　合同编号：

承包人：

致：（监理机构）
由于_____原因，今提出工程变更。变更内容详见附件，请审批。 附件：1. 工程变更建议书。 　　　2.……   　　　　　　　　　　　　　　　　　　　承包人：（全称及盖章） 　　　　　　　　　　　　　　　　　　　项目经理：（签名） 　　　　　　　　　　　　　　　　　　　日期：　　　年　月　日

监理机构 初步意见	 　　　　　　　　　　　　　　　　　　　监理机构：（全称及盖章） 　　　　　　　　　　　　　　　　　　　总监理工程师：（签名） 　　　　　　　　　　　　　　　　　　　日期：　　　年　月　日
设计单位 意见	 　　　　　　　　　　　　　　　　　　　设计单位：（全称及盖章） 　　　　　　　　　　　　　　　　　　　负责人：（签名） 　　　　　　　　　　　　　　　　　　　日期：　　　年　月　日
发包人 意见	 　　　　　　　　　　　　　　　　　　　发包人：（全称及盖章） 　　　　　　　　　　　　　　　　　　　负责人：（签名） 　　　　　　　　　　　　　　　　　　　日期：　　　年　月　日
批复意见	 　　　　　　　　　　　　　　　　　　　监理机构：（全称及盖章） 　　　　　　　　　　　　　　　　　　　总监理工程师：（签名） 　　　　　　　　　　　　　　　　　　　日期：　　　年　月　日

说明：本表一式____份，由承包人填写，监理机构、设计单位、发包人三方审签后，发包人、承包人、设计单位及监理机构各一份。

CB24 施工进度计划调整申报表
(承包 [ ] 进调 号)

合同名称：　　　　　　　　　　　　　　合同编号：

承包人：

致：（监理机构）
今提交＿＿＿＿＿＿＿＿＿工程项目施工进度调整计划，请审批。   附件：   施工进度调整计划（包括形象进度、工程量、工作量、机械、劳动力计划）。   承包人：（全称及盖章） 项目经理：（签名） 日期：　　　年　月　日
监理机构将另行签发审批意见。   监理机构：（全称及盖章） 签收人：（签名） 日期：　　　年　月　日

说明：本表一式＿＿＿份，由承包人填写，监理机构审批后，随同审批意见送承包人、监理机构、发包人
　　　各一份。

CB25 延长工期申报表

(承包 [   ] 延期   号)

合同名称： 合同编号：

承包人：

致：(监理机构)

　　根据施工合同约定及相关规定，由于本申报表附件所列原因，我方要求对所申报的＿＿＿＿＿＿＿＿工程项目工期延长＿＿＿＿＿天，合同项目工期顺延＿＿＿＿＿天，完工日期从＿＿＿＿年＿＿月＿＿日延至＿＿＿＿年＿＿月＿＿日，请审批。

　　附件：1. 延长工期申请报告（说明原因、依据、计算过程及结果等）。
　　　　　2. 证明材料。

承 包 人：(全称及盖章)

项目经理：(签名)

日期：　　年　月　日

监理机构将另行签发审核意见。

监理机构：(全称及盖章)

签收人：(签名)

日期：　　年　月　日

说明：本表一式＿＿＿＿份，由承包人填写，监理机构审核后，随同审核意见送承包人、监理机构、发包人、设代机构各一份。

CB26 变更项目价格申报表

(承包 [　　] 变价　　号)

合同名称：　　　　　　　　　　　　　　合同编号：

承包人：

致：（监理机构） 根据＿＿＿＿＿＿＿＿＿＿工程变更指示（监理 [　　] 变指＿＿＿＿号）的工程变更内容，对下列项目单价申报如下，请审核。 附件：变更单价报告（原由、工程量、编制说明、单价分析表）。

序号	项目名称	单位	申报单价	备注
1				
2				
3				
4				
5				

（填报说明）

承包人：（全称及盖章）

项目经理：（签名）

日期：　　　年　　月　　日

监理机构将另行签发批复意见。

监理机构：（全称及盖章）

签收人：（签字）

日期：　　　年　　月　　日

说明：本表一式＿＿＿份，由承包人填写报监理机构，随同监理审核表、变更项目价格签认单或价格监理临时决定送发包人、监理机构、承包人各一份。

CB27 索赔意向通知

（承包 [　　] 赔通　　号）

合同名称：　　　　　　　　　　　　　　合同编号：

承包人：

致：（监理机构）

　　由于＿＿＿＿＿＿＿＿＿＿＿＿＿＿＿＿原因，根据施工合同的约定，我方拟提出索赔申请，请审核。

　　附件：索赔意向书（包括索赔事件、索赔依据等）。

承包人：（全称及盖章）

项目经理：（签名）

日期：　　年　　月　　日

监理机构将另行签发批复意见。

监理机构：（全称及盖章）

签收人：（签字）

日期：　　年　　月　　日

　　说明：本表一式＿＿份，由承包人填写，监理机构审核后，随同批复意见送承包人、监理机构、发包人
　　　　　各一份。

CB28 索赔申请报告
（承包〔　　〕赔报　　号）

合同名称：　　　　　　　　　**合同编号：**
承包人：

致：（监理机构）

　　根据有关规定和施工合同约定，我方对＿＿＿事件申请赔偿金额为（大写）＿＿＿＿＿＿＿（小写＿＿＿＿＿＿），请审核。

　　附件：索赔报告。主要内容包括：

　　（1）事因简述。

　　（2）引用合同条款及其他依据。

　　（3）索赔计算。

　　（4）索赔事实发生的当时记录。

　　（5）索赔支持文件。

承包人：（全称及盖章）

项目经理：（签名）

日期：　　年　　月　　日

监理机构将另行签发审核意见。

监理机构：（全称及盖章）

签收人：（签名）

日期：　　年　　月　　日

说明：本表一式＿＿＿份，由承包人填写，监理机构审核后，随同审核意见送承包人、监理机构、发包人各一份。

CB29 工程计量报验单

（承包 [　　] 计量　　号）

合同名称：　　　　　　　　　　　合同编号：

承包人：

致：（监理机构） 　　我方按施工合同约定，完成了＿＿个工序/单元工程的施工，其工程质量已经检验合格，并对工程量进行了计量测量。现提交测量结果，请核准。

<table>
<tr><td colspan="9" style="height:400px;"></td></tr>
<tr><td colspan="9" style="text-align:right;">承包人：（全称及盖章）
项目经理：（签名）
日期：　　年　　月　　日</td></tr>
</table>

序号	项目名称	合同价号	单价/元	单位	申报工程量	核准工程量	监理审核意见	备注

附件：计量测量资料。

（核准意见）   　　　　　　　　　　　　　　　　　　　　　　　　监理机构：（全称及盖章） 　　　　　　　　　　　　　　　　　　　　　　　　监理工程师：（签名） 　　　　　　　　　　　　　　　　　　　　　　　　日期：　　年　　月　　日

　　说明：本表一式＿＿份，由承包人填写，监理机构核准后，监理机构、发包人各一份，承包人两份，作
　　　　　为当月已完工程量汇总表的附件使用。

CB30 计日工工程量签证单
(承包 [   ] 计日证   号)

合同名称：   合同编号：

承包人：

序号	工程项目名称	计日工内容	单位	申报工程量	核准工程量	说明
1						
2						
3						
4						
5						
6						

现申报计日工工程量，请审核。

附件：

1. 计日工工作通知。
2. 计日工现场签认凭证。

承包人：（全称及盖章）

项目经理：（签名）

日期：   年   月   日

（审核意见）

监理机构：（全称及盖章）

监理工程师：（签名）

日期：   年   月   日

说明：本表一式____份，由承包人每个工作日完成后填写，经监理机构验证后，监理机构、发包人各一份，退返承包人两份，作结算时使用。

CB31 工程价款月支付申请书（　年　月）

（承包 ［　　］月付　　　号）

合同名称：　　　　　　　　　　合同编号：

承包人：

致：（监理机构） 　　现申请支付＿＿年＿＿月工程价款金额共计（大写）＿＿＿＿＿＿＿＿（小写＿＿＿＿＿＿＿），请审核。   　　附表： 　　1. 工程价款月支付汇总表。 　　2. 已完工程量汇总表。 　　3. 合同单价项目月支付明细表。 　　4. 合同合价项目月支付明细表。 　　5. 合同新增项目月支付明细表。 　　6. 计日工项目月支付明细表。 　　7. 计日工工程量月汇总表。 　　8. 索赔项目价款月支付汇总表。 　　9. 其他。   　　　　　　　　　　　　　　　　　　　　承包人：（全称及盖章） 　　　　　　　　　　　　　　　　　　　　项目经理：（签名） 　　　　　　　　　　　　　　　　　　　　日期：　　年　月　日
审核后，监理机构将另行签发月付款证书。   　　　　　　　　　　　　　　　　　　　　监理机构：（全称及盖章） 　　　　　　　　　　　　　　　　　　　　签收人：（签名） 　　　　　　　　　　　　　　　　　　　　日期：　　年　月　日

　　说明：本申请书及附表一式＿＿＿份，由承包人填写呈报监理机构审核后，作为支付证书的附件报送发包
　　　　　人批准。

CB31 附表 1 工程价款月支付汇总表

（承包 [ ] 月总 号）

合同名称： 合同编号：

承包人：

工程或费用名称		本期前累计完成额/元	本期申请金额/元	本期末累计完成额/元	备注
应支付金额	合同单价项目				
	合同合价项目				
	合同新增项目				
	计日工项目				
	索赔项目				
	材料预付款				
	价格调整				
	延期付款利息				
	其他				
应支付金额合计					
扣除金额	工程预付款				
	材料预付款				
	保留金				
	违约赔偿				
	其他				
扣除金额合计					

月总支付金额： 佰 拾 万 千 佰 拾 元 角 分

致：（监理机构）

现申报____年____月支付工程价款，月总支付金额为（大写）_____（小写_____），请审核。

承包人：（全称及盖章）

项目经理：（签名）

日期： 年 月 日

审核意见另行签发。

监理机构：（全称及盖章）

签收人：（签名）

日期： 年 月 日

说明：本表一式____份，由承包人填写，作为 CB31 的附表，一同流转、审批结算时用。

CB31 附表 2　已完工程量汇总表
（承包 [　　] 量总　　号）

合同名称：　　　　　　　　　　　　　合同编号：

承包人：

序号	项目名称	项目内容	单位	核准工程量	备注

致：（监理机构）

　　本月已完工程量汇总表如上表，请审核。

　　附件：工程计量报验单。

承包人：（全称及盖章）

项目经理：（签名）

日期：　　年　　月　　日

（审核意见）

监理机构：（全称及盖章）

总监理工程师：（签名）

日期：　　年　　月　　日

说明：本表一式____份，由承包人依据已签认的工程计量报验单填写，监理机构核准后，作为 CB31 的附表，一同流转、审批结算时用。

CB31 附表 3 合同单价项目月支付明细表

(承包 [　　] 单价　　　号)

合同名称：　　　　　　　　　　　　　合同编号：
承包人：

序号	合同价号	价号名称	单位	合同工程量	合同单价/元	本月完成		累计完成		监理审核意见
						工程量	金额/元	工程量	金额/元	

月合同单价项目总支付金额：　佰　拾　万　千　佰　拾　元　角　分

致：（监理机构）
　　本月合同单价项目月支付明细表如上表，工程价款总金额为（大写）＿＿＿＿＿＿（小写＿＿＿＿＿＿）。请审核。

承包人：（全称及盖章）

项目经理：（签字）

日期：　　年　　月　　日

经审核，本月合同单价项目工程价款总金额为（大写）＿＿＿＿＿＿（小写＿＿＿＿＿＿）。

监理机构：（全称及盖章）

总监理工程师：（签名）

日期：　　年　　月　　日

说明：本表一式＿＿＿份，由承包人填写，作为 CB31 的附表，一同流转、审批结算时用。

CB31 附表 4 合同合价项目月支付明细表

(承包 [ ] 合价   号)

合同名称：　　　　　　　　　　　　　合同编号：

承包人：

序号	合同价号	价号名称	合同合价金额	本月申报支付金额	累计支付金额	支付比例	监理审核意见	备注

月合同合价项目总支付金额：　佰　拾　万　千　佰　拾　元　角　分

致：（监理机构）

　　本月合同合价项目月支付明细表如上表，工程价款总金额为（大写）_____（小写_____），请审核。

承包人：（全称及盖章）

项目经理：（签字）

日期：　　年　　月　　日

经审核，本月合同合价项目工程价款总金额为（大写）_____（小写_____）。

监理机构：（全称及盖章）

总监理工程师：（签名）

日期：　　年　　月　　日

　　说明：本表一式____份，由承包人填写，作为 CB 31 的附表，一同流转、审批结算时用。

CB31 附表 5　合同新增项目月支付明细表

（承包［　　］新增　　号）

合同名称：　　　　　　　　　　　　　　　合同编号：

承包人：

致：（监理机构）

　　根据□变更指示（监理［　　］变指号）/□监理通知（监理［　　］通知号），现申请　年　月已完成新增项目的工程价款总金额为（大写）＿＿＿＿＿＿＿＿（小写＿＿＿＿＿＿＿＿），请审核。

　　附件：1. 施工质量合格证明。

　　　　　2. 工程测量、计算数据和必要说明。

　　　　　3. 变更项目价格确认表。

承包人：（全称及盖章）

项目经理：（签名）

日期：　　年　　月　　日

序号	项目名称	项目内容	单位	核准单价	申报工程量	申报合价	审定工程量	审定合价
合计								

经审核，本月合同新增项目工程价款总金额为（大写）＿＿＿＿＿＿＿＿（小写＿＿＿＿＿＿＿＿）。

监理机构：（全称及盖章）

总监理工程师：（签名）

日期：　　年　　月　　日

说明：本表一式＿＿＿＿份，由承包人填写，作为 CB 31 表的附表，一同流转、审批结算时用。

CB31 附表 6 计日工项目月支付明细表

(承包 [   ] 计日付   号)

合同名称：   合同编号：
承包人：

序号	计日工内容	核准工程量	单位	单价/元	本月完成金额/元	累计完成金额/元	监理审核意见	备注

计日工项目月总支付金额：　佰　拾　万　千　佰　拾　元　角　分

致：（监理机构）

现申报本月完成计日工项目工程价款总金额为（大写）＿＿＿＿＿＿（小写＿＿＿＿＿＿），请审核。

附件：计日工工作量月汇总表 CB31 附表 6－1。

承包人：（全称及盖章）

项目经理：（签名）

日期：　　年　　月　　日

经审核，本月计日工项目工程价款总金额为（大写）＿＿＿＿＿＿（小写＿＿＿＿＿＿）。

监理机构：（全称及盖章）

总监理工程师：（签名）

日期：　　年　　月　　日

说明：1. 本表一式＿＿＿份，由承包人填写，作为 CB31 的附表，一同流转、审批结算时用。

2. 工程量依据计日工工程量月汇总表 CB31 附表 7 填写。

CB 31 附表 7 计日工工程量月汇总表

（承包 [   ] 计日总   号）

合同名称：   合同编号：

承包人：

序号	计日工内容	单位	申报工作量	核准工程量	说明
1					
2					
3					
4					
5					
6					
7					
8					
9					
10					

致：（监理机构）

依据经监理机构签认的计日工工程量签证单，汇总为本表，请审核。

附件：计日工工程量签证单。

承包人：（全称及盖章）

项目经理：（签名）

日期：   年   月   日

（审核意见）

监理机构：（全称及盖章）

监理工程师：（签名）

日期：   年   月   日

说明：本表一式____份，由承包人在每个结算月完成后汇总计日工工程量签证单填写，经监理机构审核后，作结算用附件。

CB 31 附表 8　索赔项目价款月支付汇总表

（承包 [　　　] 赔总　　号）

合同名称：　　　　　　　　　　　合同编号：

承包人：

序号	费用索赔签认单号	核准索赔金额	备注
1			
2			
3			
4			
5			
6			
7			
8			
合计			

致：（监理机构）

　　根据费用索赔签认单，现申报本月索赔项目价款总金额为（大写）_____（小写_____），请审核。

　　附件：费用索赔签认单。

承包人：（全称及盖章）

项目经理：（签名）

日期：　　年　　月　　日

经审核，本月应支付索赔项目价款总金额为（大写）_____（小写_____）。

监理机构：（全称及盖章）

总监理工程师：（签名）

日期：　　年　　月　　日

说明：本表一式____份，由承包人依据费用索赔签认单填写，作为 CB31 的附表，一同流转，审批结算时使用。

CB 32-1 施工月报表 (年 月)

(承包 〔 〕月报 号)

合同名称： 合同编号：

承包人：

致：（监理机构）

现呈报我方编写的_____年____月施工月报，请阅审。

随本月报一同上报以下附表：

(1) 材料使用情况月报表。

(2) 主要施工机械设备情况月报表。

(3) 现场施工人员情况月报表。

(4) 施工质量检验月汇总表。

(5) 工程事故月报表。

(6) 完成工程量月汇总表。

(7) 施工实际进度月报表。

(8) 其他。

承包人：（全称及盖章）

项目经理：（签名）

日期： 年 月 日

今已收到_____（承包人全称）所报_____年_____月的施工月报及附件共____份。

监理机构：（名称及盖章）

签收人：（签名）

日期： 年 月 日

注 1. 施工月报表一式____份，由承包人填写，每月 20 日前报监理机构，监理机构收签后返回承包人一份，监理机构、发包人各一份。

2. 施工月报内容应包括：本合同段工程总体形象，在建各分部工程进展情况和主要施工内容、施工进度、施工质量、完成施工工作量、合同履约情况、施工大事记、本月存在问题及建议等内容。

CB32－2

施工月报

（承包〔　　〕月报　号）

_____年第_____期

_____年____月____日至_____年____月____日

工程名称：_____

合同编号：_____

承包人：（全称及盖章）_____

项目经理：_____

日期：_____年____月____日

CB32 附表 1 材料使用情况月报表

（承包 [   ] 材料月   号）

合同名称：　　　　　　　　　　　　合同编号：

承包人：

材料名称		规格/型号	单位	上月库存	本月进货	本月消耗	本月库存	下月计划用量
水　泥								
粉煤灰								
钢材	型材							
	钢筋							
木材								
柴油								
汽油								
炸药								

承包人：（全称及盖章）

承办人：（签名）

日期：　　年　　月　　日

说明：本表一式____份，由承包人填写，作为《施工月报》的附件一同上报。

CB32 附表 2　主要施工机械设备情况月报表

（承包［　　］设备月　　　　号）

合同名称：　　　　　　　　　　　　合同编号：

承包人：

序号	机械设备			本月工作台时	完好率/%	利用率/%
	名称	型号/规格	数量/台			

承包人：（全称及盖章）

承办人：（签名）

日期：　　年　月　日

说明：本表一式____份，由承包人填写，作为《施工月报》的附件一同上报。

CB32 附表 3 现场施工人员情况月报表

(承包 [　　] 人员月　　号)

合同名称：　　　　　　　　　　　　　　合同编号：

承包人：

序号	部门或工程部位	人员数量/人									合计
		建筑	安装	检验	运输	管理	辅助				
	合计										

（填报说明）

承包人：（全称及盖章）：

承办人：（签名）

日期：　　　年　　月　　日

说明：本表一式____份，由承包人填写，作为《施工月报》的附件一同上报。

CB32 附表 4　施工质量检验月汇总表

（承包 [　　] 质检月 　　 号）

合同名称：　　　　　　　　　　　　　　　合同编号：

承包人：

序号	检验部位	检验项目	检验人	检验日期	检测结果	检验负责人

（填报说明）

承包人：（全称及盖章）：

承办人：（签名）

日期：　　年　　月　　日

说明：本表一式____份，由承包人填写，作为《施工月报》的附件一同上报。

CB 32 附表 5 工程事故月报表

(承包 [ ] 事故月 号)

合同名称： 合同编号：

承包人：

序号	发生事故时间	事故地点	工程名称	事故等级	直接损失金额/元	人员伤亡/人		处理结论
						死亡	重伤	

事故综述：

承包人：（全称及盖章）

承办人：（签名）

日期： 年 月 日

说明：本表一式____份，由承包人填写，作为《施工月报》的附件一同上报。

CB 32 附表 6　完成工程量月汇总表

（承包 [　　] 量总月　　号）

合同名称：　　　　　　　　　　　　　　合同编号：

承包人：

序号	分部工程名称	分部工程编码	单位	工程量	本月完成工程量	至本月已累计完成工程量

（填报说明）

承包人：（全称及盖章）

承办人：（签名）

日期：　　年　　月　　日

说明：本表一式____份，由承包人填写，作为《施工月报》的附件一同上报。

CB32 附表 7 施工实际进度月报表 (年　月)

(承包 [　] 进度月 号)

合同名称：

承包人：

合同编号：

分部工程	单位	合同工程量	计划完成量	实际完成量	完成比例/%	26	27	28	29	30	31	1	2	3	4	5	6	7	8	9	10	11	12	13	14	15	16	17	18	19	20	21	22	23	24	25

上月　　本月

承包人：(全称及盖章)

承办人：(签名)

日期：　年　月　日

说明：本表一式___份，由承包人填写，作为《施工月报》的附件一同上报。

CB33 验收申请报告

（承包 [　　] 验报　　　号）

合同名称：　　　　　　　　　　　　　　合同编号：

承包人：

致：（监理机构）		
_____工程项目已经按计划于_____年____月____日基本完工，零星未完工程及缺陷修复拟按申报计划实施，验收文件也已准备就绪，现申请验收。		
□合同项目完工验收 □阶段验收 □单位工程验收 □分部工程验收	验收工程名称、编码	申请验收时间
附件： 　1. 零星未完工程施工计划。 　2. 缺陷修复计划。 　3. 验收报告、资料。 　　　　　　　　　　　　　　　　　　　　　承包人：（全称及盖章） 　　　　　　　　　　　　　　　　　　　　　项目经理：（签名） 　　　　　　　　　　　　　　　　　　　　　日期：　　年　　月　　日		
监理机构将另行签发审核意见。 　　　　　　　　　　　　　　　　　　　　　监理机构：（全称及盖章） 　　　　　　　　　　　　　　　　　　　　　签收人：（签名） 　　　　　　　　　　　　　　　　　　　　　日期：　　年　　月　　日		

说明：本表一式____份，由承包人填写，监理机构审核后，随同审核意见送承包人、监理机构、发包人、
　　　设代机构各一份。

258

CB34 报告单

（承包 [　　] 报告　　号）

合同名称：　　　　　　　　　　　　　**合同编号：**

承包人：

报告事由：   承包人：（全称及盖章） 项目经理：（签名） 日期：　　年　月　日
监理机构意见：   监理机构：（全称及盖章） 总监理工程师：（签名） 日期：　　年　月　日
发包人意见：   发包人：（全称及盖章） 负责人：（签名） 日期：　　年　月　日

说明：本表一式____份，由承包人填写，监理机构、发包人审批后，承包人两份，监理机构、发包人各一份。

CB35 回复单

（承包 [　　] 回复　　号）

合同名称： 合同编号：

承包人：

致：（监理机构）
事由：
回复内容：
附件：1. 　　　 2.
承包人：（全称及盖章） 项目经理：（签名） 日期：　　年　月　日
今已收到＿＿＿＿＿＿＿＿（承包人全称）关于＿＿＿＿＿＿＿的回复单共＿＿＿＿份。
监理机构：（全称及盖章） 签收人：（签名） 日期：　　年　月　日

说明：1. 本表一式＿＿＿份，由承包人填写，监理机构签收后，承包人、监理机构各一份。

2. 本表主要用于承包人对监理机构发出的监理通知、指令、指示的回复。

CB36 完工/最终付款申请表

(承包 [　　] 付申　　号)

合同名称：　　　　　　　　　　　　　合同编号：

承包人：　　　　　　　　　　　　　　单位：万元

致：(监理机构) 　　依据施工合同约定，我方已完成合同项目_____工程的施工，并□ 已通过工程验收/□ 工程移交证书已签发。现申请该工程的□ 完工付款/□ 最终付款。 　　经核计，我方共应获得工程价款总价为（大写）_____（小写_____），已得到各项付款总价为（大写）_____（小写_____），现申请剩余工程价款总价为（大写）_____（小写_____），请审核。
附件：计算资料、证明文件。   　　　　　　　　　　　　　　　　　　　　　承包人：(全称及盖章) 　　　　　　　　　　　　　　　　　　　　　项目经理：(签名) 　　　　　　　　　　　　　　　　　　　　　日期：　　年　　月　　日
审核后监理机构将另行签发完工/最终付款证书。   　　　　　　　　　　　　　　　　　　　　　监理机构：(全称及盖章) 　　　　　　　　　　　　　　　　　　　　　签收人：(签名) 　　　　　　　　　　　　　　　　　　　　　日期：　　年　　月　　日

说明：本表一式____份，由承包人填写，监理机构审批后，随同审批意见返承包人两份，监理机构、发包人各一份。

JL01 进场通知

（监理 [　] 进场 　号）

合同名称：　　　　　　　　　　　　　　合同编号：
监理机构：

<table>
<tr><td>

致：（承包人）

　　根据施工合同约定，现签发_____工程进场通知。你方在接到该通知后，应及时调遣人员和施工设备、材料进场，完成各项施工准备工作。之后，尽快提交《合同项目开工申请表》。

　　该工程的开工日期为_____年_____月_____日。

　　视施工合同双方的施工准备情况，监理机构另行签发工程开工令。

监理机构：

总监理工程师：

日期：　　年　　月　　日

</td></tr>
<tr><td>

今已收到_____（监理机构全称）签发的进场通知。

承包人：（全称及盖章）

签收人：（签名）

日期：　　年　　月　　日

</td></tr>
</table>

　　说明：本表一式____份，由监理机构填写，承包人、监理机构、发包人、设代机构各一份。

JL02 合同项目开工令
（监理 [　　] 合开工　号）

合同名称：　　　　　　　　　　　　　　**合同编号：**
监理机构：

致：（承包人）

　　你方_____年_____月_____日报送的_____工程项目开工申请（承包 [　　] 合开工　号）已经通过审核。你方可从即日起，按施工计划安排开工。

　　本开工令确定此合同的实际开工日期为_____年_____月_____日。

监理机构：（全称及盖章）

总监理工程师：（签名）

日期：　　年　　月　　日

今已收到合同项目的开工令。

承包人：（全称及盖章）

项目经理：（签名）

日期：　　年　　月　　日

说明：本表一式____份，由监理机构填写，承包人、监理机构、发包人、设代机构各一份。

JL03 分部工程开工通知

（监理 [　　] 分开工　　号）

合同名称：　　　　　　　　　　　　　　合同编号：

监理机构：

致：（承包人）

　　你方_____年_____月_____日报送的_____分部工程（编码为：_____）开工申请表（承包 [　] 分开工　　号）已经通过审查。此开工通知确定该分部工程的开工日期为_____年_____月_____日。

　　附注：

监理机构：（全称及盖章）

总监理工程师：（签名）

日期：　　年　　月　　日

今已收到_____分部工程（编码为：_____）的开工通知。

承包人：（全称及盖章）

项目经理：（签名）

日期：　　年　　月　　日

说明：本表一式____份，由监理机构填写，承包人、监理机构、发包人、设代机构各一份。

JL04 工程预付款付款证书

（监理 [   ] 工预付 号）

合同名称：   **合同编号：**

监理机构：

致：（发包人）

　　经审查，承包人提供的预付款担保符合合同约定，并已获得你方认可，具备预付款支付条件。根据施工合同，你方应向承包人支付第_____次工程预付款，金额为：

　　大写：_____。

　　小写：_____。

监理机构：（全称及盖章）

总监理工程师：（签名）

日期：　　年　　月　　日

说明：本证书一式____份，由监理机构填写，经审批后承包人两份，监理机构、发包人各一份。

JL05 批复表

（监理 [   ] 批复号）

合同名称：　　　　　　　　　　　　　　　合同编号：

监理机构：

| 承包人报送文号：＿＿＿＿＿＿＿＿＿。 |
| 报送时间：＿＿＿年＿＿＿月＿＿＿日。 |
| 报送内容： |

致：（承包人）

你方于＿＿＿年＿＿＿月＿＿＿日报送的＿＿＿＿＿＿＿（文号：＿＿＿＿＿＿），经监理机构审核，批复意见如下：

附件：

监理机构：（全称及盖章）

总监理工程师：（签名）

日期：　　　年　　月　　日

今已收到关于＿＿＿＿＿＿＿（文号：＿＿＿＿＿＿）的批复。

承包人：（全称及盖章）

签收人：（签名）

日期：　　　年　　月　　日

说明：1. 本表一式＿＿＿份，由监理机构填写，承包人、监理机构、发包人各一份。

2. 一般事件，由监理工程师办理，重要通知由总监理工程师签发。

3. 本批复表可用于对承包人的申请、报告的批示。

JL06 监理通知

（监理 [　　] 通知　　号）

合同名称：　　　　　　　　　　　　　**合同编号：**
监理机构：

致：（承包人）
　　事由：

　　通知内容：

　　特此通知。

　　附件：

监理机构：（全称及盖章）
总监理工程师：（签名）
日期：　　年　　月　　日

承包人：（全称及盖章）
签收人：（签名）
日期：　　年　　月　　日

说明：1. 本通知一式____份，由监理机构填写，承包人、监理机构、发包人各一份。

　　　2. 一般通知，由监理工程师办理，重要通知由总监理工程师签发。

　　　3. 本通知单可用于对承包人的指示。

JL07 监理报告

（监理〔　　〕报告　　　号）

合同名称：　　　　　　　　　　　　　　合同编号：

监理机构：

致：（发包人）

　　报告内容：

监理机构：（全称及盖章）

总监理工程师：（签名）

日期：　　年　　月　　日

致：（监理机构）

　　本报告内容经我方研究后，答复如下：

　　□　同意监理机构意见

　　□　不同意监理机构意见（原因详见附件）

　　□　指令（见附件）

　　附件：1. 不同意原因及建议。

　　　　　2. 指令意见。

发包人：（全称及盖章）

负责人：（签名）

日期：　　年　　月　　日

说明：1. 本表一式＿＿份，由监理机构填写，发包人批复后留一份，退回监理机构两份。

　　　2. 本表可用于监理机构认为需报请发包人批示的各项事宜。

JL08 计日工工作通知

(监理 [　　] 计通　号)

合同名称：　　　　　　　　　　　　　合同编号：
监理机构：

致：（承包人）

　　现决定对下列工作按计日工予以安排，请据以执行。

序号	工作项目或内容	计划工作时间	计价及付款方式	备注

附件：

　　　　　　　　　　　　　　　　　　　　　　　　　　监理机构：（全称及盖章）
　　　　　　　　　　　　　　　　　　　　　　　　　　总监理工程师：（签名）
　　　　　　　　　　　　　　　　　　　　　　　　　　日期：　　年　月　日

我方将按通知执行。

　　　　　　　　　　　　　　　　　　　　　　　　　　承包人：（全称及盖章）
　　　　　　　　　　　　　　　　　　　　　　　　　　项目经理：（签名）
　　　　　　　　　　　　　　　　　　　　　　　　　　日期：　　年　月　日

说明：1. 本表一式＿＿＿份，由监理机构填写，承包人两份，监理机构、发包人各一份。
　　　2. 计价及付款方式依据合同约定或由双方协商，包括：按合同计日工单价支付；另行报价，经监理机构审核并报请发包人核准后执行；按总价另行申报支付或其他方式。

JL09 工程现场书面指示

（监理［　　］现指　　号）

合同名称：　　　　　　　　　　　　　　　　**合同编号：**

监理机构：

致：（承包人）

请你方执行本指示内容。若你方不提出确认，本指示单签收后立即生效。

发布指示依据：□工程施工合同　　　　条款　第　　条

　　　　　　　　□工程施工合同　　　　条款　第　　条

　　　　　　　　□工程施工合同　　　　条款　第　　条

　　　　　　　　□

指示内容与要求：

　　　　　　　　　　　　　　　　　　　　　　　　监理机构：（全称及盖章）

　　　　　　　　　　　　　　　　　　　　　　　　监理工程师：（签名）

　　　　　　　　　　　　　　　　　　　　　　　　日期：　　年　月　日

今已收到贵方现场书面指示，我方将：

　　□　将按指示要求执行

　　□　申请监理机构确认

　　　　　　　　　　　　　　　　　　　　　　　　承包人：（全称及盖章）

　　　　　　　　　　　　　　　　　　　　　　　　现场负责人：（签名）

　　　　　　　　　　　　　　　　　　　　　　　　日期：　　年　月　日

说明：本表一式____份，由监理机构填写，承包人、监理机构各一份。

JL10 警告通知

（监理 [   ] 警告   号）

合同名称：　　　　　　　　　　　　　　　**合同编号：**
监理机构：

致：（承包人）

　　_____年___月___日___时，你方在工作时，存在下列所述的违规（章）作业情况。为确保施工合同顺利实施，要求你方立即进行纠正，并避免类似情况的再次发生。

违规情况描述：

法规或合同条款的相关规定：

　　　　　　　　　　　　　　　　　　　　　　　监理机构：（全称及盖章）
　　　　　　　　　　　　　　　　　　　　　　　监理工程师：（签名）
　　　　　　　　　　　　　　　　　　　　　　　日期：　　年　　月　　日

　　　　　　　　　　　　　　　　　　　　　　　承包人：（全称及盖章）
　　　　　　　　　　　　　　　　　　　　　　　签收人：（签名）
　　　　　　　　　　　　　　　　　　　　　　　日期：　　年　　月　　日

说明：本表一式____份，由监理机构填写，承包人、监理机构、发包人各一份。

<h1 style="text-align:center">JL11 整改通知</h1>

（监理〔　　〕整改　　号）

合同名称：　　　　　　　　　　　　　　　　**合同编号：**

监理机构：

致：（承包人） 　　由于本通知所述原因，通知你方对＿＿＿＿＿＿＿＿工程项目应按下述要求进行整改，并于＿＿年＿＿月＿＿日前提交整改措施报告，确保整改的质量达到要求。	

整改原因	□施工质量经检验不合格 □材料、设备不符合要求 □未按设计文件要求施工 □工程变更 □……

整改要求	□拆除　　　　　　　　　　　　□返工 □更换、增加材料、设备　　　　□修补缺陷 □调整施工人员　　　　　　　　□……

□整改所发生费用由承包人承担
□整改所发生费用可另行申报
□……

监理机构：（全称及盖章）

总监理工程师：（签名）

日期：　　年　　月　　日

现已收到整改通知，我方将根据通知要求进行整改，并按要求提交整改措施报告。

承包人：（全称及盖章）

项目经理：（签名）

日期：　　年　　月　　日

说明：本表一式＿＿＿份，由监理机构填写，承包人、监理机构、发包人各一份。

JL12 新增或紧急工程通知

（监理 [   ] 新通   号）

合同名称：

监理机构： 　　　　　　　　　　**合同编号：**

致：（承包人） 　　今委托你方进行下列不包括在施工合同内_____额外/紧急工程的施工，并于____年____月____日前提交该工程的施工计划和施工技术方案。正式变更指示另行签发。 　　工程内容简介：   　　费用及支付方式：   　　　　　　　　　　　　　　　　　　　监理机构：（全称及盖章） 　　　　　　　　　　　　　　　　　　　总监理工程师：（签名） 　　　　　　　　　　　　　　　　　　　日期：　　年　　月　　日
现已收到_____额外/紧急工程通知，我方将按要求提交该工程的施工计划和施工技术方案。费用及工期要求将□同时/□另行提交。   　　　　　　　　　　　　　　　　　　　承包人：（全称及盖章） 　　　　　　　　　　　　　　　　　　　项目经理：（签名） 　　　　　　　　　　　　　　　　　　　日期：　　年　　月　　日

说明：本表一式____份，由监理机构填写，承包人、监理机构、发包人、设代机构各一份。

JL13 变更指示
（监理［　　］变指　　号）

合同名称：　　　　　　　　　　　　　　合同编号：

监理机构：

致：（承包人）
现决定对本合同项目作如下变更或调整，应遵照执行，并根据本指示于＿＿＿＿年＿＿＿＿月＿＿＿＿日前提交相应的和施工技术方案、进度计划和报价。

变更项目名称	
变更内容简述	
变更工程量	
变更技术要求	
其他内容	

附件：变更文件、施工图纸。

监理机构：（全称及盖章）

总监理工程师：（签名）

日期：　　年　　月　　日

接受变更指示，并按要求提交施工技术方案、进度计划和报价。

承包人：（全称及盖章）

项目经理：（签名）

日期：　　年　　月　　日

　　说明：本表一式＿＿＿份，由监理机构填写，承包人、监理机构、发包人、设代机构各一份。

JL14 变更项目价格审核表

（监理 [　　] 变价审　　号）

合同名称：　　　　　　　　　　　　　　　**合同编号：**
监理机构：

致：（承包人）

　　根据有关规定和施工合同约定，你方提出的变更项目价格申报表（承包 [　　] 变价_____号），经我方审核，变更项目价格如下。

　　附注：

序号	项目名称	单位	监理审核单价	备注

监理机构：（全称及盖章）
总监理工程师：（签名）
日期：　　年　　月　　日

说明：本表一式____份，由监理机构填写，审核后承包人、监理机构、发包人各一份。

JL15 变更项目价格签认单
（监理 [   ] 变价签   号）

合同名称：　　　　　　　　　　　　　　　　合同编号：
监理机构：

根据有关规定和施工合同约定，经友好协商，承包人对于＿＿＿＿＿＿＿提出的变更项目价格申报表（承包 [ ] 变价＿＿＿号），最终确定变更项目价格如下。

序号	项目名称	单位	核定单价	备注

承包人：（全称及盖章）
项目经理：（签名）
日期：　　年　　月　　日

发包人：（全称及盖章）
负责人：（签名）
日期：　　年　　月　　日

监理机构：（全称及盖章）
总监理工程师：（签名）
日期：　　年　　月　　日

说明：本表一式＿＿＿＿份，由监理机构填写，签字后监理机构、发包人各一份，承包人两份，办理结算时
　　　使用。

JL16 变更通知

（监理 ［ ］ 变通 号）

合同名称：　　　　　　　　　　　　　　合同编号：
监理机构：

致：（承包人）

根据＿＿＿＿＿＿＿＿＿，你方与发包人协商一致，按本通知调整价款和工期。

项目号	变更项目内容	单位	数量（增或减）	单价	增加金额/元	减少金额/元
合　　计						

合同工期日数的增加：

 （1）原合同工期（日历天）＿＿＿＿＿＿（天）。

 （2）本变更指令延长工期日数＿＿＿＿＿＿（天）。

 （3）迄今延长合同工期总的变更＿＿＿＿＿＿（天）。

 （4）现合同工期（日历天）＿＿＿＿＿＿（天）。

变更或额外/紧急工程描述及其他说明：

监理机构：（全称及盖章）

总监理工程师：（签名）

日期：　年　月　日

承包人：（全称及盖章）

项目经理：（签名）

日期：　年　月　日

 说明：本表一式＿＿＿＿份，由监理机构填写，承包人两份，监理机构、发包人各一份。

JL17 暂停施工通知

（监理 [　　] 停工 　　 号）

合同名称： 　　　　　　　　　　　　　合同编号：
监理机构：

致：（承包人） 　　由于本通知所述原因，现通知你方于_____年_____月_____日_____时对_____工程项目暂停施工。	
工程暂停 施工原因	
引用合同 条款或法 规依据	
停工期 间要求	
合同责任	
	监理机构：（全称及盖章） 总监理工程师：（签名） 日期：　　年　　月　　日	承包人：（全称及盖章） 项目经理：（签名） 日期：　　年　　月　　日

说明：本表一式____份，由监理机构填写，承包人、监理机构、发包人、设代机构各一份。

JL18 复工通知

（监理 ［　　］复工　　号）

合同名称：　　　　　　　　　　　　　　合同编号：

监理机构：

致：（承包人）

　　鉴于监理 ［　　　］停工　　　号暂停施工通知所述原因已经消除，你方可于＿＿＿＿年＿＿＿＿月＿＿＿＿日＿＿＿时

起对＿＿＿＿＿＿＿＿＿＿＿工程项目恢复施工。

　　附注：

监理机构：（全称及盖章）

总监理工程师：（签名）

日期：　　年　　月　　日

承包人：（全称及盖章）

项目经理：（签名）

日期：　　年　　月　　日

　　说明：本表一式＿＿＿＿份，由监理机构填写，承包人、监理机构、发包人、设代机构各一份。

JL19 费用索赔审核表

（监理 [　　] 索赔审　　号）

合同名称：　　　　　　　　　合同编号：
监理机构：

致：（承包人）

　　根据有关规定和施工合同约定，你方提出的索赔申请报告（承包 [　] 赔报　号），索赔金额（大写）_____（小写_____），经我方审核：

　　□不同意此项索赔

　　□同意此项索赔，索赔金额为（大写）_____（小写_____）。

　　附件：索赔分析、审核文件。

监理机构：（全称及盖章）

总监理工程师：（签名）

日期：　　年　　月　　日

说明：本表一式____份，由监理机构填写，审定后承包人、监理机构、发包人各一份。

JL20 费用索赔签认单

（监理［　　］索赔签　　号）

合同名称：　　　　　　　　　　　合同编号：

监理机构：

根据有关规定和施工合同约定，经友好协商，承包人对于_____提出的索赔申请报告（承包［　］赔报　号），最终索赔金额确定为： 　　大写：_____（小写_____）。
             承包人：（全称及盖章） 项目经理：（签名） 日期：　　年　　月　　日
       发包人：（全称及盖章） 负责人：（签名） 日期：　　年　　月　　日
         监理机构：（全称及盖章） 总监理工程师：（签名） 日期：　　年　月　日

说明：本表一式____份，由监理机构填写，签字后监理机构、发包人各一份，承包人两份，办理结算时使用。

JL21 工程价款月付款证书

（监理 [　　　] 月付　　　号）

合同名称：　　　　　　　　　　　　　　　　**合同编号：**

监理机构：

致：（发包人）

　　根据施工合同，经审核承包人的工程价款月支付申请书（承包 [　] 月付　号），本月应支付给承包人的工程价款金额共计为（大写）＿＿＿＿＿＿＿＿＿＿（小写＿＿＿＿＿＿＿＿）。

　　根据施工合同约定，请贵方在收到此证书后的＿＿＿＿＿＿天之内完成审批，将上述工程价款支付给承包人。

　　附件：1. 月支付审核汇总表。

　　　　　2. 其他。

监理机构：（全称及盖章）

总监理工程师：（签名）

日期：　　　年　　月　　日

说明：本证书一式＿＿＿＿份，由监理机构填写，发包人、监理机构各一份，承包人两份。办理结算时使用。

JL21 附表月支付审核汇总表

（监理 [　　] 月总　　号）

合同名称：　　　　　　　　　　　　　合同编号：
监理机构：

工程或费用名称		本月前累计完成额/元	本月承包人申请金额/元	本月监理机构审核金额/元	监理审核意见	备注
应支付金额	合同单价项目					
	合同合价项目					
	合同新增项目					
	计日工项目					
	材料预付款					
	索赔项目					
	价格调整金额					
	延期付款利息					
	其他					
应支付金额合计						
扣除金额	工程预付款					
	材料预付款					
	保留金					
	违约赔偿					
	其他					
扣除金额合计						

月应支付总金额： 佰 拾 万 千 佰 拾 元 角 分

监理工程师	（签名）	日期	年　月　日

经审核，_____年_____月承包人应得到的支付金额共计为（大写）_____（小写_____）。

监理机构：（全称及盖章）
总监理工程师：（签名）
日期：　　　年　月　日

说明：本表一式____份，由监理机构填写，审定后发包人一份，承包人两份，监理机构三份作为月报及工程价款月支付证书的附件。

JL22 合同解除后付款证书

（监理 [　　] 解付　　号）

合同名称：　　　　　　　　　　　　　合同编号：

监理机构：

合同解除的原因	

致：（发包人）

　　根据施工合同约定，经审核，承包人共应获得工程价款总价为（大写）＿＿＿＿＿（小写＿＿＿＿＿），已得到各项付款总价为（大写＿＿＿＿＿）（小写＿＿＿＿＿），现应支付剩余工程价款总价为（大写）＿＿＿＿＿（小写＿＿＿＿＿），请审核。

　　附件：计算资料、证明文件。

监理机构：（全称及盖章）

总监理工程师：（签名）

日期：　　年　月　日

说明：本表一式＿＿＿份，由监理机构填写，审定后发包人、监理机构各一份，承包人两份，作为结算的附件。

JL23 完工/最终付款证书

（监理〔　　〕付证　　号）

合同名称：　　　　　　　　　　　合同编号：

监理机构：

致：（发包人）

　　根据施工合同约定，经审核承包人的□完工付款申请/□最终付款申请（承包〔　　〕付申_____号），应支付给承包人的金额共计为（大写）_____（小写_____）。

　　根据合同约定，请贵方在收到□完工付款证书/□最终付款证书后的_____天之内完成审批，将上述工程款额支付给承包人。

　　附件：1. 完工/最终付款申请书。

　　　　　2. 计算资料。

　　　　　3. 证明文件。

　　　　　4. 其他。

监理机构：（全称及盖章）

总监理工程师：（签名）

日期：　　年　　月　　日

说明：本证书一式____份，由监理机构填写，监理机构及发包人各一份，承包人两份，办理结算时使用。

JL24 工程移交通知

（监理 [ ] 移交 号）

合同名称： 合同编号：

监理机构：

致（承包人）：

鉴于_____工程已于_____年_____月_____日通过

□单位工程验收

□完工验收

根据有关规定和施工合同约定，可按本通知的要求，办理移交手续。

特此通知。

工程移交日期	□请于_____年_____月_____日办妥移交手续。 □
保修期起 算日期	□本工程保修期，自该工程的移交证书中写明的实际完工之日起算，保修期为_____个月。

办理移交手续前应完成的工作项目：

1.

2.

3.

4.

监理机构：（全称并盖章）

总监理工程师：（签名）

日期： 年 月 日

承包人：（全称并盖章）

项目经理：（签名）

日期： 年 月 日

说明：本通知一式____份，由监理机构填写，承包人、监理机构、发包人各一份。

JL25 工程移交证书

（监理 [　　] 移证　　号）

合同名称：　　　　　　　　　　　　　　合同编号：

监理机构：

致：（承包人）

　　　　　　　　工程已按施工合同和监理机构的指示完成（该证书中注明的工程缺陷和未完工程除外），并于　　　　　年　　　　　月　　　　　日经过□完工验收/□单位工程验收。根据有关规定和合同约定，监理机构签发此工程移交证书。从本移交证书颁发之日开始，正式移交给发包人。本工程的实际完工之日为　　　　　年　　　　　月　　　　　日，并从此日开始，该工程进入保修期阶段。

　　附件：工程缺陷及未完工程内容清单及其实施计划。

监理机构：（全称及盖章）

总监理工程师：（签名）

日期：　　年　　月　　日

说明：本证书一式　　　份，由监理机构填写，监理机构及发包人各一份，承包人两份。

JL26 保留金付款证书

（监理 [   ] 保付   号）

合同名称：   合同编号：
监理机构：

支付保留金 已具备的条件	□于_____年_____月_____日签发工程移交证书 □于_____年_____月_____日签发保修责任终止证书					
保留金支付金额	保留金总金额	_____佰_____拾_____万_____千_____佰_____拾 _____元_____角_____分				
	已支付金额	_____佰_____拾_____万_____千_____佰_____拾 _____元_____角_____分				
	尚应扣留的金额	_____佰_____拾_____万_____千_____佰_____拾 _____元_____角_____分 扣留的原因： □施工合同约定 □未完工程或缺陷 □……				
	应支付金额	_____佰_____拾_____万_____千_____佰_____拾 _____元_____角_____分				

致：（发包人）

　　根据施工合同约定，并经审核，现应支付给承包人的保留金金额共计为（大写）_____（小写_____）。

　　根据合同约定，请贵方在收到该保留金付款证书后的_____天之内完成审批，将上述工程金额支付给承包人。

监理机构：（全称及盖章）

总监理工程师：（签名）

日期：   年　　月　　日

说明：本证书一式____份，由监理机构填写，监理机构及发包人各一份，承包人两份。办理结算时使用。

JL27 保修责任终止证书

（监理 [   ] 责终   号）

合同名称：   合同编号：

监理机构：

致：（承包人）

　　鉴于_____工程移交证书（监理 [ ] 移证   号）中列出的未完工程尾工和保修期内因施工质量造成的缺陷，已经于_____年_____月_____日以前完工和处理完毕，并由监理机构确认符合施工合同的约定。

　　依据合同和上述工程移交证书规定，本工程保修责任期_____个月已于_____年_____月_____日期满，特此通知。

监理机构：（全称及盖章）

总理工程师：（签名）

日期：   年   月   日

说明：本证书一式____份，由监理机构填写，承包人两份，监理机构及发包人各一份。

JL28 设计文件签收表

(监理 [　　] 设收　　号)

合同名称：　　　　　　　　　　　　　　合同编号：

监理机构：

致：(监理机构)
本批报送图纸_____件，文字报告和说明_____件，见下表。

报送单位：(全称及盖章)

负责人：(签名)

日期：　　年　　月　　日

序号	设计文件名称	文图号	报送份数	备注
1				
2				
3				
4				
5				
6				
7				
8				
9				

监理机构：(全称及盖章)

签收人：(签名)

日期：　　年　　月　　日

说明：一式____份，由报送单位填写，完成审签收后送监理机构、发包人、报送单位各一份。

JL29 施工设计图纸核查意见单

（监理〔　　〕图核　　　号）

合同名称：　　　　　　　　　　　合同编号：

监理机构：

施工图纸名称		图号	
预核意见			
		监理工程师：（签名） 日期：　　年　　月　　日	
核查意见			
		监理机构：（全称及盖章） 总监理工程师：（签名） 日期：　　年　　月　　日	

说明：1. 本表一式＿＿＿份，由监理机构填写，发包人、监理机构、图纸设计单位各一份。

2. 各图号可以是单张号或连续号或区间号。

JL30 施工设计图纸签发表

（监理［   ］图发   号）

合同名称：   合同编号：

监理机构：

致：（承包人）

　　本批签发图纸＿＿＿＿＿＿＿件，文字报告和说明＿＿＿＿＿＿＿件，见下表。

监理机构：（全称及盖章）

总监理工程师：（签名）

日期：   年   月   日

序号	施工设计图纸名称	文图号	发送份数	备注
1				
2				
3				
4				
5				
6				
7				
8				
9				

今已收到监理签发图纸＿＿＿＿＿＿＿件，文字报告和说明＿＿＿＿＿＿＿件。

承包人：（全称及盖章）

签收人：（签名）

日期：   年   月   日

说明：本表一式＿＿＿＿份，监理机构、发包人、承包人、设计单位各一份。

JL31 工程项目划分报审表

（监理〔　　〕项分　　　号）

合同名称：　　　　　　　　　　　　　**合同编号：**

致：（发包人）

　　根据工程设计图纸和＿＿＿＿＿＿＿规定，经与相关单位研究，建议该工程项目划分为＿＿＿＿＿＿＿个单位工程，
＿＿＿＿＿＿＿个分部工程，＿＿＿＿＿＿＿个单元工程。请审定。

　　附件：工程项目划分及编码一览表。

监理机构：（全称及盖章）

总监理工程师：（签名）

日期：　　年　　月　　日

　　说明：本表一式＿＿＿＿份，由监理机构填写，监理机构、承包人各一份，发包人两份。

JL32 监理月报

（监理 ［　　］月报　号）

_____年第_____期

____年____月____日至____年____月____日

工程名称：_____

发包人：_____

监理机构：（全称及盖章）_____

总监理工程师：_____

日期：____年____月____日

目录

JL32 附表 1 完成工程量月统计表
（监理 [　　] 量统月　　号）

合同名称：　　　　　　　　　　　　　合同编号：
监理机构：

序号	分部工程名称	单元工程名称	单元工程编码	单位	工程量	本月完成工程量	至本月已累计完成工程量

监理机构：（全称并盖章）
监理工程师：（签名）
总监理工程师：（签名）
日期：　　年　　月　　日

说明：本表一式____份，由监理机构填写，作为监理存档及月报时使用。

JL32 附表 2 工程质量检验月报表

（监理 [ ] 质检月 号）

合同名称：　　　　　　　　　　　　　合同编号：

监理机构：

序号	项目名称				检验日期	质量等级	备注
	单位工程	分部工程	单元工程	单元工程编码			
1							
2							
3							
4							
5							
6							
7							
8							
9							
10							
11							
12							
13							
14							
15							
监理机构	（全称及盖章）		总监理 工程师	（签名）	日期	年 月 日	

说明：本表一式____份，由监理机构填写，作为监理机构存档和月报时使用。

JL32 附表 3　监理抽检情况月汇总表

（监理 〔　　　〕 抽检月　　　号）

合同名称：　　　　　　　　　　　　　　　　合同编号：

监理机构：

序号	单元工程名称	单元工程编码	抽检日期	抽检内容及方法	抽检结果	专业监理工程师
监理机构	（全称及盖章）	总监理工程师	（签名）	日　期	年　月　日	

说明：本表一式____份，由监理机构填写，作为监理机构存档和月报时使用。

JL32 附表 4 工程变更月报表

(监理 [　　　] 变更月　　号)

合同名称：
监理机构：
合同编号：

序号	变更工程名称（编号）	变更文件 文、图号	工程变更内容	备注
1				
2				
3				
4				
5				
6				
7				
8				
9				

监理机构	（全称及盖章）	总监理 工程师	（签名）	日期	年　月　日

说明：本表一式＿＿＿份，由监理机构填写，作为监理机构存档和月报时使用。

JL33 监理抽检取样样品月登记表 (年 月)

(监理 [ ] 样品 号)

合同名称： 合同编号：
监理机构：

样品编号	来源	地点	部位	说明	容器编号	取样日期	试验地点	评论	备注
1									
2									
3									
4									
5									
6									
7									
8									
9									
10									
11									
12									

专业监理工程师		(签名)		填报日期		年 月 日

说明：本表供监理试验室取样签证使用。

JL34 监理抽检试验登记表

（监理 [　] 试记 　 号）

合同名称：
监理机构：
合同编号：

序号	试验项目名称	试验单元工程名称	试验记录编号	试验完成日期	实验负责人	遗漏的试验项目名称	采取的措施	备注
1								
2								
3								
4								
5								
6								
7								
8								
9								
10								

专业监理工程师	（签名）	填报日期	年 月 日

说明：监理机构试验实用表。

JL35 旁站监理值班记录

（监理 [   ] 旁站   号）

合同名称：   合同编号：
监理机构：

日期		单元工程名称		单元工程编码	
班次		天气		温度	

人员情况	现场施工负责人单位：_____ 姓名：_____				
	现场人员数量及分类人员数量				
	___人员___个		___人员___个		___人员___个
	___人员	___个	其他人员		___个
	___人员	___个	合计		___个

主要施工机械名称及运转情况	
主要材料进场与使用情况	
承包人提出的问题	
曾对承包人下达的指令或答复	
施工过程情况	

当班监理员：（签名）_____   现场承包人代表：（签名）_____

说明：本表单独汇编成册。

302

JL36 监理巡视记录

（监理　[　　]巡视　　号）

合同名称：　　　　　　　　　　　合同编号：
监理机构：

巡视范围	
巡视对象	
发现问题及处理意见	

巡视人：（签名）

日期：　年　月　日

说明：本表由监理机构填写，按月装订成册。

JL37 监理日记

(监理 [   ] 日记   号)

合同名称：   合同编号：
监理机构：

	气候：		气温：		风力：		风向：
人员、材料、施工设备动态							
主要施工内容							
存在的问题							
承包人处理意见及处理措施、处理效果							
监理机构签发的意见、通知							
会议情况							
发包人的要求或决定							
其他							

记录人：(签名)   责任监理工程师：(签名)
日期： 年 月 日   日期： 年 月 日

说明：本表由监理机构填写，按月装订成册。

JL38 监理日志

（[   ]监理日志 号）

工程名称：_____

合同编号：_____

发 包 人：_____

承 包 人：_____

监理机构：_____

填写人：_____　　　　　　　日期：____年___月___日

发包人		承包人	
监理机构		工程名称	
天气	白天	夜晚	

施工部位、施工内容、施工形象	
施工质量检验、安全作业情况	
施工作业中存在的问题及处理情况	
其他事项	
承包人的管理人员及主要技术人员到位情况	
施工机械投入运行和设备完好情况	
其他	

说明：本表由监理机构指定专人填写，按月装订成册。

JL39 监理机构内部会签单

（监理〔　　〕内签　　号）

合同名称：　　　　　　　　　　　　合同编号：
监理机构：

事由	
会签内容	
依据、参考文件	

会签部门	部门意见	负责人签名	日期
1			
2			
3			
4			

（责任监理工程师意见）

责任监理工程师：（签名）

日期：　年　月　日

说明：在监理机构作出决定之前需内部会签时，可用此表。

JL40 监理发文登记表

（监理 [　　] 监发　　号）

合同名称：　　　　　　　　　　　　　　合同编号：
监理机构：

序号	文件名称	文号	发文时间	文件处理责任单位或责任人	处理记录		
					文号	回文时间	处理内容
1							
2							
3							
4							
5							
6							
7							
8							
9							
10							
11							
12							
填报人		（签名）	填报日期		年　月　日		

说明：本表一式____份，报总监理工程师一份，存档一份。

JL41 监理收文登记表

（监理 [   ] 监收   号）

合同名称：　　　　　　　　　　　　　　　　　合同编号：
监理机构：

序号	发文件单位	文件名称	文号	发文时间	收文时间	文件处理责任单位或责任人	处理记录		
							文号	回文时间	处理内容
1									
2									
3									
4									
5									
6									
7									
8									
9									
10									
11									
12									
填报人		（签名）		填报日期			年　月　日		

说明：本表一式＿＿份，报总监理工程师一份，存档一份。

JL42 会议纪要

(监理 [　　] 纪要　　号)

合同名称：　　　　　　　　　　合同编号：
监理机构：

会议名称			
会议时间		会议地点	
会议主要议题			
组织单位		主持人	
参加单位		主要参加人 （签名）	
参加单位			
参加单位			
参加单位			
参加单位			

会议主要 内容及结论	

监理机构：（全称及盖章）
总监理工程师：（签名）
日期：　　年　月　日

说明：全文记录可加附页，送达与会单位。

JL43 监理机构联系单

（监理 [   ] 联系   号）

合同名称：　　　　　　　　　合同编号：

监理机构：

事由	

致：

内容：

附件：

监理机构：（全称及盖章）

总监理工程师：（签名）

日期：　年　月　日

被联系单位签收人：（签名）

日期：　年　月　日

说明：本表作为监理机构对发包人、承包人联系时使用。

JL44 监理机构备忘录

（监理 [   ] 备忘   号）

合同名称：   合同编号：

监理机构：

事由	

致：

事由：

附件：

监理机构：（全称及盖章）

总监理工程师：（签名）

日期： 年 月 日

说明：本表用于监理机构就有关建议未被发包人采纳或有关指令未被承包人执行的最终书面说明。

参 考 文 献

［1］ 水利部建设与管理司，中国水利工程协会．资料员［M］．北京：中国水利水电出版社，2003．

［2］ 张保同．水利水电工程施工资料整编［M］．北京：中国水利水电出版社，2003．

［3］ SL 288—2003 水利工程建设项目施工监理规范［S］．北京：中国水利水电出版社，2003．

［4］ SL 283—2008 水利水电建设工程验收规范［S］．北京：中国水利水电出版社，2003．

［5］ DL/T 5111—2000 水利水电工程施工监理规范［S］．北京：中国水利水电出版社，2003．

［6］ DL/T 5113.8—2000 水利水电基本建设工程单元工程质量等级评定标准（八）［S］．北京：中国水利水电出版社，2000．

［7］ SL 631—2012 水利水电工程单元工程施工质量验收评定标准——土石方工程［S］．北京：中国水利水电出版社，2012．

［8］ SL 632—2012 水利水电工程单元工程施工质量验收评定标准——混凝土工程［S］．北京：中国水利水电出版社，2012．

［9］ SL 633—2012 水利水电工程单元工程质量验收评定标准——地基处理与基础工程［S］．北京：中国水利水电出版社，2012．

［10］ SL 634—2012 水利水电工程单元工程施工质量验收评定标准——堤防工程［S］．北京：中国水利水电出版社，2012．

［11］ SL 635—2012 水利水电工程单元工程施工质量验收评定标准——水工金属结构安装工程［S］．北京：中国水利水电出版社，2012．

［12］ SL 636—2012 水利水电工程单元工程施工质量验收评定标准——水轮发电机组安装工程［S］．北京：中国水利水电出版社，2012．

［13］ SL 637—2012 水利水电工程单元工程施工质量验收评定标准——水力机械辅助设备系统安装工程［S］．北京：中国水利水电出版社，2012．

［14］ 孙冰竹．水利工程内业资料［M］．北京：中国水利水电出版社，2014．